计算机类主干课程系列教材

SQL Server 2008 数据库
应用教程

陈佛敏　陈　博　主编

U0316202

科 学 出 版 社

北 京

版权所有，侵权必究

举报电话:010-64030229;010-64034315;13501151303

内 容 简 介

本书以 Microsoft SQL Server 2008 关系型数据库管理系统软件为背景，由数据库设计、建立数据库、Transact-SQL 语言程序设计基础、表、查询与更新、索引与视图、存储过程、自定义函数、触发器、数据库安全性、游标与事务等 11 章组成。全书以应用为目的，以案例为引导，结合数据库和管理信息系统基本知识，使读者可以较快地掌握 SQL Server 2008 软件的基本功能和操作，达到基本掌握管理信息系统建设的目的。

本书可作为高等学校计算机及相关专业数据库原理与应用教材，也可作为数据库原理课程的配套教材，同时可供 SQL Server 数据库的系统设计与应用开发人员学习与参考。

图书在版编目(CIP)数据

SQL Server 2008 数据库应用教程/陈佛敏,陈博主编.—北京:科学出版社,2014.10

计算机类主干课程系列教材

ISBN 978-7-03-042089-3

Ⅰ.①S… Ⅱ.①陈… ②陈… Ⅲ.①关系数据库系统-高等学校-教材 Ⅳ.①TP311.138

中国版本图书馆 CIP 数据核字(2014)第 230138 号

责任编辑:张颖兵 杜 权/责任校对:肖 婷
责任印制:高 嵘/封面设计:苏 波

科 学 出 版 社 出版
北京东黄城根北街 16 号
邮政编码:100717
http://www.sciencep.com

武汉首壹印务有限公司印刷
科学出版社发行 各地新华书店经销
*
开本:787×1092 1/16
2014 年 10 月第 一 版 印张:19
2016 年 8 月第二次印刷 字数:464 000
定价:58.00 元
(如有印装质量问题,我社负责调换)

前　言

　　数据库是计算机科学的一个重要分支,已形成相当规模的理论体系和实用技术,大到一个国家,小到人们的日常生活已离不开数据库,因此学习数据库原理、掌握数据库技术对当代大学生来说十分重要。SQL Server 2008 是微软(Microsoft)公司推出的功能强大的关系型数据库管理系统软件,已在全世界广泛流行使用。本书系统介绍 SQL Server 2008 软件的使用方法。

　　本书以"教学"数据库贯彻始终,按数据库设计的步骤逐步进行精心设计,以案例引导读者掌握数据库设计的全过程,全书共分为 11 章,内容如下:第 1 章数据库设计,结合"教学"数据库实例介绍数据库概念与设计过程、概念结构设计、关系数据库逻辑结构设计;第 2 章建立数据库,介绍 SQL Server 数据库存储结构与系统数据库,使用 Transact-SQL 语言及界面方法创建与编辑数据库的方法;第 3 章 Transact-SQL 语言程序设计基础,介绍 T-SQL 语言中的表达式及顺序、分支和循环三种基本控制结构程序设计;第 4 章表,介绍使用 T-SQL 语言建立、修改和删除表结构,使用界面方法编辑表结构及数据;第 5 章查询与更新,通过大量实例介绍使用 select 语句查询与编辑数据库中数据的各种方法;第 6 章索引与视图,介绍索引与视图的概念、建立与使用方法。第 7 章存储过程,介绍存储过程的概念、建立与调用实例;第 8 章自定义函数,通过实例介绍标量函数、内嵌表值函数、多语句表值函数的建立与调用方法;第 9 章触发器,介绍触发器的概念与类型,使用触发器实现完整性约束条件的各种实例;第 10 章数据库安全性,介绍创建 SQL Server 登录账户与用户、权限的授予与撤销、角色的建立与使用;第 11 章游标与事务,介绍游标与事务的概念、类型及其程序设计方法。最后有 2 个附录:附录 1 SQL Server 2008 的安装启动与退出;附录 2 建立数据库 JXDB 源代码。

　　全书以应用为目的,以案例为引导,使读者能较快地掌握 SQL Server 2008 软件的基本功能与操作,掌握设计、建立与使用数据库的方法,从而达到初步学会开发管理信息系统(MIS)应用软件的目的。全书理论联系实际、由浅入深、实例丰富,举例集实用性、示范性、通用性、技巧性于一体,可让读者收到举一反三、触类旁通的效果。

陈佛敏　陈　博

2014 年 5 月

目　　录

第1章　数据库设计 ………………………………………………………………………… 1

1.1　数据库概念与设计过程 ……………………………………………………………… 1

1.1.1　数据库基本概念 ………………………………………………………………… 1

1.1.2　数据库系统的三级模式结构与数据独立性 …………………………………… 3

1.1.3　数据库设计过程 ………………………………………………………………… 5

1.2　概念结构设计 ………………………………………………………………………… 7

1.2.1　信息世界中的基本概念 ………………………………………………………… 7

1.2.2　概念模型的一种表示方法(E-R图) …………………………………………… 9

1.2.3　概念模型设计举例 ……………………………………………………………… 9

1.3　关系数据库逻辑结构设计 …………………………………………………………… 10

1.3.1　关系模型 ………………………………………………………………………… 10

1.3.2　E-R图转换为关系模型的规则 ………………………………………………… 13

1.3.3　逻辑结构设计举例 ……………………………………………………………… 14

1.3.4　教学关系数据库 ………………………………………………………………… 15

1.4　关系数据库规范化设计 ……………………………………………………………… 16

1.4.1　不好的关系模式存在的问题 …………………………………………………… 16

1.4.2　函数依赖 ………………………………………………………………………… 17

1.4.3　范式及其规范化设计 …………………………………………………………… 19

第2章　建立数据库 ……………………………………………………………………… 23

2.1　SQL Server数据库存储结构与系统数据库 ……………………………………… 23

2.1.1　页和区体系结构 ………………………………………………………………… 23

2.1.2　文件和文件组体系结构 ………………………………………………………… 25

2.1.3　事务日志简介 …………………………………………………………………… 28

2.1.4　SQL Server系统数据库 ………………………………………………………… 30

2.2　使用T-SQL语言创建数据库 ……………………………………………………… 31

2.2.1　创建数据库 ……………………………………………………………………… 31

2.2.2　修改数据库 ……………………………………………………………………… 36

2.2.3　删除数据库 ……………………………………………………………………… 37

2.3　使用界面方法创建数据库 …………………………………………………………… 37

2.3.1　创建数据库 ……………………………………………………………………… 38

2.3.2　修改数据库 ……………………………………………………………………… 39

2.3.3　删除数据库 ……………………………………………………………………… 40

2.4　分离与附加数据库 …………………………………………………………………… 41

　　2.4.1　分离数据库 ·· 41

　　2.4.2　附加数据库 ·· 42

第 3 章　Transact-SQL 语言程序设计基础 ························· 44

　3.1　标识符 ·· 44

　　3.1.1　常规标识符 ·· 44

　　3.1.2　分隔标识符 ·· 44

　　3.1.3　对象命名规则 ·· 45

　3.2　SQL Server 的数据类型 ·· 46

　　3.2.1　系统数据类型 ·· 46

　　3.2.2　自定义数据类型 ·· 48

　　3.2.3　数据类型优先级 ·· 50

　　3.2.4　数据类型转换 ·· 50

　3.3　表达式 ·· 51

　　3.3.1　常量 ·· 51

　　3.3.2　变量 ·· 53

　　3.3.3　运算符 ·· 53

　　3.3.4　搜索条件中的模式匹配(通配符) ······························ 56

　3.4　常用系统函数 ·· 58

　　3.4.1　数学函数 ·· 58

　　3.4.2　字符串函数 ·· 59

　　3.4.3　日期和时间函数 ·· 60

　　3.4.4　聚合函数 ·· 61

　　3.4.5　元数据函数 ·· 62

　　3.4.6　其他函数 ·· 62

　　3.4.7　配置函数 ·· 63

　　3.4.8　表达式综述 ·· 64

　3.5　Transact-SQL 控制流语句 ······································ 65

　　3.5.1　顺序结构 ·· 65

　　3.5.2　设置语句 SET ·· 69

　　3.5.3　分支结构 IF…ELSE、CASE ·································· 72

　　3.5.4　循环结构 WHILE ··· 73

　　3.5.5　错误捕捉与处理 TRY…CATCH ······························ 74

第 4 章　表 ·· 76

　4.1　使用 T-SQL 语言建立表结构 ···································· 76

　　4.1.1　CREATE TABLE 语句格式 ··································· 76

　　4.1.2　定义完整性约束条件 ·· 77

　　4.1.3　教学数据库 JXDB 完整性约束条件设计 ························ 80

4.1.4　表结构设计 ·· 82

4.1.5　使用 CREATE TABLE 语句建立表结构 ··················· 84

4.2　使用 T-SQL 语言修改表结构与删除表 ······························ 84

4.2.1　使用 ALTER TABLE 语句修改表结构 ····················· 84

4.2.2　使用 DROP TABLE 语句删除表 ····························· 87

4.2.3　数据库关系图 ·· 88

4.3　使用界面方法编辑表结构及数据 ····································· 90

4.3.1　建立表结构 ·· 90

4.3.2　修改表结构 ·· 91

4.3.3　编辑表数据 ·· 92

第 5 章　查询与更新 ··· 93

5.1　关系代数 ··· 93

5.1.1　传统的集合运算 ··· 93

5.1.2　专门的关系运算 ··· 94

5.1.3　关系代数综合举例 ··· 98

5.2　单表查询 ··· 100

5.2.1　投影列子句 SELECT ·· 100

5.2.2　选择行子句 WHERE ·· 101

5.2.3　查询结果排序子句 ORDER BY ······························· 103

5.2.4　使用聚合函数汇总数据 ·· 104

5.2.5　分组汇总子句 GROUP BY ····································· 104

5.2.6　选择组子句 HAVING ··· 105

5.2.7　添加汇总行子句 COMPUTE BY ······························ 105

5.2.8　查询结果生成新表子句 INTO ·································· 106

5.2.9　集合查询 UNION、INTERSECT、EXCEPT ················· 107

5.3　连接查询 ··· 108

5.3.1　内连接 ·· 109

5.3.2　外连接 ·· 111

5.4　嵌套查询 ··· 112

5.4.1　带 IN 谓词的多值子查询 ······································· 112

5.4.2　带比较运算符的单值子查询 ····································· 114

5.4.3　带 ANY(SOME)或 ALL 谓词的子查询 ····················· 114

5.4.4　带 EXISTS 谓词的判非空集子查询 ·························· 115

5.4.5　综合查询举例 ·· 118

5.5　更新数据 ··· 119

5.5.1　向表中插入数据 INSERT ······································· 119

5.5.2　修改表中的数据 UPDATE ······································ 120

5.5.3　删除表中的数据 DELETE ……………………………………………………… 121

第 6 章　索引与视图 ……………………………………………………………………… 122

6.1　索引的建立与使用 …………………………………………………………………… 122

6.1.1　使用 T-SQL 语言建立索引 ……………………………………………………… 122

6.1.2　修改与删除索引 ………………………………………………………………… 125

6.1.3　使用界面方法建立与编辑索引 ………………………………………………… 126

6.2　使用 T-SQL 语言建立与编辑视图 …………………………………………………… 127

6.2.1　建立视图语句 CREATE VIEW ………………………………………………… 127

6.2.2　视图更新检查约束子句 CHECK OPTION …………………………………… 129

6.2.3　视图加密子句 ENCRYPTION ………………………………………………… 131

6.2.4　模式绑定视图子句 SCHEMABINDING ……………………………………… 131

6.2.5　行列子集视图 …………………………………………………………………… 133

6.2.6　多表视图 ………………………………………………………………………… 134

6.2.7　带表达式的视图 ………………………………………………………………… 135

6.2.8　分组视图 ………………………………………………………………………… 137

6.2.9　修改视图 ALTER VIEW ………………………………………………………… 137

6.2.10　删除视图 DROP VIEW ………………………………………………………… 139

6.3　视图数据查询、更新及用途 ………………………………………………………… 139

6.3.1　视图查询 ………………………………………………………………………… 139

6.3.2　视图数据更新 …………………………………………………………………… 140

6.3.3　视图的作用 ……………………………………………………………………… 141

6.4　使用界面方法建立与编辑视图 ……………………………………………………… 143

第 7 章　存储过程 ………………………………………………………………………… 146

7.1　创建、调用、修改与删除存储过程语句 ……………………………………………… 146

7.1.1　建立存储过程语句 CREATE PROCEDURE …………………………………… 146

7.1.2　调用存储过程语句 EXECUTE …………………………………………………… 148

7.1.3　修改存储过程语句 ALTER PROCEDURE ……………………………………… 150

7.1.4　删除存储过程语句 DROP PROCEDURE ……………………………………… 150

7.2　基本存储过程的建立与调用 ………………………………………………………… 151

7.2.1　无参存储过程 …………………………………………………………………… 151

7.2.2　精确匹配值输入参数 …………………………………………………………… 153

7.2.3　通配符输入参数 ………………………………………………………………… 155

7.2.4　输出参数 OUTPUT ……………………………………………………………… 155

7.2.5　游标类型输出参数 CURSOR VARYING OUTPUT …………………………… 156

7.2.6　查看存储过程文本 ……………………………………………………………… 157

7.2.7　文本加密 ENCRYPTION ………………………………………………………… 157

7.2.8　重新编译 RECOMPILE ………………………………………………………… 158

7.2.9 返回结果添加至表中 INSERT…EXECUTE ……………………… 158

7.2.10 存储过程的返回值 …………………………………………… 159

7.3 各类存储过程的建立与调用 ……………………………………… 161

7.3.1 嵌套存储过程 …………………………………………………… 161

7.3.2 递归存储过程 …………………………………………………… 162

7.3.3 自定义系统存储过程 …………………………………………… 162

7.3.4 临时存储过程 …………………………………………………… 163

7.3.5 自动执行存储过程 ……………………………………………… 163

7.3.6 存储过程设计规则 ……………………………………………… 164

第8章 自定义函数 …………………………………………………………… 166

8.1 标量函数 …………………………………………………………… 166

8.1.1 标量函数定义语句与调用方式 ………………………………… 166

8.1.2 标量函数的建立与调用 ………………………………………… 168

8.2 内嵌表值函数 ……………………………………………………… 171

8.2.1 内嵌表值函数定义语句与调用方式 …………………………… 171

8.2.2 内嵌表值函数的建立与调用 …………………………………… 172

8.3 多语句表值函数 …………………………………………………… 173

8.3.1 多语句表值函数定义语句与调用方式 ………………………… 173

8.3.2 多语句表值函数的建立与调用 ………………………………… 174

8.3.3 自定义函数的查看 ……………………………………………… 176

8.3.4 自定义函数的修改、删除与优点 ……………………………… 177

第9章 触发器 ………………………………………………………………… 178

9.1 创建、修改和删除触发器语句 …………………………………… 178

9.1.1 建立触发器语句 CREATE TRIGGER …………………………… 178

9.1.2 修改触发器语句 ALTER TRIGGER …………………………… 181

9.1.3 删除触发器语句 DROP TRIGGER ……………………………… 182

9.2 创建 DML FOR 触发器 …………………………………………… 183

9.2.1 INSERTED 和 DELETED 表的使用 …………………………… 183

9.2.2 检查特定字段是否已被修改 …………………………………… 186

9.2.3 检查某些字段是否已被修改 …………………………………… 187

9.2.4 统计约束 ………………………………………………………… 190

9.2.5 函数依赖约束 …………………………………………………… 192

9.2.6 嵌套与递归触发器 ……………………………………………… 193

9.3 使用 DML 触发器实现参照完整性约束 ………………………… 195

9.3.1 实施参照完整性 ………………………………………………… 195

9.3.2 递归插入 ………………………………………………………… 196

9.3.3 置空值删除 ……………………………………………………… 197

9.3.4　级联修改 ………………………………………………………… 198

9.3.5　级联删除 ………………………………………………………… 199

9.4　几种特殊的触发器 …………………………………………………… 199

　9.4.1　创建 DML INSTEAD OF 触发器 …………………………… 199

　9.4.2　数据定义触发器 DDL ………………………………………… 202

　9.4.3　登录触发器 LOGON ………………………………………… 206

第 10 章　数据库安全性 …………………………………………………… 208

10.1　创建登录账户 ………………………………………………………… 208

　10.1.1　创建登录账户 CREATE LOGIN ……………………………… 208

　10.1.2　更改登录账户属性 ALTER LOGIN ………………………… 214

　10.1.3　删除登录账户 DROP LOGIN ………………………………… 215

10.2　创建用户 ……………………………………………………………… 216

　10.2.1　创建用户 CREATE USER …………………………………… 216

　10.2.2　重命名用户或更改它的默认架构 ALTER USER …………… 219

　10.2.3　删除用户 DROP USER ……………………………………… 220

10.3　权限 …………………………………………………………………… 220

　10.3.1　授予权限 GRANT ……………………………………………… 221

　10.3.2　撤销权限 REVOKE …………………………………………… 222

　10.3.3　拒绝权限 DENY ……………………………………………… 222

　10.3.4　数据库安全性举例 …………………………………………… 223

10.4　角色 …………………………………………………………………… 226

　10.4.1　服务器角色 …………………………………………………… 227

　10.4.2　数据库固定角色 ……………………………………………… 227

　10.4.3　创建角色 CREATE ROLE …………………………………… 228

　10.4.4　更改角色名 ALTER ROLE …………………………………… 229

　10.4.5　删除角色 DROP ROLE ……………………………………… 230

　10.4.6　为角色添加用户 sp_addrolemember ………………………… 230

　10.4.7　删除角色中的安全账户 sp_droprolemember ………………… 231

　10.4.8　给角色授予权限 ……………………………………………… 232

10.5　架构 …………………………………………………………………… 233

　10.5.1　用户架构分离 ………………………………………………… 233

　10.5.2　创建架构 CREATE SCHEMA ……………………………… 234

　10.5.3　修改架构 ALTER SCHEMA ………………………………… 235

　10.5.4　删除架构 DROP SCHEMA …………………………………… 236

10.6　教学数据库安全性设计与实现 ……………………………………… 236

　10.6.1　教学数据库安全性设计 ……………………………………… 236

　10.6.2　教学数据库安全性实现 ……………………………………… 237

10.7　使用界面方法实现数据库安全性 ……………………………………………… 239

　　10.7.1　设置安全认证模式 ………………………………………………………… 239

　　10.7.2　创建、修改与删除登录账户 ……………………………………………… 240

　　10.7.3　创建与删除数据库用户 …………………………………………………… 244

　　10.7.4　创建与删除数据库角色 …………………………………………………… 245

　　10.7.5　管理语句和对象权限 ……………………………………………………… 246

第 11 章　游标与事务 …………………………………………………………………… 249

　11.1　游标操作语句 ……………………………………………………………………… 249

　　11.1.1　游标概述 …………………………………………………………………… 249

　　11.1.2　声明游标 DECLARE CURSOR ………………………………………… 250

　　11.1.3　打开游标 OPEN …………………………………………………………… 253

　　11.1.4　提取并推进游标 FETCH ………………………………………………… 253

　　11.1.5　关闭游标 CLOSE …………………………………………………………… 255

　　11.1.6　删除游标 DEALLOCATE ………………………………………………… 255

　11.2　游标应用举例 ……………………………………………………………………… 256

　　11.2.1　滚动游标 …………………………………………………………………… 256

　　11.2.2　利用游标修改数据 ………………………………………………………… 257

　　11.2.3　嵌套游标 …………………………………………………………………… 258

　11.3　事务及其语句 ……………………………………………………………………… 259

　　11.3.1　事务概述 …………………………………………………………………… 259

　　11.3.2　事务起始语句 BEGIN TRANSACTION ……………………………… 261

　　11.3.3　事务提交语句 COMMIT TRANSACTION …………………………… 263

　　11.3.4　事务回滚语句 ROLLBACK TRANSACTION ………………………… 265

　　11.3.5　保存点设置语句 SAVE TRANSACTION ……………………………… 267

　　11.3.6　隐式事务设置语句 SET IMPLICIT_TRANSACTIONS ……………… 269

　11.4　事务应用举例 ……………………………………………………………………… 269

　　11.4.1　自动提交事务 ……………………………………………………………… 269

　　11.4.2　显式事务 …………………………………………………………………… 270

　　11.4.3　隐式事务 …………………………………………………………………… 272

附录 1　SQL Server 2008 的安装启动与退出 ……………………………………… 274

　附 1.1　SQL Server 2008 的安装 ……………………………………………………… 274

　附 1.2　SQL Server 2008 的启动与退出 …………………………………………… 284

附录 2　建立教学数据库 JXDB 源代码 ……………………………………………… 285

第1章 数据库设计

数据库设计是指对于一个给定的应用环境,构造最优的数据库模式,建立数据库及其应用系统,使之能够有效地存储数据,满足各种用户的应用需求(信息要求和处理要求)。在数据库领域内,常常把使用数据库的各类系统统称为数据库应用系统。

本章介绍数据库概念与设计过程、概念结构设计、关系数据库逻辑结构设计、关系数据库规范化设计等内容。

1.1 数据库概念与设计过程

本节介绍数据库基本概念、数据库系统的三级模式结构与数据独立性、数据库设计过程。

1.1.1 数据库基本概念

1. 数据库基本概念

数据、数据库、数据库管理系统和数据库系统是数据库技术四个最基本的概念。

1) 数据

描述事物的符号记录称为数据(Data)。数据是数据库中存储的基本对象,包括文本、图形、图像、音频、视频等。

数据的含义称为数据的语义。数据的特点是:数据与其语义是不可分的。

例如,168 是一个数据。

语义 1:某教室的座位数。

语义 2:计算机科学与技术专业 2012 级学生人数。

语义 3:某学生的身高。

又如,学生档案中的学生记录数据。

(李明,男,1989/02/01,168,计算机系)

语义:学生姓名、性别、出生日期、身高、所在院系。

解释:李明是计算机系一名男大学生,1989 年 2 月 1 日出生,身高 168cm。

2) 数据库

数据库(Database,DB)是长期储存在计算机内的、有组织的、可共享的大量数据集合。

数据库的基本特征为数据按一定的数据模型组织、描述和存储,可为各种用户共享,冗余度较小,数据独立性较高,易扩展。

3) 数据库管理系统

数据库管理系统(Database Management System,DBMS)是位于用户与操作系统之间的一层数据管理软件。

DBMS 是基础软件,是一个大型复杂的软件系统。DBMS 的用途是科学地组织和存储数据、高效地获取和维护数据。

DBMS 的主要功能如下。

（1）数据定义功能。

提供数据定义语言（Data Definition Language，DDL），定义数据库中的数据对象。

（2）数据组织、存储和管理。

分类组织、存储和管理各种数据，确定组织数据的文件结构和存取方式，实现数据之间的联系，提供多种存取方法，提高存取效率。

（3）数据操纵功能。

提供数据操纵语言（Data Manipulation Language，DML），实现对数据库的基本操作（查询、插入、删除和修改）。

（4）数据库的事务管理和运行管理。

数据库在建立、运行和维护时由 DBMS 统一管理和控制，保证数据的安全性、完整性、多用户对数据的并发使用，发生故障后的系统恢复。

（5）数据库的建立和维护功能（实用程序）。

数据库初始数据装载转换、数据库转储、介质故障恢复、数据库的重组织、性能监视分析等。

（6）其他功能。

DBMS 与网络中其他软件系统的通信、两个 DBMS 系统的数据转换、异构数据库之间的互访和互操作。

4）数据库系统

数据库系统（Database System，DBS）是指在计算机系统中引入数据库后的系统构成。

狭义地讲，数据库系统由数据库、数据库管理系统（及其开发工具）、应用系统、数据库管理员和用户构成，如图 1-1 所示。

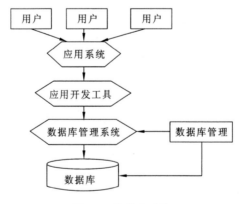

图 1-1　数据库系统

2. 数据库系统的组成

广义地讲，数据库系统由硬件平台及数据库、软件和人员组成。

1）硬件平台及数据库

数据库系统对硬件资源的要求：

（1）足够大的内存放操作系统、DBMS 的核心模块、数据缓冲区、应用程序。

（2）足够大的外存，磁盘或磁盘阵列用于存放数据库；光盘、磁带用于存放数据备份。

（3）较高的通道能力，提高数据传输率。

数据库：按一定的数据模型组织起来存储在计算机内的大量数据集合。

2）软件

DBMS、支持 DBMS 运行的操作系统、与数据库接口的高级语言及其编译系统、以 DBMS 为核心的应用开发工具、为特定应用环境开发的数据库应用系统。

3）人员

人员：包括系统分析员、数据库设计人员、数据库管理员、应用程序员、用户。

系统分析员：负责应用系统的需求分析和规范说明；与用户及 DBA 协商，确定系统的硬软件配置；参与数据库系统的概要设计。

数据库设计员：参加用户需求调查和系统分析；确定数据库中的数据；设计数据库各级模式。

数据库管理员（Database Administrator，DBA）具体职责：

（1）决定数据库中的信息内容和结构。

（2）决定数据库的存储结构和存取策略。

（3）定义数据的安全性要求和完整性约束条件。

（4）监控数据库的使用和运行。周期性转储数据库（包括数据文件和日志文件），系统故障恢复，介质故障恢复，监视审计文件。

（5）数据库的改进和重组，性能监控和调优；定期对数据库进行重组织，以提高系统的性能；需求增加和改变时，数据库需要重构造。

应用程序员：设计和编写应用系统的程序模块，进行调试和安装。

用户：指最终用户（End User），他们通过应用系统的用户接口使用数据库。

1.1.2　数据库系统的三级模式结构与数据独立性

1. 数据库系统模式的概念

数据库系统模式有"型"和"值"的概念。型（Type）对某一类数据的结构和属性的说明。值（Value）是型的一个具体赋值。

例如，学生记录型。（学号，姓名，性别，出生日期，身高，院系）

一个记录值：（13001，李明，男，1980/06/08，172，计算机）

模式（Schema）是数据库逻辑结构和特征的描述，是型的描述，反映的是数据的结构及其联系，模式是相对稳定的。

实例（Instance）是模式的一个具体值，反映数据库某一时刻的状态，同一个模式可以有很多实例，实例随数据库中的数据的更新而变动。

例如，在教学管理数据库模式中，包含学生记录型、课程记录型和学生选课记录型。

2013 年的一个教学管理数据库实例包含：2013 年学校中所有学生的记录，学校开设的所有课程的记录，所有学生选课的记录。

2014 年度教学管理数据库模式对应的实例与 2014 年度教学管理数据库模式对应的实例是不同的。

2. 数据库系统的三级模式结构

从数据库管理系统角度看，数据库系统通常采用三级模式结构，是数据库系统内部的系统结构。数据库系统由外模式、模式、内模式三级模式结构组成,如图 1-2 所示。

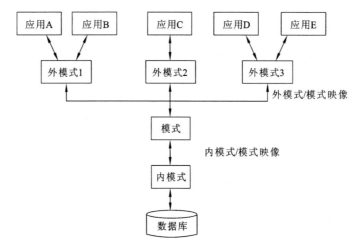

图 1-2　数据库系统的三级模式结构

1)模式

数据库中全体数据的逻辑结构和特征的描述称为模式(也称逻辑模式)。

模式是所有用户的公共数据视图,综合了所有用户的需求,一个数据库只有一个模式。

模式的地位:是数据库系统模式结构的中间层,与数据的物理存储细节和硬件环境无关,与具体的应用程序、开发工具和高级程序设计语言无关。

模式的定义包括:数据的逻辑结构(数据项的名字、类型、取值范围等),数据之间的联系,数据有关的安全性、完整性要求等。

2)外模式

数据库用户(包括应用程序员和最终用户)使用的局部数据的逻辑结构和特征的描述称为外模式(External Schema,也称子模式或用户模式)。

外模式是数据库用户的数据视图,是与某一应用有关的数据的逻辑表示。

外模式的地位:介于模式与应用之间。

模式与外模式的关系:一对多。外模式通常是模式的子集,一个数据库可以有多个外模式。反映不同的用户的应用需求、看待数据的方式、对数据保密的要求。对模式中同一数据,在外模式中的结构、类型、长度、保密级别等都可以不同。

外模式与应用的关系:一对多。同一外模式也可以为某一用户的多个应用系统所使用,但一个应用程序只能使用一个外模式。

外模式的用途:保证数据库安全性的一个有力措施,每个用户只能看见和访问所对应的外模式中的数据。

3)内模式

数据物理结构和存储方式的描述称为内模式(Internal Schema,也称存储模式)。

内模式是数据在数据库内部的表示方式。内模式的定义包括:记录的存储方式(顺序存储、按照 B 树结构存储、按哈希方法存储),索引的组织方式,数据是否压缩存储,数据是否加密,数据存储记录结构的规定等。一个数据库只有一个内模式。

例如,学生记录,如果按堆存储,则插入一条新记录总是放在学生记录存储的最后。

如果按学号升序存储,则插入一条记录就要找到它应在的位置插入。

如果按照学生年龄聚簇存放,则插入一条记录按年龄升序存储位置插入。

3. 数据库系统的二级映像功能与数据独立性

三级模式是对数据的三个抽象级别,二级映像(外模式/模式映像、模式/内模式映像)在 DBMS 内部实现这三个抽象层次的联系和转换。

1) 外模式/模式映像

模式描述的是数据的全局逻辑结构,外模式描述的是数据的局部逻辑结构。同一个模式可以有任意多个外模式,每一个外模式数据库系统都有一个外模式/模式映像,定义外模式与模式之间的对应关系。映像定义通常包含在各自外模式的描述中。

外模式/模式映像保证了数据的逻辑独立性。当模式改变时,数据库管理员修改有关的外模式/模式映像,使外模式保持不变。应用程序是依据数据的外模式编写的,从而应用程序不必修改,保证了数据与程序的逻辑独立性,简称数据的逻辑独立性。

2) 模式/内模式映像

模式/内模式映像定义了数据全局逻辑结构与存储结构之间的对应关系。例如,说明逻辑记录和字段在内部是如何表示的。数据库中模式/内模式映像是唯一的,该映像定义通常包含在模式描述中。

模式/内模式映像保证了数据的物理独立性。当数据库的存储结构改变时(例如,选用了另一种存储结构),数据库管理员修改模式/内模式映像,使模式保持不变,应用程序不受影响,保证了数据与程序的物理独立性,简称数据的物理独立性。

数据独立性是指数据与程序独立,使得数据的定义和描述从应用程序中分离,由 DBMS 负责数据的存储与管理,用户不必考虑存取路径等细节,从而简化了应用程序的编制,大大减少了应用程序的维护和修改。数据独立性是由 DBMS 的二级映像功能来保证的。数据独立性包括数据的逻辑独立性和数据的物理独立性。

1.1.3　数据库设计过程

存在于人们头脑之外的客观世界称为现实世界。现实世界在人们头脑中的反映称为信息世界。人们用文字和符号把现实世界记载下来就是信息世界。信息世界的信息以数据形式存储在计算机中称为机器世界。一般来说,数据库的设计都要经历三个世界六个阶段。数据库设计过程如图 1-3 所示。

1. 需求分析

需求分析是数据库设计的起点,为以后的具体设计做准备。需求分析的重点是调查、收集与分析用户在数据管理中的信息要求、处理要求、安全性与完整性要求。

需求分析阶段的主要任务有以下几方面。

(1)确认系统的设计范围,调查信息需求、收集数据。分析需求调查得到的资料,明确计算机应当处理和能够处理的范围,确定新系统应具备的功能。

(2)综合各种信息包含的数据,各种数据之间的关系,数据的类型、取值范围和流向。

(3)建立需求说明文档、数据字典、数据流程图。

需求分析的主要任务概括地说是从数据库的所有用户那里收集对数据的需求和对数据处

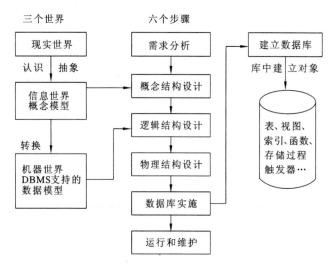

图 1-3　数据库设计过程

理的要求,并把这些需求写成用户和设计人员都能接受的说明书。

2. 概念结构设计

概念结构设计是对需求说明书提供的所有数据和处理要求进行抽象与分析,综合为一个统一的概念模型。首先根据单个应用的需求,画出能反映每一应用需求的局部 E-R 模型。然后把这些局部 E-R 模型合并起来,消除冗余和可能存在的矛盾,得出系统总体的 E-R 模型。

3. 逻辑结构设计

逻辑结构设计是把上一阶段得到的与 DBMS 无关的概念数据模型转换成等价的并为某个特定的 DBMS 所接受的逻辑模型。对关系型数据库就是将 E-R 模型转换为关系模型。同时将概念结构设计阶段得到的应用视图转换成外部模式,即特定 DBMS 下的应用视图。

4. 物理结构设计

物理结构设计在于确定数据库的存储结构,即设计数据库的内模式或存储模式。主要任务包括:确定数据库文件和索引文件的记录格式和物理结构,选择存取方法,决定访问路径和外存储器的分配策略等。但是这些工作大部分可由 DBMS 完成,仅有一小部分工作由设计人员完成。例如,物理设计应确定字段类型和数据库文件的长度等。

5. 数据库实施

数据库实施主要包括以下工作:用 DDL 定义数据库结构,组织数据入库,编制与调试应用程序。

6. 运行和维护

数据库试运行结果符合设计目标后,数据库就可以真正投入运行了。数据库投入运行标志着开发任务的基本完成和维护工作的开始,并不意味着设计过程的终结,由于应用环境在不断变化,数据库运行过程中物理存储也会不断变化,对数据库设计进行评价、调整、修改等维护工作是一个长期的任务,也是设计工作的继续和提高。

1.2 概念结构设计

概念模型是对信息世界建模，所以概念模型应该能够方便、准确地表示出信息世界中的概念。

1.2.1 信息世界中的基本概念

概念模型（也称信息模型），它是对现实世界复杂事物的结构及它们之间内在联系的描述，是按用户的观点对数据和信息建模。

概念模型用于信息世界的建模，它与具体的 DBMS 无关，与具体的计算机平台无关，是现实世界到机器世界的一个中间层次，是数据库设计的有力工具，是数据库设计人员和用户之间进行交流的语言。

对概念模型的基本要求：较强的语义表达能力，能够方便、直接地表达应用中的各种语义知识；简单、清晰、易于用户理解。

1. 信息世界中的基本概念

（1）实体（Entity）。客观存在并可相互区别的事物称为实体，可以是具体的人、事、物或抽象的概念。

（2）属性（Attribute）。实体所具有的某一特性称为属性。一个实体可以由若干属性来刻画。

（3）键（Key）。唯一标识实体的属性集称为键。

（4）域（Domain）。属性的取值范围称为该属性的域。

（5）实体型（Entity Type）。用实体名及其属性名集合来抽象和刻画同类实体称为实体型。

（6）实体集（Entity Set）。同一类型实体的集合称为实体集。

（7）联系（Relationship）。现实世界中事物内部以及事物之间的联系在信息世界中反映为实体内部的联系和实体之间的联系。实体内部的联系通常是指组成实体的各属性之间的联系。实体之间的联系通常是指不同实体集之间的联系。

2. 实体集之间的联系

实体集与实体集之间存在着各种联系，按被联系的实体集的个数将实体集之间的联系分为：两个实体集之间的联系，两个以上实体集之间的联系，同一个实体集之间的联系。

1）两个实体集之间的联系

两个实体集之间具有一对一、一对多、多对多三种类型的联系。

（1）一对一联系（1:1）。

如果对于实体集 A 中的每一个实体，实体集 B 中至多有一个（也可以没有）实体与之联系，反之亦然，则称实体集 A 与实体集 B 具有一对一联系，记为 1:1。

实例：实体集"学生"与实体集"座位"之间的联系。一个学生在只能坐一个座位，一个座位最多坐一个学生。实体集"学生"与实体集"座位"之间具有一对一联系。

说明："学生"与"座位"之间的具体联系随时发生变化。

（2）一对多联系（1∶n）。

如果对于实体集 A 中的每一个实体，实体集 B 中有 n 个实体（n≥0）与之联系，反之，对于实体集 B 中的每一个实体，实体集 A 中至多只有一个实体与之联系，则称实体集 A 与实体集 B 有一对多联系，记为 1∶n。

实例：一个学院中有若干名学生，每个学生只在一个学院中学习。实体集"院"与实体集"学生"之间具有一对多联系。

（3）多对多联系（m∶n）。

如果对于实体集 A 中的每一个实体，实体集 B 中有 n 个实体（n≥0）与之联系，反之，对于实体集 B 中的每一个实体，实体集 A 中也有 m 个实体（m≥0）与之联系，则称实体集 A 与实体集 B 具有多对多联系，记为 m∶n。

实例：学生与课程之间的联系：一个学生可以同时选修多门课程，一门课程可供若干个学生选修。实体集"学生"与实体集"课程"之间具有多对多联系。

2）两个以上实体集之间的联系

两个以上实体集之间具有一对一、一对多和多对多三种类型的联系。

（1）一对一联系。

设 $E_1, E_2, \cdots, E_n$ 为 $n(n \geq 3)$ 个实体集，若对于实体集 $E_i(i=1,2,\cdots,n)$ 中的每一个实体，实体集 $E_j(j=1,2,\cdots,i-1,i+1,\cdots,n)$ 中至多有一个（也可以没有）实体与之联系，则称 $E_1, E_2, \cdots, E_n$ 之间的联系是一对一的。

（2）一对多联系。

若 $n(n \geq 3)$ 个实体集 $E_1, E_2, \cdots, E_n$ 存在联系，对于实体集 $E_j(j=1,2,\cdots,i-1,i+1,\cdots,n)$ 中的给定实体，最多只和 E_i 中的一个实体相联系，则称 E_i 与 $E_1, E_2, \cdots, E_{i-1}, E_{i+1}, \cdots, E_n$ 之间的联系是一对多的。

实例：课程、教师与参考书三个实体集。一门课程可以有若干个教师讲授，使用若干本参考书；每一个教师只讲授一门课程；每一本参考书只供一门课程使用。实体集"课程"与实体集"教师""参考书"之间具有一对多联系。

（3）多对多联系。

设 $E_1, E_2, \cdots, E_n$ 为 $n(n \geq 3)$ 个实体集，若对于实体集 $E_i(i=1,2,\cdots,n)$ 中的每一个实体，实体集 $E_j(j=1,2,\cdots,i-1,i+1,\cdots,n)$ 中有 m 个实体（m≥0）与之联系，则称 $E_1, E_2, \cdots, E_n$ 之间的联系是多对多的。

实例：供应商、项目、零件三个实体集。一个供应商可以供给多个项目多种零件，每个项目可以使用多个供应商供应的多种零件，每种零件可由不同供应商供给不同的项目。"供应商"、"项目"、"零件"三个实体集之间是多对多的联系。

3）同一个实体集之间的联系

同一个实体集之间具有一对一、一对多和多对多三种类型的联系。

（1）一对一联系（1∶1）。

如果对于实体集 A 中的每一个实体，在 A 中至多有一个（也可以没有）其他实体与之联系，则称实体集 A 具有一对一联系，记为 1∶1。

（2）一对多联系（1∶n）。

如果对于实体集 A 中的一个实体 x，在实体集 A 中有 $n(n \geq 0)$ 个其他实体 $y_1, y_2, \cdots, y_n$

与之有某种联系,反之,对于 $y_i(i=1,2,\cdots,n)$,只有一个实体 x 与 y_i 有该种联系,则称实体集 A 具有一对多联系,记为 $1:n$。

（3）多对多联系($m:n$)。

如果对于实体集 A 中的每一个实体,在 A 中有 $n(n\geqslant0)$ 个其他实体与之联系,则称实体集 A 具有多对多联系,记为 $m:n$。

实例"教职工"实体集内部具有以下联系。

（1）教职工与教职工之间具有"夫妻"联系,一名教职工最多有一名配偶,这是一对一的联系。

（2）教职工与教职工之间具有领导与被领导的联系,某一教职工(干部)"领导"若干名教职工,一个教职工仅被另外一个教职工直接领导,这是一对多的联系。

（3）教职工与教职工之间具有"亲戚"联系,一名教职工可以有多个亲戚,这是多对多的联系。

1.2.2　概念模型的一种表示方法(E-R 图)

概念模型的表示方法很多,其中最常用的是 P. P. S. Chen 于 1976 年提出的实体-联系方法(Entity-Relationship Approach)。该方法用 E-R 图(E-R Diagram)来描述现实世界的概念模型,也称为 E-R 模型,还有扩展的 E-R 模型、面向对象模型和谓词模型等。下面介绍 E-R 图。

E-R 图提供了表示实体型、属性和联系的方法。

实体型:用矩形表示,矩形框内写明实体名。

属性:用椭圆形表示,并用无向边将其与相应的实体连接起来。

联系:用菱形表示,菱形框内写明联系名,并用无向边分别与有关实体连接起来,同时在无向边旁标上联系的类型($1:1$、$1:n$ 或 $m:n$)。如果一个联系具有属性,则这些属性也要用无向边与该联系连接起来。对于多对多联系其上一般至少拥有一个属性。

1.2.3　概念模型设计举例

【例 1.1】　某高校有若干个部门,每个部门有若干名教工,每名教工只能在一个部门工作,教工之间具有夫妻关系;每个部门有若干个专业,有些管理部门没有专业,每个专业只能由一个部门开办;

每个专业可分成若干个班级,每个班级只属于一个专业;

每个班级选派一名教工作班主任,每名教工最多担任一个班的班主任。每个班有若干个学生,每个学生只能在一个班读书;

每个学生可选修多门课程,每门课程可供多个学生选修;

1 门课程可以是多门课程的选修课,每门课最多有 1 门选修课;

在一个学期中,每个教工可在多个班级讲授多门课程,每门课程可由多个教师讲授供多个班级学习,每个班级一个学期有多门课程由多个老师教。

为该校设计教学管理 E-R 模型,自行为每个实体和联系给出一些适当的属性,对于键属性用下划线"＿"标明。

解:教学管理 E-R 模型如图 1-4 所示。

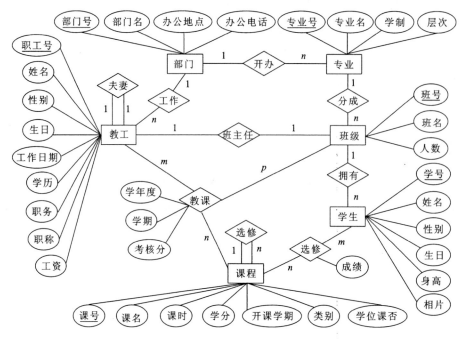

图 1-4　"教学"数据库 E-R 模型

1.3　关系数据库逻辑结构设计

逻辑结构设计的主要任务就是将 E-R 模型转换为关系模型。

1.3.1　关系模型

1. 数据模型概述

数据模型(也称逻辑模型)是按计算机系统的观点对数据建模,用于 DBMS 实现。

数据模型主要包括层次模型、网状模型、关系模型等。SQL Server 2008 属于关系型数据库管理系统(RDBMS)。

数据结构、数据操作、完整性约束条件是组成数据模型的三要素。

(1) 数据结构是描述数据库的组成对象,以及对象之间的联系。

描述的内容是:与数据类型、内容、性质有关的对象,与数据之间联系有关的对象。

数据结构是对系统静态特性的描述。

(2) 数据操作是指对数据库中各种对象(型)的实例(值)允许执行的操作及有关的操作规则。

数据操作的类型:查询与更新(包括插入、删除、修改)。

数据操作是对系统动态特性的描述。

(3) 数据的完整性约束条件是一组完整性规则的集合。

完整性规则:给定的数据模型中数据及其联系所具有的制约和储存规则,用以限定符合数据模型的数据库状态及其变化,以保证数据的正确、有效、相容。

2. 关系模型数据结构

关系、关系模式、关系数据库模式与关系数据库是关系模型的几个重要概念。

1) 关系

(1) 域(Domain)是一组具有相同数据类型的值的集合。

例如,自然数、整数、实数、介于某个取值范围的整数、指定长度的字符串集合等都可以是域。

具体:自然数$\{1,2,3,\cdots,N\}$

　　　　逻辑值$\{0,1\}$

　　　　字符串$\{$"red","green","blue",$\cdots\}$,$\{$"男","女"$\}$

　　　　......

(2) 笛卡儿积(Cartesian Product)。

给定一组域 $D_1,D_2,\cdots,D_n$,这些域中可以有相同的(如 $D_1=D_2=\{0,1\}$),$D_1,D_2,\cdots,D_n$ 的笛卡儿积为:$D_1\times D_2\times\cdots\times D_n=\{(d_1,d_2,\cdots,d_n)\mid d_i=D_i,i=1,2,\cdots,n\}$

结果为所有域的所有取值的一个组合,元素不能重复。

笛卡儿积中每一个元素$(d_1,d_2,\cdots,d_n)$叫做一个 n 元组(n-tuple)或简称元组(Tuple)。笛卡儿积元素$(d_1,d_2,\cdots,d_n)$中的每一个值 d_i 叫做一个分量(Component)。

集合中元素的个数称为基数(Cardinal number)。

若 $D_i(i=1,2,\cdots,n)$ 为有限集,其基数为 $m_i(i=1,2,\cdots,n)$,则 $D_1\times D_2\times\cdots\times D_n$ 的基数 M 为 $m_1\times m_2\times\cdots\times m_n$。

例如,给出三个域:学号集合 $D_1=\{12001,12002\}$,姓名集合 $D_2=\{$王小艳,李明$\}$,

　　　　　　　　性别集合 $D_3=\{$男,女$\}$,

$D_1\times D_2\times D_3=\{($12001,王小艳,男$),($12001,王小艳,女$),($12001,李明,男$),$

　　　　　　　$($12001,李明,女$),($12002,王小艳,男$),($12002,王小艳,女$),$

　　　　　　　$($12002,李明,男$),($12002,李明,女$)\}$

在 $D_1\times D_2\times D_3$ 的结果中,(12001,王小艳,男)、(12001,王小艳,女)等都是元组,"12001"、"王小艳"、"男"等都是分量。

笛卡儿积可表示为一个二维表,表中的每行对应一个元组,表中的每列对应一个域。以上 $D_1\times D_2\times D_3$ 可表示为表 1-1。

表 1-1　D_1、D_2、D_3 的笛卡儿积

学号	姓名	性别
12001	王小艳	男
12001	王小艳	女
12001	李　明	男
12001	李　明	女
12002	王小艳	男
12002	王小艳	女
12002	李　明	男
12002	李　明	女

表 1-1 的笛卡儿积没有实际意义,$D_1,D_2,\cdots,D_n$ 的笛卡儿积的某个子集才有实际意义,可取出有实际意义的元组来构造关系。

(3) 关系(Relation)定义。

笛卡儿积 $D_1\times D_2\times\cdots\times D_n$ 的子集叫做在域 $D_1,D_2,\cdots,D_n$ 上的关系,表示为 $R(D_1,D_2,\cdots,$

D_n)。R 为关系名，n 为关系的目或度（Degree）。

关系中的每个元素是关系中的元组，通常用 t 表示。当 $n=1$ 时，该关系称为单元关系（Unary Relation）或一元关系，当 $n=2$ 时，称该关系为二元关系（Binary Relation）。

关系的表示：关系是一个二维表，表的每行对应一个元组，表的每列对应一个域。表 1-2 是表 1-1 的笛卡儿积的子集构成有意义的"学生"关系。

表 1-2 "学生"关系

学号	姓名	性别
12001	王小艳	女
12002	李　明	男

关系中不同列可以对应相同的域，为了进行区分，必须为每列起一个不同的名字，称为属性（Attribute），n 目关系必有 n 个属性。

候选键（Candidate Key）：若关系中的某一属性组的值能唯一地标识一个元组，则称该属性组为候选键。

简单的情况：候选键只包含一个属性。

最极端的情况：关系模式的所有属性组是这个关系模式的候选键，称为全键（All-key）。

主键（Primary Key）：若一个关系有多个候选键，则人为选定其中一个为主键。

主属性（Prime Attribute）：所有候选键中的属性称为主属性。

不包含在任何候选键中的属性称为非主属性（Non-Prime Attribute）或非键属性（Non-key Attribute）。

（4）基本关系的性质。

① 分量必须取原子值，即每一个分量都必须是不可再分的数据项，这是规范化条件中最基本的一条。即表中不许有子表。

② 列是同质的（Homogeneous），即每一列中的分量是同一类型的数据，来自同一个域。

③ 不同的列可出自同一个域，其中的每一列称为一个属性（Attribute），不同的属性要给予不同的属性名。简述为列名不能相同。

④ 列的顺序无所谓，列的次序可以任意交换。

⑤ 行的顺序无所谓，行的次序可以任意交换。

⑥ 任意两个元组不能完全相同。

2）关系模式

关系模式可以形式化地表示为：$R(U,D,\text{DOM},F)$，其中：

R　　　关系名

U　　　组成该关系的属性名集合

D　　　属性组 U 中属性所来自的域

DOM　　属性向域的映像集合

F　　　属性间的数据依赖关系集合

关系模式通常可以简记为 $R(U)$ 或 $R(A_1,A_2,\cdots,A_n)$。R 为关系名，$A_1,A_2,\cdots,A_n$ 为属性名。

注：域名及属性向域的映像常常直接说明为属性的类型、长度。

关系模式（Relation Schema）是型，是对关系的描述，是静态的、稳定的。

关系是值,是关系模式在某一时刻的状态或内容,是动态的、随时间不断变化的。

关系模式和关系往往统称为关系(有型也有值),必要时,通过上下文进行区别。

3)关系数据库模式与关系数据库

关系模式集合称为关系数据库模式。

关系数据库模式在某一时刻对应的关系的集合称为关系数据库。

3. 关系模型的完整性约束条件

关系模型的完整性约束条件是对关系数据库中的数据进行约束的规则,是尽可能使库中数据正确有效的一种机制。

关系模型有三类完整性约束规则:实体完整性、参照完整性和用户自定义完整性。

应用领域需要遵循的约束条件,体现了具体领域中的语义约束。

1)实体完整性

实体完整性规则(Entity Integrity):若属性(指一个或一组属性)A 是基本关系 R 的主键属性,则属性 A 不能取空值且取值唯一。

2)参照完整性

在关系模型中实体及实体间的联系都是用关系来描述的,因此可能存在着关系与关系间的引用。

设 F 是基本关系 R 的一个或一组属性,但不是关系 R 的键。如果 F 与基本关系 S 的主键 K_S 相对应,则称 F 是基本关系 R 的外键(Foreign Key)。

基本关系 S 称为被参照关系(Referenced Relation)或目标关系(Target Relation)或父关系。基本关系 R 称为参照关系(Referencing Relation)或子关系。

参照完整性规则:若属性(或属性组)F 是基本关系 R 的外键,且与基本关系 S 的主键 K_S 相对应(基本关系 R 和 S 不一定是不同的关系),则对于 R 中每个元组在 F 上的值必须为:取空值(F 的每个属性值均为空值),或者等于 S 中某个元组的主键值。

关系模型必须满足实体完整性和参照完整性约束条件,这称为关系的两个不变性,应该由关系系统自动支持。

3)用户自定义完整性

针对某一具体关系数据库的约束条件,反映某一具体应用所涉及的数据必须满足的语义要求称为用户自定义完整性。

关系模型应提供定义和检验这类完整性的机制,以便用统一的系统的方法处理它们,而不要由应用程序承担这一功能。

例如,"学生"关系中,"性别"只能为"男"或"女","身高"只能在 $100 \sim 250$ cm;10 岁以下不能上大学;"选修"关系中,"成绩"采用百分制。以上这些约定即用户自定义的完整性。

1.3.2　E-R 图转换为关系模型的规则

E-R 图向关系模型的转换原则如下。

(1)一个实体型转换为一个关系模式。

关系的属性:实体型的属性。

关系的键:实体型的键。

(2)一个 1:n 联系可以转换为一个独立的关系模式,也可以与 n 端对应的关系模式合并。

① 转换为一个独立的关系模式。

关系的属性：与该联系相连的各实体的键和联系本身的属性。

关系的键：n 端实体的键。

② 与 n 端对应的关系模式合并。

合并后关系的属性：在 n 端关系中加入 1 端关系的键和联系本身的属性。

合并后关系的键：不变。

可以减少系统中的关系个数，一般情况下更倾向于采用这种方法。

(3) 一个 1:1 联系可以转换为一个独立的关系模式，也可以与任意一端对应的关系模式合并。

① 转换为一个独立的关系模式。

关系的属性：与该联系相连的各实体的键和联系本身的属性。

关系的候选键：每个实体的键均是该关系的候选键。

② 与某一端对应的关系模式合并。

合并后关系的属性：加入其他端对应关系的键和联系本身的属性。

合并后关系的键：不变。

(4) 一个 $m:n$ 联系转换为一个独立的关系模式。

关系的属性：与该联系相连的各实体的键和联系本身的属性。

关系的键：各实体键的组合。

(5) 三个或三个以上实体间的一个多元联系转换为一个关系模式。

关系的属性：与该多元联系相连的各实体的键和联系本身的属性。

关系的键：各实体键的组合。

(6) 同一实体集的实体间的联系，即自联系，也可按上述 1:1、1:n 和 $m:n$ 三种情况分别处理。

(7) 具有相同键的关系模式可合并。

目的：减少系统中的关系个数。

合并方法：将其中一个关系模式的全部属性加入另一个关系模式中，然后去掉其中的同义属性（可能同名也可能不同名），并适当调整属性的次序。

1.3.3　逻辑结构设计举例

对于关系型数据库，逻辑结构设计就是应用 E-R 图转换为关系模型的规则将 E-R 模型转换为等价的关系模型。下面以教学数据库为例给出关系型数据库逻辑结构设计的过程。

【例 1.2】　将图 1-4"教学"数据库 E-R 图转换为等价的关系模型，并标明主键和外键。（主键之下用下划线"＿"表示，外键之下用双下划线"＝"表示。）

解：根据 E-R 图向关系模型的转换规则，将 E-R 模型转换为如下关系模式：

(a) 部门(部门号,部门名,办公地点,办公电话)

(b) 专业(专业号,专业名,学制,层次,院系)

(c) 教工(职工号,姓名,性别,生日,工作日期,学历,职务,职称,工资,配偶号,部门号)

(d) 班级(班号,班名,人数,专业号,班主任)

(e) 学生(学号,姓名,性别,生日,身高,班号,相片)

(f) 课程(课号,课名,课时,学分,开课学期,类别,学位课否,选修课号)

(g) 选修(学号,课号,成绩)

（h）教课（教工号，课号，学年度，学期，班号，考核分）

以上 8 个关系模式构成教学关系数据库模式，即教学数据库中全体数据的逻辑结构。

1.3.4　教学关系数据库

图 1-5 中的 8 个表（关系）构成教学关系数据库：JXDB。

部门号	部门名	办公地点	办公电话
01	计算机科学与技术学院	教三四楼	027-86630126
02	数学与统计学院	教二三楼	027-86686696
03	外国语学院	教二五楼	027-86680013
04	医学院	行政三楼	027-86680116
10	教务处	行政一楼	027-86680162
11	老干处	行政二楼	027-86680061

(a) 部门

专业号	专业名	学制	层次	院系
001	计算机科学与技术	4年	本科	01
002	网络工程	4年	本科	01
003	计算机应用	3年	专科	01
012	统计学	4年	本科	02
021	英语教育	4年	本科	03
031	临床医学	5年	本科	04

(b) 专业

职工号	姓名	性别	生日	工作日期	学历	职务	职称	工资	配偶号	部门号
08001	陈艳红	女	1986-05-06	2008-10-01	本科	教师	助教	1900.00	NULL	04
10001	孙小平	女	1985-05-06	2010-10-01	硕士	教师	教员	1800.00	NULL	01
81001	王中华	男	1958-08-09	1981-07-01	博士	院长	教授	6100.00	81002	01
81002	陈小兰	女	1959-04-08	1981-07-01	博士	教师	副教授	5600.00	81001	01
83001	李平	男	1960-05-06	1983-07-01	专科	副处长	NULL	3200.00	NULL	11
90001	欧阳文秀	男	1968-07-01	1990-09-01	硕士	副院长	讲师	1900.00	NULL	03

(c) 教工

班号	班名	人数	专业号	班主任
130101	13计本班	3	001	81002
130102	13计本班	2	001	83001
130201	13统计班	0	031	NULL
130301	13英教班	0	021	90001
130402	13临床班	0	031	83001

(d) 班级

学号	姓名	性别	生日	身高	班号	相片
130001	王小艳	女	1986-02-10	160.0	130101	NULL
130002	李明	男	1985-02-01	168.0	130102	NULL
130003	司马奋进	男	1987-10-06	180.0	130102	NULL
130004	李明	女	1988-08-26	175.0	130101	NULL
130005	成功	男	1980-07-01	173.0	130102	NULL

(e) 学生

课号	课名	课时	学分	开课学期	类别	学位课否	先修课号
1	离散数学	72	4	1	必修	True	NULL
2	计算机导论	36	2	1	必修	False	NULL
3	c语言	72	4	2	必修	True	2
4	数据结构	99	5	3	必修	True	3
5	操作系统	72	4	4	必修	True	4
6	数据库	72	4	4	必修	True	4
7	中国近代史	18	1	4	限选	False	NULL
8	生理卫生	18	1	4	任选	False	NULL

(f) 课程

学号	课号	成绩
130001	1	92.0
130001	2	55.0
130001	3	78.0
130001	4	48.0
130001	8	69.0
130002	2	36.0
130002	3	80.0
130002	7	93.0

(g) 选修

教工号	课号	学年度	学期	班号	考核分
08001	8	2012-2013	春季学期	NULL	88.0
10001	6	2012-2013	春季学期	130101	95.0
81001	1	2011-2012	秋季学期	130101	80.0
81001	2	2011-2012	秋季学期	130101	78.0
81002	1	2011-2012	秋季学期	130102	70.0

(h) 教课

图 1-5　教学关系数据库 JXDB 截图

1.4　关系数据库规范化设计

本节讨论如何对关系数据库模式进行优化,使得在数据库逻辑设计阶段构造出规范化程度较高、能很好地反映现实世界的关系数据库模式。具体介绍以下内容:不好的关系模式存在的问题、函数依赖、范式及其规范化设计。

1.4.1　不好的关系模式存在的问题

一个不好的关系模式(规范化程度过低)不能够很好地描述现实世界,可能会存在数据冗余太大、插入异常、删除异常、修改异常等问题。下面结合实例进行分析。

【例 1.3】 学校要建立一个对学生的成绩进行管理的数据库,该数据库涉及的数据包括学生的学号、姓名、性别、院系、办公地点、课号、成绩。假设用一个单一的关系模式"教学"来表示,则该关系模式可表示为:

教学(学号,姓名,性别,院系,办公地点,课号,成绩,教师号)

现实世界的已知事实(语义)为:

① 一个学生只能有一个唯一的学号,规定一个学生只能登记一个姓名;

② 一个学生自然只有一个性别;

③ 一个院系有若干学生,规定一个学生只属于一个院系;

④ 规定一个院系只能有一个办公地点;

⑤ 每个学生选修每一门课程有一个成绩;

⑥ 每一教师只教一门课,每门课由若干教师教;

⑦ 某一学生选定某门课,就确定了一个固定的教师;

⑧ 某个学生选修某个教师的课就确定了所选课的课号。

表 1-3 是某一时刻关系模式"教学"的一个关系。

表 1-3　"教学"表

学号	姓名	性别	院系	办公地点	课号	成绩	教师号
130001	王小艳	女	计算机系	教二五楼	1	80	001
130001	王小艳	女	计算机系	教二五楼	2	55	002
130001	王小艳	女	计算机系	教二五楼	3	78	003
130001	王小艳	女	计算机系	教二五楼	4	92	004
130002	李明	男	计算机系	教二五楼	2	36	002
130002	李明	男	计算机系	教二五楼	3	98	003

分析以上"教学"关系模式存在的问题。

解:这个关系模式有以下四个问题。

(1) 数据冗余太大。

一个关系中某属性有若干个相同的值称为数据冗余。

本关系模式数据冗余太大。例如,某学生选修了 n 门课程,那么其学号、姓名、性别、院系、办公地点等数据都要重复出现 n 次,这将浪费大量的存储空间。

（2）插入异常（Insertion Anomalies）。

"教学"关系模式的主码为（学号，课号）。如果一个院系刚成立，尚无学生，学号这一主属性为空值，根据实体完整性规则，无法把这个刚成立的院系名称及其办公地点信息存入数据库，这就是插入异常。

一个关系中，现实中某实体确实存在，某些属性（尤其是主属性）的值暂时还不能确定，导致该实体不能插入该关系中，称为插入异常。即实际存在却插不进去。

（3）删除异常（Deletion Anomalies）。

如果某个院系的学生全部毕业了，在删除该院系学生信息的同时，把这个院系及其办公地点信息也丢掉了。这就是删除异常。

一个关系中，因要清除某些属性上的值而导致连同删除了一个确实存在的实体，称为删除异常。即不该删除的却删除了。

（4）修改异常（Update Anomalies）。

例如，要修改某院系的办公地点，必须逐一修改有关的每一个元组的"办公地点"属性值，否则就会出现数据不一致。这就是修改异常。

对于冗余的数据，如果只修改其中一个，其余的未修改，就会出现数据不一致，称为修改异常。

"教学"关系模式存在以上四个问题，因此它是一个不好的关系模式。一个好的关系模式不会发生插入异常、删除异常，数据冗余应尽可能少。

1.4.2　函数依赖

一个不好的关系模式为什么会存在数据冗余太大、插入异常、删除异常、修改异常等问题呢？这是存在于模式中的某些数据依赖引起的。

1. 数据依赖

数据依赖是一个关系内部属性与属性之间的一种约束关系。它是现实世界属性间相互联系的抽象，是数据内在的性质，是语义的体现。

人们已经提出了许多种类型的数据依赖，包括函数依赖（Functional Dependency，FD）、多值依赖（Multivalued Dependency，MVD）、连接依赖及其他类型。有些数据依赖是客观事实的体现，有些是根据需要人为规定的。例如，"教师"关系中，每一个教师的性别是唯一确定的，这一数据依赖是客观事实的体现。"教授"的工资不得低于 3000 元，这一数据依赖是人为规定的。本节介绍数据依赖中最重要的函数依赖。

2. 函数依赖

1）函数依赖定义

定义：设 $R(U)$ 是属性集 U 上的关系模式，X 和 Y 是 U 的子集。若对于 $R(U)$ 的任意一个可能的关系 r，r 中不可能存在两个元组在 X 上的属性值相等，而在 Y 上的属性值不等，则称"X 函数确定 Y"或"Y 函数依赖 X"，记为 $X \rightarrow Y$。X 称为这个函数依赖的决定因素（Determinant）。

若 $X \rightarrow Y$，并且 $Y \rightarrow X$，则记为 $X \longleftrightarrow Y$。

若 Y 不函数依赖 X，则记为 $X \longrightarrow\!\!\!\!\!/\; Y$。

说明：

（1）函数依赖不是指关系模式 R 的某个或某些关系实例满足的约束条件，而是指 R 的所有关系实例均要满足的约束条件。

（2）函数依赖是语义范畴的概念。只能根据数据的语义来确定函数依赖。

例如，"学号→性别"这个函数依赖是对现实世界的真实反映，一个人一生下来就具有唯一的性别。

（3）数据库设计者可以对现实世界进行强制的规定。例如，规定一个院系只能有一个办公地点，函数依赖"院系→办公地点"成立。所插入的元组必须满足规定的函数依赖，若发现同一院系有两个办公地点，则拒绝装入该元组。

由例 1.3 中给出的语义可得到"教学"关系模式的属性组 U 上的函数依赖集为

$F=\{$学号→姓名，学号→性别，学号→院系，院系→办公地点，（学号，课号）→成绩，教师号→课号，（学号，课号）→教师号，（学号，教师号）→课号$\}$

于是"教学"关系模式可表示为：教学(U,F)。

2）平凡函数依赖与非平凡函数依赖

定义：在关系模式 $R(U)$ 中，对于 U 的子集 X 和 Y，如果 $X→Y$，但 Y 不是 X 的子集，则称 $X→Y$ 是非平凡的函数依赖。

若 $X→Y$，但 $Y\subseteq X$，则称 $X→Y$ 是平凡的函数依赖。

例如，在教学(U)关系模式中，

非平凡函数依赖：（学号，课号）→成绩

平凡函数依赖：（学号，课号）→学号，（学号，课号）→课号

对于任一关系模式，平凡函数依赖都是必然成立的，它不反映新的语义，因此若不特别声明，则总是讨论非平凡函数依赖。

3）完全函数依赖与部分函数依赖

定义：在关系模式 $R(U)$ 中，如果 $X→Y$，并且对于 X 的任何一个真子集 X'，都有

$X'\nrightarrow Y$，则称 Y 完全函数依赖 X，记为 $X \xrightarrow{F} Y$。

若 $X→Y$，但 Y 不完全函数依赖 X，则称 Y 部分函数依赖 X，记为 $X \xrightarrow{P} Y$。

例如，在教学(U)关系中，

因为：学号$\nrightarrow$成绩，课号$\nrightarrow$成绩

所以：（学号，课号）$\xrightarrow{F}$成绩

4）传递函数依赖

定义：在关系模式 $R(U)$ 中，如果 $X→Y$，$Y→Z$，且 $Y\subseteq X$，$Y→X$，则称 Z 传递函数依赖 X。

注：如果 $Y→X$，即 $X↔Y$，则 Z 直接依赖 X。

例如，在教学(U)关系中，有

学号→院系，院系→办公地点，"办公地点"传递函数依赖"学号"。

5）主键

定义：设 K 为关系模式$R<U,F>$中的属性或属性组合。若 $K \xrightarrow{F} U$，则 K 称为 R 的一个候选键（Candidate Key）。若关系模式 R 有多个候选码，则选定其中的一个作为主键（Primary Key）。

若关系模式 R 中的一个属性或属性组 K 能函数确定每一个属性，则 K 必为 R 的一个候选键。

定义：关系模式 R 中属性或属性组 X 并非 R 的主键，但 X 是另一个关系模式的主键，则

称 X 是 R 的外部键也称外键。

主键又和外键一起提供了表示关系间联系的手段。

3. 关系模式的关系

关系模式是一个五元组：$R(U,D,\text{DOM},F)$，由于其中的 D 和 DOM 对模式设计关系不大，常把关系模式简化为一个三元组：$R(U,F)$

当且仅当 U 上的一个关系 r 满足 F 时，r 称为关系模式 $R(U,F)$ 的一个关系。

例如，表 1-3 使得 F 中的每一个函数依赖都成立，即表 1-3 满足 F，所以表 1-3 是关系模式"教学 (U,F)"的一个关系。

而表 1-4 所表示的关系 r 使函数依赖"学号→院系"不成立。因而不是关系模式"教学 (U,F)"的一个关系。

表 1-4　关系 r

学号	姓名	性别	院系	办公地点	课号	成绩
08001	王小艳	女	计算机系	教二五楼	3	78
08001	王小艳	女	数学系	教二五楼	4	92
08002	李明	男	计算机系	教二五楼	2	36
08002	李明	男	计算机系	教二五楼	3	98

1.4.3　范式及其规范化设计

关系数据库中的关系必须满足一定的要求。满足不同程度要求的为不同范式。到目前人们已研究出以下 6 种类型的范式，从低至高依次为：第一范式（1NF）、第二范式（2NF）、第三范式（3NF）、BC 范式（BCNF）、第四范式（4NF）、第五范式（5NF）。某一关系模式 R 为第 n 范式，可简记为 $R \in n\text{NF}$。各种范式之间的联系为：$5\text{NF} \subset 4\text{NF} \subset \text{BCNF} \subset 3\text{NF} \subset 2\text{NF} \subset 1\text{NF}$。

一个低一级范式的关系模式，通过模式分解可以转换为若干个高一级范式的关系模式集合，这种过程就叫关系模式的规范化。

1. 范式及其规范化

1）第一范式（1NF）

1NF 定义：如果一个关系模式 R 的所有属性都是不可分的数据项，则称 $R \in 1\text{NF}$。

1NF 是对关系模式最起码的要求，1NF 称为规范化的关系。不满足 1NF 的数据库模式不能称为关系数据库。

【例 1.4】　将表 1-5 所示的"学生情况"表转换为 1NF 关系模式。

表 1-5　"学生情况"表

学号	姓名	性别	简历				
			自何年月	至何年月	何地	任何职	证明人
08001	王小艳	女	2002.9	2005.7	在海河初中	读书	张兰
			2005.9	2008.7	在海河高中	读书	陈大民
08002	李明	男	2002.9	2005.7	在前进初中	读书	王超
			2005.9	2008.7	在前进高中	读书	李光

解:"学生情况"表中数据项"简历"是可再分的数据项,因而不是规范化关系。转换方法有以下两种。

方法 1:将"学生情况"表转换为以下关系模式:

学生简历(学号,姓名,性别,自何年月,至何年月,何地,任何职,证明人)

"学生简历"为规范化关系。

方法 2:将"学生情况"表转换为以下两个关系模式:

学生(学号,姓名,性别);

简历(学号,自何年月,至何年月,何地,任何职,证明人)。

　　　　学生∈1NF　　　　简历∈1NF

两种方法的比较:方法 1 比方法 2 数据冗余度大,浪费存储空间;

方法 2 比方法 1 查询速度慢,因为有的查询要用到连接运算。

2) 第二范式(2NF)

2NF 定义:若关系模式 $R(U,F) \in 1NF$,且每一个非主属性都完全函数依赖 R 的候选键,则称 $R \in 2NF$。

【例 1.5】 设有关系模式"教学(U,F)",其中

$U=\{$学号,姓名,性别,院系,办公地点,课号,成绩,教师号$\}$

$F=\{$学号→姓名,学号→性别,学号→院系,院系→办公地点,(学号,课号)→成绩,

　　教师号→课号,(学号,课号)→教师号,(学号,教师号)→课号$\}$

① 关系模式"教学"为几范式?

② 将"教学"分解为更高一级的范式。

解:① 关系模式"教学"的候选键为:(学号,课号)、(学号,教师号)

　　　　主属性为:学号,课号,教师号。其余属性为非主属性。

　　　　因为学号→姓名,即有非主属性"姓名"部分函数依赖"教学"的候选键,

　　　　所以"教学"不是 2NF。故"教学"∈1NF。

② 采用投影分解法,把"教学"分解为两个关系模式,以消除非主属性对键的部分函数依赖:

学生院系$(U1,F1)$,$U1=\{$学号,姓名,性别,院系,办公地点$\}$

　　　　　　　　$F1=\{$学号→姓名,学号→性别,学号→院系,院系→办公地点$\}$

选课$(U2,F2)$　　　$U2=\{$学号,课号,成绩,教师号$\}$,

　　　　　　　　$F2=\{$(学号,课号)→成绩,教师号→课号,(学号,课号)→教师号,

　　　　　　　　　　(学号,教师号)→课号$\}$

以上两个关系模式最低为 2NF。

关系模式"学生院系$(U1,F1)$"中依然存在数据冗余度大、插入异常、删除异常、修改异常等问题。

将一个 1NF 的关系分解为多个 2NF 的关系,可以在一定程度上减轻原 1NF 关系模式中的各种异常情况和数据冗余,但不能完全消除。

3) 第三范式(3NF)

3NF 定义:若关系模式 $R(U,F) \in 1NF$,且每一个非主属性都不传递依赖于 R 的候选键,则称 $R \in 3NF$。

【例 1.6】 设有关系模式:学生院系($U1$,$F1$),其中

$U1=\{$学号,姓名,性别,院系,办公地点$\}$

$F1=\{$学号→姓名,学号→性别,学号→院系,院系→办公地点$\}$

① 关系模式"学生院系"为几范式?

② 将"学生院系"分解为更高一级的范式。

解: ① 关系模式"学生院系"的候选键为:学号

主属性为:学号。其余属性为非主属性。

因为学号→院系,院系→办公地点,即有非主属性"办公地点"传递依赖候选键"学号"。

所以"学生院系"不是 3NF。故"学生院系"∈2NF。

② 采用投影分解法,把"学生院系"分解为两个关系模式,以消除传递函数依赖:

学生($\{$学号,姓名,性别,院系$\}$,$\{$学号→姓名,学号→性别,学号→院系$\}$)

部门($\{$院系,办公地点$\}$,$\{$院系→办公地点$\}$)

学生、部门最低为 3NF。

将一个 2NF 关系分解为多个 3NF 的关系后,只是进一步减轻了关系模式中的各种异常情况和数据冗余,并不能完全消除。

4)BC 范式(BCNF)

BCNF 定义:若关系模式 $R(U,F)\in$1NF,并且 R 的函数依赖集 F 中的每一个非平凡的函数依赖的左边(即决定因素)都含有某一个候选键,则称 $R\in$BCNF。

如果 $R\in$3NF,且 R 只有一个候选键,则 R 必属于 BCNF。

【例 1.7】 设有关系模式:选课($U2$,$F2$),其中

$U2=\{$学号,课号,成绩,教师号$\}$,

$F2=\{($学号,课号$)$→成绩,教师号→课号,$($学号,课号$)$→教师号,$($学号,教师号$)$→课号$\}$

①关系模式"选课($U2$,$F2$)"为几范式?

②将"选课($U2$,$F2$)"分解为更高一级的范式。

解: ① 关系模式"选课"的候选键为:(学号,课号)、(学号,教师号)

主属性为:学号、课号、教师号。非主属性为:成绩。

因为教师号→课号,决定因素"教师号"不含候选键,

所以"选课"不是 BCNF。故"选课"∈3NF。

②采用投影分解法,把"选课"分解为两个关系模式,以消除主属性"课号"对候选键(学号,教师号)的部分依赖:

选修(学号,课号,成绩)　　　　(学号,课号)→成绩

教课(教师号,课号)　　　　　　教师号→课号

选修、教课均为 BCNF。

2. 关系模式规范化小结

关系数据库的规范化理论是数据库逻辑设计的工具。

一个模式中的关系模式如果都是 BCNF,那么在函数依赖范畴内已实现了彻底的分离,已消除了插入和删除异常。

规范化的基本思想:消除不合适的数据依赖,使模式中的各关系模式达到某种程度的"分

离"，让一个关系描述一个概念、一个实体或者实体间的一种联系。若多于一个概念就把它"分离"出去。

关系模式规范化的基本步骤：

    1NF

    ↓　消除非主属性对键的部分函数依赖

    2NF

    ↓　消除非主属性对键的传递函数依赖

    3NF

    ↓　消除主属性对键的部分和传递函数依赖

    BCNF

上面的规范化步骤可以在其中任何一步终止。

关系模式规范化程度越高，插入异常、删除异常、修改异常、数据冗余度大等问题就越轻，但因分解的关系模式多，查询时涉及多表连接，导致查询速度慢，所以不能说规范化程度越高的关系模式就越好，在工程应用中常常设计为 3NF 或 BCNF 即可。

在设计数据库模式结构时，必须对现实世界的实际情况和用户应用需求作进一步分析，确定一个合适的、能够反映现实世界的模式。

第2章 建立数据库

SQL Server 2008 是一个大中型数据库管理系统软件,可以组织、存储并管理各种类型的信息。一个 SQL Server 数据库是一个存储信息的容器,它由 1 个主数据文件(扩展名为. mdf)、$n(n \geqslant 0)$ 个次数据文件(扩展名为. ndf)和 $m(m \geqslant 1)$ 个日志文件(扩展名为. ldf)组成,存储在指定的磁盘中。在使用 SQL Server 组织、存储和管理数据时,应先创建数据库,然后在该数据库中创建表、视图、索引、存储过程、自定义函数和触发器等数据库对象。

本章介绍 SQL Server 数据库存储结构与系统数据库、使用 T-SQL 语言创建数据库、使用界面方法创建数据库及分离与附加数据库等内容。

2.1 SQL Server 数据库存储结构与系统数据库

本节介绍数据库的页和区体系结构、文件和文件组体系结构、事务日志简介、SQL Server 系统数据库等内容。

2.1.1 页和区体系结构

SQL Server 中数据存储的基本单位是页。为数据库中的数据文件(. mdf 或 . ndf)分配的磁盘空间可以从逻辑上划分成页(从 0 到 n 连续编号)。磁盘 I/O 操作在页级执行。也就是说,SQL Server 读取或写入所有数据页。

区是八个物理上连续的页的集合,用来有效地管理页。所有页都存储在区中。

要设计和开发高效执行的数据库,了解页和区的体系结构是很重要的。下面介绍用于管理页和区的数据结构。

1. 页

在 SQL Server 中,页的大小为 8 KB。这意味着 SQL Server 数据库中每 1 MB 有 128 页。每页的开头是 96 KB 的标头,用于存储有关页的系统信息。此信息包括页码、页类型、页的可用空间,以及拥有该页的对象的分配单元 ID。

表 2-1 说明了 SQL Server 数据库的数据文件中所使用的页类型。

表 2-1 数据文件中所使用的页类型

页类型	内容
Data	当text in row 设置为 ON 时,包含除 text、ntext、image、nvarchar(max)、varchar(max)、varbinary(max) 和 xml 数据之外的所有数据的数据行
Index	索引条目
Text/Image	大型对象数据类型:text、ntext、image、nvarchar(max)、varchar(max)、varbinary(max)和 xml 数据。 数据行超过 8 KB 时为可变长度数据类型列: varchar、nvarchar、varbinary 和 sql_variant

续表

页类型	内容
Global Allocation Map、Shared Global Allocation Map	有关区是否分配的信息
Page Free Space	有关页分配和页的可用空间的信息
Index Allocation Map	有关每个分配单元中表或索引所使用的区的信息
Bulk Changed Map	有关每个分配单元中自最后一条 BACKUP LOG 语句之后的大容量操作所修改的区的信息
Differential Changed Map	有关每个分配单元中自最后一条 BACKUP DATABASE 语句之后更改的区的信息

注意：日志文件不包含页，而是包含一系列日志记录。

在数据页上，数据行紧接着标头按顺序放置。页的末尾是行偏移表，对于页中的每一行，每个行偏移表都包含一个条目。每个条目记录对应行的第一个字节与页首的距离。行偏移表中的条目的顺序与页中行的顺序相反。SQL Server 数据页结构图如图 2-1 所示。

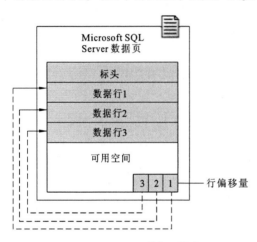

图 2-1　SQL Server 数据页结构图

大型行支持：行不能跨页，但是行的部分可以移出行所在的页，因此行实际可能非常大。页的单个行中的最大数据量和开销是 8 060 字节（8 KB）。但是，这不包括用 Text/Image 页类型存储的数据。包含 varchar、nvarchar、varbinary 或 sql_variant 列的表不受此限制的约束。当表中的所有固定列和可变列的行的总大小超过限制的 8 060 字节时，SQL Server 将从最大长度的列开始动态将一个或多个可变长度列移动到 ROW_OVERFLOW_DATA 分配单元中的页。每当插入或更新操作将行的总大小增大到超过限制的 8 060 字节时，将会执行此操作。将列移动到 ROW_OVERFLOW_DATA 分配单元中的页后，将在 IN_ROW_DATA 分配单元中的原始页上维护 24 字节的指针。如果后续操作减小了行的大小，那么 SQL Server 会动态将列移回到原始数据页。

2. 区

区是管理空间的基本单位。一个区是八个物理上连续的页（64 KB）。这意味着 SQL Server 数据库中 1 MB 有 16 个区。

为了使空间分配更有效，SQL Server 不会将所有区分配给包含少量数据的表。SQL Server 有两种类型的区。

统一区：由单个对象所有。区中的所有 8 页只能由所属对象使用。

混合区：最多可由八个对象共享。区中八页的每页可由不同的对象所有。

通常从混合区向新表或索引分配页。当表或索引增长到 8 页时，将变成使用统一区进行后续分配。如果对现有表创建索引，并且该表包含的行足以在索引中生成 8 页，则对该索引的所有分配都使用统一区进行。SQL Server 区结构如图 2-2 所示。

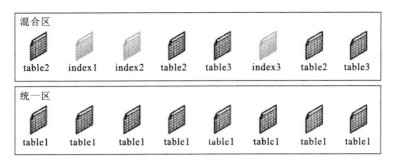

图 2-2　SQL Server 区结构图

2.1.2　文件和文件组体系结构

SQL Server 将数据库映射为一组操作系统文件。数据和日志信息绝不会混合在同一个文件中，而且一个文件只由一个数据库使用。文件组是命名的文件集合，用于帮助数据布局和管理任务，例如，备份和还原操作。

1. 数据库文件

1）数据库文件的类型

SQL Server 数据库具有三种类型的文件。

（1）主数据文件。

主数据文件是数据库的起点，指向数据库中的其他文件。每个数据库都有一个主数据文件。主数据文件的推荐文件扩展名是 .mdf。

（2）次要数据文件。

除主数据文件以外的所有其他数据文件都是次要数据文件。某些数据库可能不含有任何次要数据文件，而有些数据库则含有多个次要数据文件。次要数据文件的推荐文件扩展名是 .ndf。

（3）日志文件。

日志文件包含着用于恢复数据库的所有日志信息。每个数据库必须至少有一个日志文件，当然也可以有多个。日志文件的推荐文件扩展名是 .ldf。

SQL Server 不强制使用 .mdf、.ndf 和 .ldf 文件扩展名，但使用它们有助于标识文件的各种类型和用途。

数据库引擎是用于存储、处理和保护数据的核心服务。利用数据库引擎可控制访问权限并快速处理事务，从而满足企业内大多数需要处理大量数据的应用程序的要求。

在 SQL Server 中，数据库中所有文件的位置都记录在数据库的主文件和 master 数据库中。大多数情况下，SQL Server 数据库引擎使用 master 数据库中的文件位置信息。但是，在下列情况下，数据库引擎使用主文件的文件位置信息初始化 master 数据库中的文件位置项：使用带有 FOR ATTACH 或 FOR ATTACH _REBUILD_LOG 选项的 CREATE DATABASE 语句来附加数据库时；从 SQL Server 2000 版或 7.0 版升级时；还原 master 数据库时。

2）逻辑和物理文件名称

SQL Server 文件有以下两个名称。

（1）逻辑文件名（logical_file_name）。

logical_file_name 是在所有 Transact-SQL 语句中引用物理文件时所使用的名称。逻辑文件名必须符合 SQL Server 标识符规则,而且在数据库中的逻辑文件名中必须是唯一的。

(2) 物理文件名(os_file_name)。

os_file_name 是包括目录路径的物理文件名。它必须符合操作系统文件命名规则。

SQL Server 数据和日志文件可以保存在 FAT 或 NTFS 文件系统中。NTFS 在安全方面具有优势,因此,建议使用 NTFS 文件系统。可读/写数据文件组和日志文件不能保存在 NTFS 压缩文件系统中。只有只读数据库和只读次要文件组可以保存在 NTFS 压缩文件系统中。

如果多个 SQL Server 实例在一台计算机上运行,则每个实例都会接收到不同的默认目录来保存在该实例中创建的数据库文件。

3) 数据文件页

SQL Server 数据文件中的页按顺序编号,文件的首页以 0 开始。数据库中的每个文件都有一个唯一的文件 ID。若要唯一标识数据库中的页,则需要同时使用文件 ID 和页码。图 2-3 显示了包含 4MB 主数据文件和 1MB 次要数据文件的数据库中的页码。

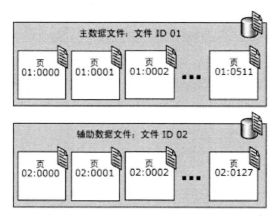

图 2-3　数据文件页

每个文件的第一页是一个包含有关文件属性信息的文件的页首页。在文件开始处的其他几页也包含系统信息(如分配映射)。有一个存储在主数据文件和第一个日志文件中的系统页是包含数据库属性信息的数据库引导页。

4) 文件大小

SQL Server 文件可以从它们最初指定的大小开始自动增长。在定义文件时,可以指定一个特定的增量。每次填充文件时,其大小均按此增量来增长。如果文件组中有多个文件,则它们在所有文件被填满之前不会自动增长。填满后,这些文件会循环增长。

每个文件还可以指定一个最大大小。如果没有指定最大大小,文件可以一直增长到用完磁盘上的所有可用空间。如果 SQL Server 作为数据库嵌入某应用程序,而该应用程序的用户无法迅速与系统管理员联系,则此功能就特别有用。用户可以使文件根据需要自动增长,以减轻监视数据库中的可用空间和手动分配额外空间的管理负担。

5) 数据库快照文件

数据库快照存储其“写入时复制”数据时所用的文件格式取决于快照是由用户创建,还是在内部使用。

　　用户创建的数据库快照将其数据存储在一个或多个稀疏文件中。稀疏文件技术是 NTFS 文件系统的一项功能。首先，稀疏文件不包含任何用户数据，并且没有为稀疏文件分配用于用户数据的磁盘空间。有关在数据库快照中使用稀疏文件和数据库快照增长方式的一般信息，请参阅数据库快照的工作方式和了解数据库快照中的稀疏文件大小。

　　数据库快照通过特定的 DBCC 命令在内部使用。这些命令包括 DBCC CHECKDB、DBCC CHECKTABLE、DBCC CHECKALLOC 和 DBCC CHECKFILEGROUP。内部数据库快照使用原始数据库文件的稀疏备用数据流。与稀疏文件一样，备用数据库流也是 NTFS 文件系统的一项功能。使用稀疏备用数据流，可以进行多项数据分配，使其与单个文件或文件夹进行关联，但不影响文件大小或卷统计信息。

2. 数据库文件组

　　为便于分配和管理，可以将数据库对象和文件一起分成文件组，有两种类型的文件组。

　　1）主文件组

　　主文件组包含主数据文件和任何没有明确分配给其他文件组的其他文件。系统表的所有页均分配在主文件组中。

　　2）用户定义文件组

　　用户定义文件组是通过在 CREATE DATABASE 或 ALTER DATABASE 语句中使用 FILEGROUP 关键字指定的任何文件组。

　　日志文件不包括在文件组内。日志空间与数据空间分开管理。

　　一个文件不可以是多个文件组的成员。表、索引和大型对象数据可以与指定的文件组相关联。在这种情况下，它们的所有页将被分配到该文件组，或者对表和索引进行分区。已分区表和索引的数据被分割为单元，每个单元可以放置在数据库中的单独文件组中。

　　每个数据库中均有一个文件组被指定为默认文件组。如果创建表或索引时未指定文件组，则将假定所有页都从默认文件组分配。一次只能有一个文件组作为默认文件组。db_owner 固定数据库角色成员可以将默认文件组从一个文件组切换到另一个。如果没有指定默认文件组，则将主文件组作为默认文件组。

　　3）文件和文件组示例

　　以下示例在 SQL Server 实例上创建了一个数据库。该数据库包括一个主数据文件、一个用户定义文件组和一个日志文件。主数据文件在主文件组中，而用户定义文件组包含两个次要数据文件。ALTER DATABASE 语句将用户定义文件组指定为默认文件组。然后通过指定用户定义文件组来创建表。

```
USE master;
GO
—Create the database with the default data filegroup and a log file.
—Specify the growth increment and the max size for the primary data file.
CREATE DATABASE MyDB
ON PRIMARY                    —主文件组
  (NAME='MyDB_Primary',     —主数据文件
FILENAME='c:\Program Files\Microsoft SQL Server
        \MSSQL10.MSSQLSERVER\MSSQL\data\MyDB_Prm.mdf',
```

```
      SIZE=4MB,
      MAXSIZE=10MB,
      FILEGROWTH=1MB),
   FILEGROUP MyDB_FG1          —用户定义文件组
     (NAME='MyDB_FG1_Dat1',   —次要数据文件
       FILENAME='c:\Program Files\Microsoft SQL Server
                  \MSSQL10.MSSQLSERVER\MSSQL\data\MyDB_FG1_1.ndf',
      SIZE=1MB,
      MAXSIZE=10MB,
      FILEGROWTH=1MB),
     (NAME='MyDB_FG1_Dat2',   —次要数据文件
       FILENAME='c:\Program Files\Microsoft SQL Server
                  \MSSQL10.MSSQLSERVER\MSSQL\data\MyDB_FG1_2.ndf',
      SIZE=1MB,
      MAXSIZE=10MB,
      FILEGROWTH=1MB)
   LOG ON
     (NAME='MyDB_log',          —日志文件
       FILENAME='c:\Program Files\Microsoft SQL Server
                  \MSSQL10.MSSQLSERVER\MSSQL\data\MyDB.ldf',
      SIZE=1MB,
      MAXSIZE=10MB,
      FILEGROWTH=1MB);
   GO
   ALTER DATABASE MyDB
     MODIFY FILEGROUP MyDB_FG1 DEFAULT;   —指定默认文件组
   GO
   —Create a table in the user-defined filegroup.
   USE MyDB;
   CREATE TABLE MyTable
     (cola int PRIMARY KEY,
       colb char(8))
   ON MyDB_FG1;
   GO
```

图 2-4 总结上述示例的结果。

2.1.3　事务日志简介

事务日志用于确保数据库的数据完整性和数据恢复。

每个 SQL Server 2008 数据库都具有事务日志,用于记录所有事务以及每个事务对数据库所做的修改。事务日志是数据库的重要组件,如果系统出现故障,则可能需要使用事务日志将数据库恢复到一致状态。删除或移动事务日志以前,必须完全了解此操作带来的后果。

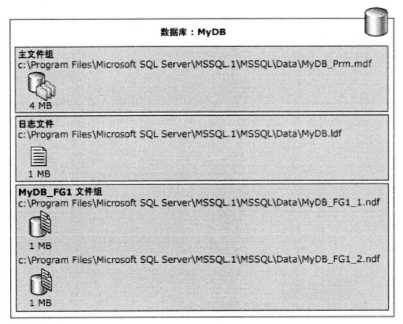

图 2-4 数据文件页

1. 事务日志支持的操作

事务日志支持以下操作：恢复个别的事务；在 SQL Server 启动时恢复所有未完成的事务；将还原的数据库、文件、文件组或页前滚至故障点；支持事务复制；支持备份服务器解决方案。

1）恢复个别的事务

如果应用程序发出 ROLLBACK 语句，或者数据库引擎检测到错误（例如，失去与客户端的通信），就使用日志记录回滚未完成的事务所做的修改。

2）SQL Server 启动时恢复所有未完成的事务

当运行 SQL Server 的服务器发生故障时，数据库可能处于这样的状态：还没有将某些修改从缓存写入数据文件，在数据文件内有未完成的事务所做的修改。当启动 SQL Server 实例时，它对每个数据库执行恢复操作。前滚日志中记录的、可能尚未写入数据文件的每个修改。在事务日志中找到的每个未完成的事务都将回滚，以确保数据库的完整性。

3）将还原的数据库、文件、文件组或页前滚到故障点

在硬件丢失或磁盘故障影响数据库文件后，可以将数据库还原到故障点。先还原上次完整数据库备份和上次差异数据库备份，然后将后续的事务日志备份序列还原到故障点。当还原每个日志备份时，数据库引擎重新应用日志中记录的所有修改，以前滚所有事务。在最后的日志备份还原后，数据库引擎将使用日志信息回滚到该点未完成的所有事务。

4）支持事务复制

日志读取器代理程序监视已为事务复制配置的每个数据库的事务日志，并将已设复制标记的事务从事务日志复制到分发数据库中。

5）支持备份服务器解决方案

备用服务器解决方案、数据库镜像和日志传送极大程度地依赖事务日志。在日志传送方

案中，主服务器将主数据库的活动事务日志发送到一个或多个目标服务器。每个辅助服务器将该日志还原为其本地的辅助数据库。

在数据库镜像方案中，数据库（主体数据库）的每次更新都在独立的、完整的数据库（镜像数据库）副本中立即重新生成。主体服务器实例立即将每个日志记录发送到镜像服务器实例，镜像服务器实例将传入的日志记录应用于镜像数据库，从而将其继续前滚。

2．事务日志特征

SQL Server 数据库引擎事务日志的特征如下：

（1）事务日志是作为数据库中单独的文件或一组文件实现的。日志缓存与数据页的缓冲区高速缓存是分开管理的，因此可在数据库引擎中生成简单、快速和功能强大的代码。

（2）日志记录和页的格式不必遵守数据页的格式。

（3）事务日志可以在几个文件上实现。通过设置日志的 FILEGROWTH 值可以将这些文件定义为自动扩展。这样可减少事务日志内空间不足的可能性，同时减少管理开销。

（4）重用日志文件中空间的机制速度快且对事务吞吐量影响最小。

2.1.4　SQL Server 系统数据库

SQL Server 维护一组系统级数据库（称为"系统数据库"），这些数据库对于服务器实例的运行至关重要。每次进行大量更新后，都必须备份多个系统数据库。必须备份的系统数据库包括 msdb、master 和 model。备份这些系统数据库，就可以在发生系统故障（如硬盘丢失）时还原和恢复 SQL Server 系统。

1．master 数据库

master 数据库记录 SQL Server 系统的所有系统级信息。这包括实例范围的元数据（如登录账户）、端点、链接服务器和系统配置设置。此外，master 数据库还记录了所有其他数据库的存在、数据库文件的位置和 SQL Server 的初始化信息。因此，如果 master 数据库不可用，则 SQL Server 无法启动。

2．model 数据库

model 数据库用做在 SQL Server 实例上创建的所有数据库的模板。因为每次启动 SQL Server 时都会创建 tempdb，所以 model 数据库必须始终存在于 SQL Server 系统中。

3．msdb 数据库

SQL Server 代理用来安排警报和作业，以及记录操作员信息的数据库。msdb 还包含历史记录表，例如，备份和还原历史记录表。

4．tempdb 数据库

tempdb 系统数据库是一个全局资源，可供连接到 SQL Server 实例的所有用户使用，并可用于保存下列各项：

（1）显式创建的临时用户对象，例如，全局或局部临时表、临时存储过程、表变量或游标。

（2）SQL Server 数据库引擎创建的内部对象，例如，用于存储假脱机或排序的中间结果的工作表。

（3）由使用已提交读（使用行版本控制隔离或快照隔离事务）的数据库中数据修改事务生

成的行版本。

（4）由数据修改事务为实现联机索引操作、多个活动的结果集（MARS）和 AFTER 触发器等功能而生成的行版本。

每次启动 SQL Server 实例时都会重新创建此数据库。当服务器实例关闭时，将永久删除 tempdb 中的所有数据。

2.2　使用 T-SQL 语言创建数据库

Transact-SQL 语句语法表示符号约定如表 2-2 所示。

表 2-2　T-SQL 语句语法表示符号约定

约定	用于
∣（竖线）	分隔括号或大括号中的语法项。只能使用其中一项。或的意思
[]（方括号）	可选语法项。不要键入方括号
{}（大括号）	必选语法项。不要键入大括号
[,…n]	指示前面的项可以重复 n 次。各项之间以逗号分隔
[…n]	指示前面的项可以重复 n 次。每一项由空格分隔
;	可选的 Transact-SQL 语句终止符
<label> ∷=	语法块的名称。此约定用于对可在语句中的多个位置使用的过长语法段或语法单元进行分组和标记。可使用语法块的每个位置由括在尖括号内的标签指示：<label>

本节介绍使用 T-SQL 语言创建、修改、删除数据库的语句格式和使用方法。

2.2.1　创建数据库

在查询窗口中使用 CREATE DATABASE 语句创建数据库，该语句的常用语法格式如下：

```
CREATE DATABASE database_name          ─数据库名
[ON                                    ─其后可定义若干个数据文件和文件组
  [PRIMARY]                            ─主文件组名
    [<filespec>[,…n]]                  ─数据文件
  [,{FILEGROUP filegroup_name          ─自定义文件组名
      [CONTAINS FILESTREAM][DEFAULT]
      [<filespec>[,…n]]
    }[,…n]
  ]
  [LOG ON{<filespec>[,…n]}]            ─其后可定义若干个日志文件
  [COLLATE collation_name]             ─指定数据库默认的排序规则名
  [WITH<external_access_option>]       ─控制外部与数据库之间的双向访问
]
[;]
```
其中

```
<filespec>::=
{(NAME=logical_file_name,                ─逻辑文件名
    FILENAME='os_file_name'              ─操作系统(物理)文件名
    [,SIZE=size[KB|MB|GB|TB]]            ─文件初始大小
    [,MAXSIZE={max_size[KB|MB|GB|TB]|UNLIMITED}]    ─文件最大容量
    [,FILEGROWTH=growth_increment[KB|MB|GB|TB|%]]   ─文件增量
    )[,…n]
}
```

参数说明:

(1) database_name:新数据库的名称。数据库名称在 SQL Server 的实例中必须唯一。

(2) ON:其后定义存储数据库数据部分的磁盘文件(数据文件)和文件组。

(3) PRIMARY:系统定义的主文件组名。在主文件组的 <filespec> 项中指定的第一个文件将成为主数据文件。一个数据库只能有一个主数据文件。如果没有指定 PRIMARY,那么 CREATE DATABASE 语句中列出的第一个文件将成为主数据文件。

(4) 对一个文件的定义。

① logical_file_name:引用文件时在 SQL Server 中使用的逻辑名称。若未指定文件名,则 SQL Server 使用 database_name 作为 logical_file_name 和 os_file_name。

② os_file_name:是创建文件时由操作系统使用的路径和文件名。执行 CREATE DATABASE 语句前,指定路径必须存在。

③ size:文件的初始大小。如果没有为主文件提供 size,则数据库引擎将使用 model 数据库中的主文件的大小。如果指定了辅助数据文件或日志文件,但未指定该文件的 size,则数据库引擎将以 1 MB 作为该文件的大小。为主文件指定的大小至少应与 model 数据库的主文件大小相同。

可以使用千字节(KB)、兆字节(MB)、吉字节(GB)或太字节(TB)后缀。默认值为 MB。Size 是整数值。

④ max_size:指定文件可增大到的最大大小。可以使用 KB、MB、GB 和 TB 后缀。默认值为 MB。指定一个整数,不包含小数位。如果不指定 max_size,则文件将不断增长直至磁盘被占满。

UNLIMITED:指定文件将增长到磁盘充满。在 SQL Server 中,指定为不限制增长的日志文件的最大大小为 2 TB,而数据文件的最大大小为 16 TB。

⑤ growth_increment:指定文件的自动增量。该值可以 MB、KB、GB、TB 或百分比(%)为单位指定。如果未在数量后面指定单位,则默认值为 MB。如果指定%,则增量大小为发生增长时文件大小的指定百分比。指定的大小舍入为最接近的 64 KB 的倍数。

值为 0 时表明自动增长被设置为关闭,不允许增加空间。

如果未指定 FILEGROWTH,则数据文件的默认值为 1MB,日志文件的默认增长比例为 10%,并且最小值为 64 KB。

(5) filegroup_name:文件组的逻辑名称。

① CONTAINS FILESTREAM:指定文件组在文件系统中存储 FILESTREAM 二进制

大型对象（BLOB）。

② DEFAULT:指定命名文件组为数据库中的默认文件组。

（6）LOG ON:其后定义存储数据库日志的磁盘文件(日志文件)。如果没有 LOG ON,将自动创建一个日志文件,其大小为该数据库的所有数据文件大小总和的 25% 或 512 KB,取两者之中的较大者。

（7）COLLATE collation_name:指定数据库的默认排序规则。排序规则名称既可以是 Windows 排序规则名称,也可以是 SQL 排序规则名称。如果没有指定排序规则,则将 SQL Server 实例的默认排序规则分配为数据库的排序规则。

（8）FOR ATTACH[WITH <service_broker_option>]:指定通过附加一组现有的操作系统文件来创建数据库。

WITH<external_access_option>:控制外部与数据库之间的双向访问。

DB_CHAINING{ON|OFF}:

当指定为 ON 时,数据库可以为跨数据库所有权链的源或目标。

当为 OFF 时,数据库不能参与跨数据库所有权链接。默认值为 OFF。

几点说明:

（1）创建、修改或删除用户数据库后,应备份 master 数据库。

（2）每个数据库都有一个所有者,它可以在数据库中执行特殊操作。所有者是创建数据库的用户。可以使用 sp_changedbowner 更改数据库所有者。

（3）每个数据库至少有两个文件(一个主文件和一个事务日志文件)和一个文件组。可以为每个数据库指定最多 32 767 个文件和 32 767 个文件组。

（4）在创建数据库时,请根据数据库中预期的最大数据量,创建尽可能大的数据文件。

【例 2.1】 创建学生-课程数据库"ST",将数据文件和日志文件均存入文件夹: F:\SQL2008DB。

（1）建立存储数据库文件的文件夹:F:\SQL2008DB。

启动 SQL Server Management Studio。

（2）单击工具栏中的"新建查询"按钮。打开查询窗口。输入如下程序:

—建立学生-课程数据库 ST.sql

```
USE master
IF DB_ID(N'ST') IS NOT NULL        —若数据库 ST 已存在
    DROP DATABASE ST               —则删除
CREATE DATABASE ST
ON
    (NAME=ST_Data,                 —主数据文件
    FILENAME='F:\SQL2008DB\ST_Data.mdf',
    SIZE=3MB,
    MAXSIZE=UNLIMITED)
LOG ON
    (NAME=ST_log,                  —日志文件
```

```
FILENAME='F:\SQL2008DB\ST_log.ldf',
SIZE=1MB,
MAXSIZE=UNLIMITED,
FILEGROWTH=10% )
```

（3）程序输入完毕，单击"保存"按钮，打开"另存文件为"对话框。在"保存于"文本框中选定目的文件夹，在"文件名"文本框中输入："建立学生-课程数据库 ST. sql"，单击"保存"按钮。

（4）单击工具栏中的"！执行"按钮。显示：

命令已成功完成。

至此数据库 ST 创建成功。

【例 2. 2】　创建教学数据库 JXDB，数据文件存入文件夹"F:\SQL2008DB"中，事务日志文件存入文件夹"F:\SQL 日志文件"中。使用两个文件组：主文件组 PRIMARY 包含主数据文件 JXDB_Data 和次数据文件 JXDB_Data1；名为 JX_Group1 的自定义文件组包含次数据文件 JXDB_Data2 和 JXDB_Data3；事务日志文件名为 JXDB_log。具体属性设置见表 2-3。

表 2-3　JXDB 数据库属性设置

文件组	文件类型	逻辑文件名	物理文件名	初始大小	自动增量	最大容量
主文件组 PRIMARY	主数据文件	JXDB_Data	F:\SQL2008DB\JXDB_Data. mdf	3 MB	10%	不限制增长
	次数据文件	JXDB_Data1	F:\SQL2008DB\JXDB_Data1. ndf	2 MB	10%	30 MB
自定义文件组 JX_Group1	次数据文件	JXDB_Data2	F:\SQL2008DB\JXDB_Data2. ndf	1 MB	1 MB	20 MB
	次数据文件	JXDB_Data3	F:\SQL2008DB\JXDB_Data3. ndf	1 MB	1 MB	10 MB
	日志文件	JXDB_log	F:\SQL 日志文件\JXDB_log. ldf	2 MB	10%	不限制增长

（1）建立存储数据库文件的文件夹：F:\SQL2008DB 和 F:\SQL 日志文件。

启动 SQL Server Management Studio。

（2）展开"数据库"，展开"系统数据库"。右击"master"，单击"新建查询"。打开查询窗口。输入如下程序：

—建立数据库 JXDB. sql

```
USE master;
GO
IF DB_ID(N'JXDB') IS NOT NULL
    DROP DATABASE JXDB              —若数据库 JXDB 已存在,则删除
GO
CREATE DATABASE JXDB               —建立数据库 JXDB
ON
PRIMARY                            —主文件组
  (NAME=JXDB_Data,                 —主数据文件
   FILENAME='F:\SQL2008DB\JXDB_Data.mdf',
   SIZE=3MB,
   MAXSIZE=UNLIMITED,
   FILEGROWTH=10% ),
```

```
   (NAME= JXDB_Data1,               ─次数据文件 1
FILENAME= 'F:\SQL2008DB\JXDB_Data1.ndf',
   SIZE=2MB,
   MAXSIZE=30MB,
   FILEGROWTH=10% ),
FILEGROUP JX_Group1                 ─自定义文件组
   (NAME=JXDB_Data2,                ─次数据文件 2
FILENAME='F:\SQL2008DB\JXDB_Data2.ndf',
   SIZE=1MB,
   MAXSIZE= 20MB,
   FILEGROWTH=1MB),
   (NAME=JXDB_Data3,                ─次数据文件 3
FILENAME='F:\SQL2008DB\JXDB_Data3.ndf',
   SIZE=1MB,
   MAXSIZE=10MB,
   FILEGROWTH= 1MB)
LOG ON
   (NAME=JXDB_log,                  ─日志文件
FILENAME='F:\SQL日志文件\JXDB_log.ldf',
   SIZE=2MB,
   MAXSIZE=20MB,
   FILEGROWTH=10% )
   GO
```

（3）程序输入完毕，单击"保存"按钮，打开"另存文件为"界面，如图 2-5 所示。

图 2-5 "另存文件为"界面

在"保存于"文本框中选定目的文件夹"F:\SQL Server 2008 源码"，在"文件名"文本框中
输入文件名："建立数据库 JXDB"，系统会自动加上扩展名. sql，单击"保存"按钮。程序保存为
F:\SQL Server 2008 源码\建立数据库 JXDB. sql。

（4）单击工具栏中的"! 执行"按钮。显示：

命令已成功完成。

至此数据库 JXDB 创建成功。

2.2.2　修改数据库

使用 ALTER DATABASE 语句可以添加、修改或删除数据库中的文件和文件组，更改数据库或其文件和文件组的属性。

修改数据库语句格式如下：

```
ALTER DATABASE database_name
{{ADD FILE <filespec>[,…n]   [TO FILEGROUP{filegroup_name}]
  | ADD LOG FILE <filespec>[,…n]
  | REMOVE FILE logical_file_name
  | MODIFY FILE <filespec>
}
|{| ADD FILEGROUP filegroup_name[CONTAINS FILESTREAM]
  | REMOVE FILEGROUP filegroup_name
   |MODIFY FILEGROUP filegroup_name
   {{{READONLY|READWRITE}|{READ_ONLY|READ_WRITE}}
    |DEFAULT
    |NAME=new_filegroup_name
    }
  }
}[;]
<filespec>::=
(NAME=logical_file_name
 [,NEWNAME new_logical_name]
 [,FILENAME={'os_file_name'|'filestream_path'}]
 [,SIZE=size[KB|MB|GB|TB]]
 [,MAXSIZE={max_size[KB|MB|GB|TB]|UNLIMITED}]
 [,FILEGROWTH=growth_increment[KB|MB|GB|TB|% ]]
 [,OFFLINE]
```

注意：修改数据库时，每次只能修改数据库的一个属性。

【例 2.3】　为数据库 JXDB 添加文件组 JX_Group2，并为此文件组添加 1 个数据文件 JXDB_Data4。添加 1 个日志文件 JXDB_log1。

—添加文件组 JX_Group2

```
ALTER DATABASE JXDB
ADD FILEGROUP JX_Group2
GO
```

—添加次数据文件 JXDB_Data4 到文件组 JX_Group2

```
ALTER DATABASE JXDB
ADD FILE
(NAME=JXDB_Data4,
FILENAME='F:\SQL2008DB\JXDB_Data4.ndf',
```

```
        SIZE=1MB,
        MAXSIZE=20MB,
        FILEGROWTH=1MB
    )
    TO FILEGROUP JX_Group2        —次数据文件添加到文件组 JX_Group2
    GO
—添加日志文件 JXDB_log1
    ALTER DATABASE JXDB
    ADDLOG FILE
    (NAME=JXDB_log1,              —日志文件
    FILENAME='F:\SQL日志文件\JXDB_log1.ldf',
        SIZE=2MB,
        MAXSIZE=20MB,
        FILEGROWTH=10% )
    GO
```

【例 2.4】　修改数据库 JXDB 中次数据文件 JXDB_Data4 的属性:文件初始大小改为 5 MB,增长方式改为每次按 20%增长。删除日志文件 JXDB_log1。

```
    ALTER DATABASE JXDB
    MODIFY FILE
    (NAME=JXDB_Data4,
        SIZE=5MB                  —次数据文件 JXDB_Data4 的初始大小改为 5MB
    )
    GO
    ALTER DATABASE JXDB
    MODIFY FILE
    (NAME=JXDB_Data4,
        FILEGROWTH=20%            —次数据文件 JXDB_Data4 的增长方式改为按 20% 增长
    )
    GO
    ALTER DATABASE JXDB
    REMOVE FILE JXDB_log1         —删除日志文件 JXDB_log1
```

2.2.3　删除数据库

语法:DROP DATABASE⟨database_name⟩[,…n][;]

功能:从 SQL Server 实例中删除一个或多个数据库。

【例 2.5】　删除学生-课程数据库 ST。

```
    DROP DATABASE ST;
    命令已成功完成。
```

2.3　使用界面方法创建数据库

本节介绍在 SQL Server 中使用界面方法创建、修改与删除数据库的方法。

2.3.1　创建数据库

【例 2.6】　创建数据库 JXDB,其中数据文件存入文件夹:F:\SQL2008DB,日志文件存入文件夹:F:\SQL 日志文件。按表 2-3 的要求设置 JXDB 数据库的属性。

(1) 建立两个文件夹:F:\SQL2008DB 和 F:\SQL 日志文件。

启动 SQL Server Management Studio。

(2) 右击"数据库",单击"新建数据库",打开新建数据库窗口。在"常规"选项页的"数据库名称"文本框中输入要创建的数据库名,这里输入 JXDB,如图 2-6 所示。

图 2-6　新建数据库窗口

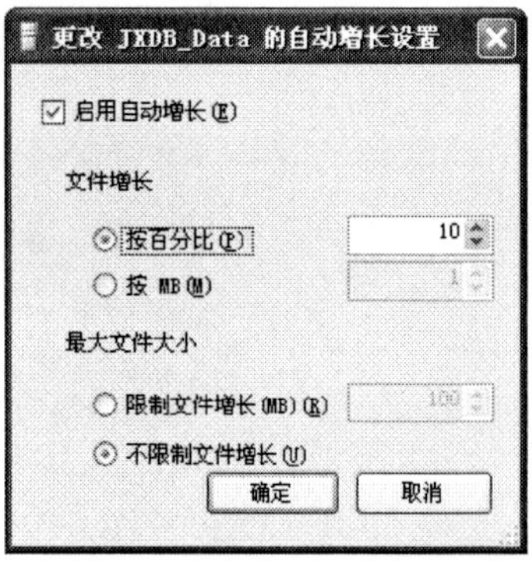

(3) 在数据库文件对话框中,对主数据文件和事务日志文件进行设置。

① 第一行对主文件组(PRIMARY)中的主数据文件进行如下设置。

主数据文件逻辑名称可采用默认的数据库名,也可更改。这里单击"逻辑名称"单元格,将其更改为 JXDB_Data;初始大小采用默认值 3。

单击"自动增长"单元格右边的按钮,打开"更改 JXDB 的自动增长"窗口,如图 2-7 所示。选择"按百分比"单选项,在文本框中输入百分比:10;选择"不限制文件增长"单选项,单击"确定"按钮。

图 2-7　"更改 JXDB 的自动增长"窗口

物理文件路径可采用默认路径,也可更改。这里单击"路径"列第一行单元格右边的按钮,打开"定位文件夹"窗口,选定要存放主数据文件的文件夹,这里选择 F:\SQL2008DB,单击"确定"按钮。

物理文件名可采用默认的数据库名,也可更改。这里在"文件名"单元格中输入物理文件名:JXDB_Data,系统会自动为其配上默认的扩展名:.mdf。

② 对日志文件进行如下设置。

日志文件可采用默认的逻辑名称:JXDB_log,也可更改。这里采用默认值。

初始大小设置为 2;自动增长采用默认值。

单击"路径"列日志文件所在行单元格右边的按钮,打开"定位文件夹"窗口,选定要存放日志文件的文件夹,这里选择 F:\SQL 日志文件,单击"确定"按钮。

图 2-8　"JXDB 的新建文件组"窗口

物理文件名采用默认的日志文件名:JXDB_log,系统会自动为其配上默认的扩展名:.ldf。

(4) 添加次数据文件或日志文件。

每单击一次"添加"按钮,就会在数据库文件对话框中增加一行空白行。在这里 3 次单击"添加"按钮,增加 3 行空白行,按表 2-3 的要求设置 3 个次数据文件,操作方法同(3)。

单击第 4 行"文件组"单元格右侧下拉箭头,在下拉列表中单击"＜新文件组＞",显示"JXDB 的新建文件组"窗口,如图 2-8 所示。在"名称"文本框中输入自定义文件组名:JX_Group1,单击"确定"按钮。

(5) 完成所有设置后,单击"确定"按钮。运行一会儿 JXDB 数据库便创建成功。

在 Windows 中查看新创建的数据库 JXDB,结果如图 2-9 所示。

图 2-9　JXDB 数据库文件及日志文件

2.3.2　修改数据库

在数据库创建后,数据文件和事务日志文件名就不能改变了。对已存在的数据库可进行的修改包括:增加或删除数据文件;改变数据文件的大小和增长方式;改变日志文件的大小和增长方式;增加或删除日志文件;增加或删除文件组。

【例 2.7】　为数据库 JXDB 添加文件组 JX_Group2,并为此文件组添加 1 个次数据文件 JXDB_Data4。

（1）启动 SQL Server Management Studio。选择要进行修改的数据库 JXDB,在该数据库名上单击鼠标右键,在出现的快捷菜单中选择"属性",显示"数据库属性"窗口,单击"文件"标签,显示如图 2-10 所示的"数据库属性-JXDB"窗口。

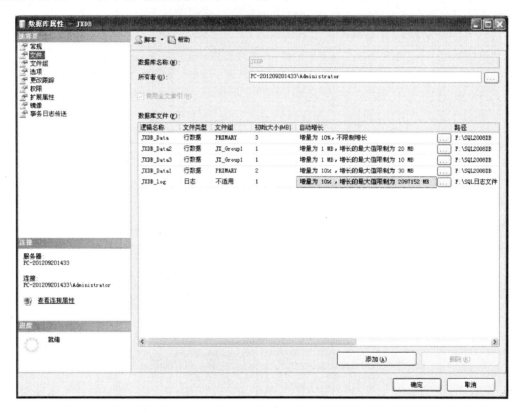

图 2-10   "数据库属性-JXDB"窗口

（2）单击"添加"按钮,在数据库文件对话框中增加一行空白行,在"逻辑名称"单元格中输入 JXDB_Data4。

单击"文件组"单元格右边下拉列表中的"＜新文件组＞",显示"JXDB 的新建文件组"窗口,如图 2-8 所示。在"名称"文本框中输入自定义文件组名:JX_Group2,单击"确定"按钮。

单击"路径"单元格右边的按钮,打开"定位文件夹"窗口,选定要存放次数据文件的文件夹,这里选择 F:\SQL2008DB,单击"确定"按钮。

（3）单击"确定"按钮,修改操作完成。

2.3.3　删除数据库

【例 2.8】　删除数据库 JXDB。

（1）启动 SQL Server Management Studio。选择要删除的数据库 JXDB,在该数据库名上单击鼠标右键,在出现的快捷菜单中选择"删除",如图 2-11 所示"删除对象"窗口。

（2）单击"确定"按钮,即删除了数据库 JXDB。

图 2-11　"删除对象"窗口

2.4　分离与附加数据库

当在 SQL Server 中新建一个数据库时,此数据库便附加到此 SQL Server 中,也就是说此 SQL Server 拥有对该数据库的一切管理权。

我们常常要将在一个位置创建的数据库转移到其他位置。如果将数据库文件直接复制到目标位置,这样得到的目标位置上的数据库文件 SQL Server 无法访问。转移 SQL Server 中的数据库必须经过以下三个步骤。

第一步:分离数据库。分离数据库是将当前未使用的数据库从 SQL Server 数据库引擎实例中删除,但保留完整的数据库及其数据文件和事务日志文件。

第二步:将分离后的数据库文件和事务日志文件复制到目标位置。

第三步:附加数据库。分离 SQL Server 数据库之后,可以将目标位置上的该数据库重新附加到 SQL Server 的相同实例或其他实例上。

2.4.1　分离数据库

分离数据库操作步骤如下。

(1) 在 SQL Server Management Studio 对象资源管理器中,连接到 SQL Server 数据库引擎的实例上,再展开该实例。

(2) 展开"数据库"项,并选择要分离的用户数据库的名称。

分离数据库需要对数据库具有独占访问权限。如果数据库正在使用,则限制为只允许单个用户进行访问。

右击数据库名称并指向"属性"。

在"选择页"窗格中,选择"选项"。

在"其他选项"窗格中,向下滚动到"状态"选项。

选择"限制访问"选项,然后在其下拉列表中,选择"单用户"。

单击"确定"按钮。将出现一个消息框,通知此操作将关闭所有到数据库的连接。

单击"确定"按钮。

(3) 右击数据库名称,指向"任务",再单击"分离"。将出现"分离数据库"对话框。

"要分离的数据库"网格在"数据库名称"列中显示所选数据库的名称。验证这是否为要分离的数据库。

默认情况下,分离操作将在分离数据库时保留过期的优化统计信息;若要更新现有的优化统计信息,则请选中"更新统计信息"复选框。

默认情况下,分离操作保留所有与数据库关联的全文目录。若要删除全文目录,则请清除"保留全文目录"复选框。

"状态"列将显示当前数据库状态("就绪"或者"未就绪")。

如果状态是"未就绪",则"消息"列将显示有关数据库的超链接信息。当数据库涉及复制时,"消息"列将显示 Database replicated。数据库有一个或多个活动连接时,"消息"列将显示 <活动连接数> 个活动连接;例如,1 个活动连接。在可以分离数据列之前,必须选中"删除连接"复选框来断开与所有活动连接的连接。

(4) 分离数据库准备就绪后,请单击"确定"按钮。

2.4.2 附加数据库

附加数据库可以使数据库的状态与分离时的状态完全相同。

附加数据库操作步骤如下。

(1) 在 SQL Server Management Studio 对象资源管理器中,连接到 Microsoft SQL Server 数据库引擎实例,然后展开该实例。

(2) 右键单击"数据库",指向"任务",然后单击"附加"。

(3) 在"附加数据库"对话框中,若指定要附加的数据库,则请单击"添加",然后在"定位数据库文件"界面中,选择数据库所在的磁盘驱动器并展开目录树以查找并选择数据库的 .mdf 文件。例如:

C:\Program Files\Microsoft SQL Server\MSSQL10. MSSQLSERVER\
MSSQL\DATA\AdventureWorks_Data.mdf

或者,若要为附加的数据库指定不同的名称,则请在"附加数据库"界面的"附加为"列中输入名称。

或者,通过在"所有者"列中选择其他项来更改数据库的所有者。

(4) 准备好附加数据库后,单击"确定"按钮。

注意:新附加的数据库在视图刷新后才会显示在对象资源管理器的"数据库"节点中。

安全说明:建议不要附加或还原未知或不可信源中的数据库。此类数据库可能包含恶意代码,这些代码可能会执行非预期的 T-SQL 代码,或者通过修改架构或物理数据库结构导致错误。在使用未知或不可信源中的数据库之前,请在非生产服务器上的数据库中运行 DBCC CHECKDB,同时检查数据库中的代码(例如,存储过程或其他用户定义代码)。

【例 2.9】 分离在 E:\ SQL Server DB 中建立的数据库 JXDB;将分离后的数据库文件和事务日志文件复制到 U 盘;附加 U 盘上的数据库使其状态与分离时的状态完全相同。

第一步:分离数据库。

(1) 右击数据库 JXDB,在弹出的快捷菜单中选择"任务→分离"项。将出现"分离数据库"界面,如图 2-12 所示。

(2) 单击"确定"按钮。一会儿数据库 JXDB 分离完成。

第二步:将文件夹 E:\ SQL Server DB 复制到 U 盘。

第三步:附加数据库。

(1) 右击"数据库",指向"任务",然后单击"附加",如图 2-13 所示。

图 2-12 分离数据库   图 2-13 附加数据库一

(2) 在"要附加的数据库"界面中,单击"添加"按钮。

(3) 在"定位数据库文件"界面中,选择数据库所在的 U 盘驱动器并展开目录树,选择数据库文件 JXDB_Date.mdf。单击"确定"按钮,如图 2-14 所示。

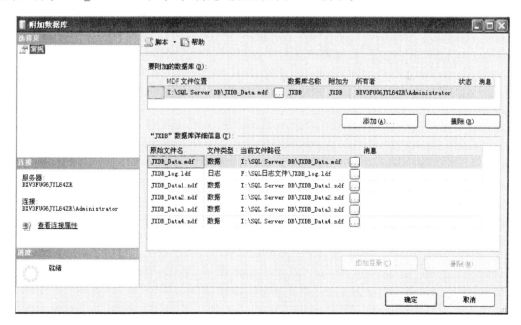

图 2-14 附加数据库二

(4) 单击"确定"按钮。数据库 JXDB 附加完成。

第3章 Transact-SQL 语言程序设计基础

Transact-SQL(简称 T-SQL)语言是 SQL Server 对标准 SQL 语言的扩充。该语言不仅具有操纵数据库的功能,还具有其他高级语言的功能。

本章介绍 Transact-SQL 语言中的标识符、数据类型、表达式、常用系统函数、T-SQL 控制流语句等内容。

3.1 标 识 符

SQL Server 中的所有内容都有标识符。服务器、数据库和数据库对象(如表、视图、列、索引、触发器、过程、约束和规则等)都是用标识符命名的。

对象标识符是在定义对象时创建的,标识符随后用于引用该对象。

标识符的排序规则取决于定义标识符时所在的级别。为实例级对象(如登录名和数据库名)的标识符指定的是实例的默认排序规则。为数据库对象(如表、视图和列名)的标识符分配数据库的默认排序规则。

按是否符合标识符的格式规则将标识符分为常规标识符和分隔标识符两种类型。

3.1.1 常规标识符

按以下 3 条规则命名的标识符称为常规标识符。

(1) 第一个字符必须是下列字符之一:Unicode 标准 3.2 所定义的字母。Unicode 中定义的字母包括拉丁字符 a～z 和 A～Z,以及来自其他语言的字母字符。下划线(_)、@符号或井字符(♯)等 3 个特殊字符。

后续字符可以包括:除上述字符以外还可以是十进制数字和美元符号($)。

(2) 标识符一定不能是 Transact-SQL 保留字,不允许嵌入空格或其他特殊字符。

(3) 标识符包含的字符数必须为 1～128。对于本地临时表,标识符最多可以有 116 个字符。

在 SQL Server 中,某些位于标识符开头位置的符号具有特殊意义。

以一个♯开头的标识符表示临时表或过程。以两个♯♯开头的标识符表示全局临时对象。虽然字符♯或♯♯可用做其他类型对象名的开头,但建议不要这样做。

以@开头的常规标识符始终表示局部变量或参数,并且不能用做任何其他类型对象的名称。某些 Transact-SQL 函数的名称以@@符号开头。为了避免与这些函数混淆,不应使用以@@开头的名称。

注意:变量名称和存储过程参数名称必须符合常规标识符的规则。

3.1.2 分隔标识符

不符合常规标识符命名规则的标识符必须由双引号或方括号分隔。这种用双引号或方括号分隔的标识符称为分隔标识符。

带分隔符的标识符用于下列情况：

在对象名称或对象名称的组成部分中使用保留字时。使用未列为限定标识符的字符时。

符合所有标识符格式规则的标识符可以使用分隔符，也可以不使用分隔符。不符合常规标识符格式规则的标识符必须使用分隔符。

注意：若使用双引号分隔标识符，则必须设置 SET QUOTED_IDENTIFIER ON，否则不能访问表和列。除非使用方括号分隔符。

3.1.3　对象命名规则

在 T-SQL 语句中对对象进行操作要给出对象的名称。

对象名格式如下：

[server_name].[database_name].[schema_name].object_name

server_name：指定链接的服务器名称或远程服务器名称。

database_name：SQL Server 数据库的名称。

schema_name：指定包含对象的架构的名称或数据库所有者（dbo）。

object_name：对象的名称。

有两种对象名：完全限定名和部分限定名。

1）完全限定名

完全限定名是对象的全名，由服务器名、数据库名、架构名和对象名 4 部分组成。

2）部分限定名

引用某个特定对象时，不必总是指定服务器、数据库和架构供 SQL Server 数据库引擎标识该对象。但是，如果找不到对象，就会返回错误消息。若要省略中间节点，请使用句点来指示这些位置。

在部分限定名中，省略部分使用以下默认值。

server_name：默认为本地服务器。

database_name：默认为当前数据库。

schema_name：默认为在数据库中与当前工作连接会话的登录标识相关的数据库用户名或数据库所有者（dbo）。

以下是一些部分限定名的正确格式：

server.database..object　—省略架构名称。

server..schema.object　—省略数据库名称。

server…object　—省略数据库和架构名称。

database.schema.object　—省略服务器名。

database..object　—省略服务器和架构名称。

schema.object　—省略服务器和数据库名称。

Object　—省略服务器、数据库和架构名称。

3.2 SQL Server 的数据类型

在 SQL Server 2008 中，每个列、局部变量、参数和表达式都具有一个相关的数据类型。数据类型是一种属性，它决定了数据的存储格式，代表着不同的信息类型。

SQL Server 中的数据类型分为系统数据类型和用户定义数据类型两种。系统数据类型是 SQL Server 系统预先定义好的，可以直接使用。用户定义数据类型是用户在系统数据类型基础上定义的。

3.2.1 系统数据类型

SQL Server 中的系统数据类型归纳为 9 个类别：精确数字、近似数字、日期和时间、字符串、Unicode 字符串、二进制字符串、其他数据类型、CLR 数据类型和空间数据类型，共有 35 种具体类型。如表 3-1 所示。

表 3-1 系统数据类型

类别	简称	类型标识符	取值范围	存储字节
精确数字	位型	bit	0 和 1	1 位
	微整型	tinyint	0～255	1
	短整型	smallint	−32 768～32 767	2
	整型	int	−2 147 483 648～2 147 483 647	4
	大整型	bigint	2^{63}～$2^{63}-1$	8
	小数	decimal[(p[,s])] numeric[(p[,s])]	$-10^{38}-1$～$10^{38}-1$	5,9, 13,17
	短货币	smallmoney	−214 478.364 8～214 478.364 7	4
	货币	money	−922,337,203,685,477.580 8 至 922,337,203,685,477.580 7	8
近似数字	浮点单精	real	−3.40E+38 至 −1.18E−38、0 以及 1.18E−38 至 3.40E+38	4
	浮点双精	Float[(n)]	−1.79E+308 至 −2.23E−308、0 以及 2.23E−308 至 1.79E+308	8,4
日期和时间	日期时间	datetime	1753 年 1 月 1 日～9999 年 12 月 31 日	8
	短日期时间	smalldatetime	1900 年 1 月 1 日～2079 年 6 月 6 日	4
	日期	date	0001-1-1～9999-12-31 仅存日期	3
	时间	time	只存储时间数据，精度为纳秒	3～5
	日期时间	datetimeoffset	0001-01-01 到 9999-12-31 00:00:00 到 23:59:59.9999999	10 个字节
	日期时间	datetime2	0001-01-01 到 9999-12-31 00:00:00 到 23:59:59.9999999	3、7 或 8 个字节

续表

类别	简称	类型标识符	取值范围	存储字节
字符串	定长串	char[(n)]	1≤n≤8 000,实际字符<n 填空格	n 个字节
	变长串	varchar[(n|max)]	1≤n≤8 000,max 为 $2^{-31}-1$	实际长度+2
	变长文本	text	非 Unicode 数据,最大长度为 $2^{-31}-1$	实际字符
Unicode 字符串	定长 Uc 串	nchar[(n)]	1≤n≤4 000,定长 Unicode 字符数据	2n 个字节
	变长 Uc 串	nvarchar[(n|max)]	1≤n≤4 000,变长 Unicode 字符数据 max 指最大存储大小为 $2^{-31}-1$ 字节	2 * 实际长度 +2
	变长 Uc	ntext	长度可变的 Unicode 数据,最大长度为 $2^{-30}-1(1\ 073\ 741\ 823)$ 个字符	2 * 实际长度
二进制字符串	定长二进制	binary[(n)]	1≤n≤8 000,定长二进制数据	n 个字节
	变长二进制	varbinary[(n|max)]	1≤n≤8 000,变长二进制数据 max 指最大存储大小为 $2^{-31}-1$ 字节	实际长度+2
	变长二进制	image	长度可变的二进制数据	0 到 $2^{-31}-1$
其他数据类型	通用型	sql_variant	存储 SQL Server 支持的各种数据类型,不包括 text,ntext,imag,timestamp	最大 8016 个字节
	时间戳	Timestamp rowversion	每当修改或插入包含该类型列的行时,就会在该列中自动生成经过增量的唯一数据库行版本戳	8
	唯一标识	uniqueidentifier	特殊的全局唯一标识符(GUID),必须保证在内存空间和时间内的唯一	16
	xml	xml	存储 xml 数据的数据类型。可以在列中或者 xml 类型的变量中存储 xml 实例	≤2 GB
		cursor		
	表	table	主要用于结果集,常作为用户自定义函数的结果输出或作为存储过程的参数。在表的定义中不作为可用的数据类型	特殊
CLR 数据类型	树层	hierarchyid	表示树层次结构中的位置。其值按深度优先顺序进行比较	≤892 B
空间数据类型		geometry		
		geography		

以下是几点补充说明。

1. decimal[(p[,s])]和 numeric[(p[,s])]

带固定精度和小数位数的数值数据类型。numeric 在功能上等价于 decimal。

P(精度):最多可以存储的十进制数字的总位数,包括小数点左边和右边的位数。该精度必须是从 1 到最大精度 38 之间的值。默认精度为 18。

s(小数位数):小数点右边可以存储的十进制数字的最大位数。小数位数必须是从 0~p 之间的值。仅在指定精度后才可以指定小数位数。默认的小数位数为 0;因此,0≤s≤p。最大存储大小基于精度而变化。如表 3-2 所示。

表 3-2　精度和小数位数

精度	1～9	10～19	20～28	29～38
存储字节数	5	9	13	17

2. float[(n)]

用于表示浮点数值数据,浮点数据为近似值。因此,并非数据类型范围内的所有值都能精确地表示。

其中 n 为用于存储 float 数值尾数的位数(以科学计数法表示),因此可以确定精度和存储大小。如果指定了 n,则它必须是 1～53 之间的某个值。n 的默认值为 53。如表 3-3 所示。

表 3-3　n 值

n value	精度	存储字节数
1—24	7	4
25—53	15	8

SQL Server 将 n 视为下列两个可能值之一。如果 $1 \leqslant n \leqslant 24$,则将 n 视为 24。如果 $25 \leqslant n \leqslant 53$,则将 n 视为 53。

在 SQL Server 中,根据其存储特征,某些数据类型被指定为属于下列各组。

大值数据类型:varchar(max)、nvarchar(max) 和 varbinary(max)。

大型对象数据类型:text、ntext、image、varchar(max)、nvarchar(max)、varbinary(max) 和 xml。

重要提示:在 Microsoft SQL Server 的未来版本中将删除 ntext、text 和 image 数据类型。请避免在新开发工作中使用这些数据类型,并考虑修改当前使用这些数据类型的应用程序。请改用 nvarchar(max)、varchar(max) 和 varbinary(max)。

3.2.2　自定义数据类型

1. 创建自定义数据类型

创建自定义数据类型语句格式如下:

```
CREATE TYPE[schema_name.]type_name
{FROM base_type[(precision[,scale])][NULL|NOT NULL]          —别名数据类型
 |AS TABLE ({<column_definition>|<computed_column_definition>}   —表数据类型
          [<table_constraint>][,…n])
}[;]
```

参数说明:

(1) schema_name:别名数据类型或用户定义类型所属架构的名称。

(2) type_name:别名数据类型或用户定义类型的名称。

(3) base_type:别名数据类型所基于的数据类型,由 SQL Server 提供。base_type 的数据类型为 sysname,无默认值。

(4) precision:对于 decimal 或 numeric,其值为非负整数,指示可保留的十进制数字位数

的最大值,包括小数点左边和右边的数字。

(5) scale:对于 decimal 或 numeric,其值为非负整数,指示十进制数字的小数点右边最多可保留的位数,它必须小于或等于精度值。

(6) NULL | NOT NULL:指定此类型是否可容纳空值。如果未指定,则默认值为 NULL。

(7) <column_definition>:定义用户定义表类型的列。

(8) <computed_column_definition>:将计算列表达式定义为用户定义表类型中的列。

(9) <table_constraint>:定义用户定义表类型的表约束。支持的约束包括 PRIMARY KEY、UNIQUE 和 CHECK。

注意事项:

(1) 若要修改用户定义类型,必须使用 DROP TYPE 语句除去该类型,然后重新创建它。

(2) 与使用 sp_addtype 创建的用户定义类型不同,对于使用 CREATE TYPE 创建的类型,不会向 public 数据库角色自动授予该类型的 REFERENCES 权限。此权限必须单独授予。

(3) 在用户定义表类型中,column_name <data type> 中使用的结构化用户定义类型是定义表类型的数据库架构作用域的一部分。若要访问数据库不同作用域中的结构化用户定义类型,则请使用由两部分组成的名称。

(4) 在用户定义表类型中,计算列的主键必须是 PERSISTED 和 NOT NULL。

【例 3.1】　基于系统提供的数据类型创建别名类型。

```
CREATE TYPE Atype   FROM varchar(11) NOT NULL;
CREATE TYPE UserType   FROM decimal(10,4)
```

【例 3.2】　创建用户定义表类型。

```
CREATE TYPE UserTableType AS TABLE
  (col1 VARCHAR(20),
   Col2 INT)
```

2. 删除自定义数据类型

删除自定义数据类型语句格式如下:

```
DROP TYPE[schema_name.]type_name[;]
```

参数说明:

(1) schema_name:别名或用户定义的类型所属的架构名。

(2) type_name:要删除的别名数据类型或自定义数据类型的名称。

注意:在满足以下任何条件的情况下,将不执行 DROP TYPE 语句。

(1) 数据库中存在包含别名数据类型列或用户定义的类型列的表。通过查询 sys. columns 或 sys. column_type_usages 目录视图可获得有关别名类型列或用户定义的类型列的信息。

(2) 存在定义中引用了别名类型和用户定义类型的计算列、CHECK 约束、架构绑定视图和绑定到架构的函数。通过查询 sys. sql_expression_dependencies 目录视图可获得有关这些引用的信息。

(3) 存在在数据库中创建的函数、存储过程或触发器,且这些例程使用别名类型或用户定义的类型的变量和参数。通过查询 sys. parameters 或 sys. parameter_type_usages 目录视图，可获取有关别名参数或用户定义类型参数的信息。

权限：需要对 type_name 拥有 CONTROL 权限，或对 schema_name 拥有 ALTER 权限。

【例 3.3】 删除当前数据库中的用户定义表类型 UserTableType。

```
DROP TYPE UserTableType ;
```

3.2.3 数据类型优先级

当两个不同数据类型的表达式用运算符组合后，数据类型优先级规则指定将优先级较低的数据类型转换为优先级较高的数据类型。如果此转换不是所支持的隐式转换，则返回错误。当两个操作数表达式具有相同的数据类型时，运算的结果便为该数据类型。

表 3-4 SQL Server 对数据类型优先级顺序

优先级	数据类型	优先级	数据类型
1	用户定义数据类型（最高）	16	int
2	sql_variant	17	smallint
3	xml	18	tinyint
4	datetimeoffset	19	bit
5	datetime2	20	ntext
6	datetime	21	text
7	smalldatetime	22	image
8	date	23	timestamp
9	time	24	uniqueidentifier
10	float	25	nvarchar（包括 nvarchar(max))
11	real	26	nchar
12	decimal	27	varchar（包括 varchar(max))
13	money	28	char
14	smallmoney	29	varbinary（包括 varbinary(max))
15	bigint	30	binary（最低）

3.2.4 数据类型转换

可以按以下方案转换数据类型：

（1）当一个对象的数据移到另一个对象，或两个对象之间的数据进行比较或组合时，数据可能需要从一个对象的数据类型转换为另一个对象的数据类型。

（2）将 T-SQL 结果列、返回代码或输出参数中的数据移到某个程序变量中时，必须将这些数据从 SQL Server 系统数据类型转换成该变量的数据类型。

可以隐式或显式转换数据类型：

（1）隐式转换对用户不可见。

SQL Server 会自动将数据从一种数据类型转换为另一种数据类型。例如，将 smallint 与 int 进行比较时，在比较之前 smallint 会被隐式转换为 int。

（2）显式转换使用 CAST 或 CONVERT 函数。

CAST 和 CONVERT 函数可将值（局部变量、列或其他表达式）从一种数据类型转换为另一种数据类型。

从一个 SQL Server 对象的数据类型转换为另一种数据类型时，不支持某些隐式和显式数据类型转换。例如，nchar 值无法被转换为 image 值。nchar 只能显式转换为 binary，而不支持隐式转换为 binary。但是，nchar 既可以显式也可以隐式转换为 nvarchar。

当处理 sql_variant 数据类型时，SQL Server 支持将其他数据类型的对象隐式转换为 sql_variant 类型。但是，SQL Server 不支持从 sql_variant 数据隐式转换为其他数据类型的对象。

3.3　表　达　式

由常量、变量和函数用运算符及圆括号连接起来的有意义的式子称为 T-SQL 表达式，简称为表达式。单独一个常量、一个变量、一个标量函数是表达式的简单形式。

学会将应满足的条件写成正确的表达式是程序设计的基本功。本节介绍常量、变量、运算符等这些组成表达式的基本元素。

3.3.1　常　量

在程序的运行过程中其值保持不变的量称为常量。

常量就是字面值，是表示一个特定数据值的符号。常量在表中输入和在表达式中描述是不同的，通常各种类型的数据都可以直接往表中输入，但在表达式描述上需要加一些可以相互区别数据类型的定界符。常量的格式取决于它所表示的值的数据类型。

1. 字符串常量

用单引号括起来的 $n(n \geqslant 0)$ 个字符的有限序列称为字符串常量。

如果已为某个连接将 QUOTED_IDENTIFIER 选项设置成 OFF，则字符串也可以使用双引号括起来，但 SQL Server Native Client 访问接口和 ODBC 驱动程序将自动使用 SET QUOTED_IDENTIFIER ON。因此建议使用单引号。

如果单引号中的字符串包含一个嵌入的引号，那么可以使用两个单引号表示嵌入的单引号。对于嵌入在双引号中的字符串则没有必要这样做。

1）ASCII 字符串常量

ASCII 字符串常量每个字符占 1 字节。

ASCII 字符串常量示例：

```
select '中国加入 WTO','OK!','AB⊥CD','I''m fine.','单击"确定"按钮'
中国加入 WTO    OK!    AB⊥CD  I'm fine. 单击"确定"按钮
```

空字符串用中间没有任何字符的两个单引号表示。

注意：大于 8000 字节的 ASCII 字符常量为 varchar(max) 类型的数据。

2）Unicode 字符串常量

Unicode 字符串的格式与普通字符串相似，但它前面有一个 N 标识符（N 代表 SQL-92 标准中的区域语言）。前缀 N 必须是大写字母。

存储 Unicode 数据时每个字符使用 2 个字节。

例如,'china'是字符串常量,而 N'china'则是 Unicode 字符串常量。

字符串常量与 Unicode 字符串常量均支持增强的排序规则。

注意:大于 8 000 字节的 Unicode 常量为 nvarchar(max) 类型的数据。

2. 数值常量

1) bit 常量

bit 常量用数字 0 或 1 表示,并且不括在引号中。如果使用一个大于 1 的数字,则该数字将转换为 1。

2) 整型常量

整型常量以没有用引号括起来并且不包含小数点的数字字符串表示。整型常量必须全部为数字;它们不能包含小数。

整型常量又分为二进制整型常量、十六进制整型常量和十进制整型常量。

十六进制整型常量用前辍 0x 标识,这里是数字 0,而不是字母 o 和 O。

十六进制整型常量示例:

0xAE　　　　0x12Ef　　　0x69048AEFDD010E

十进制整型常量示例:

288　　　－516

3) 实型常量

定点表示的实型常量 decimal,由没有用引号括起来并且包含小数点的数字字符串来表示。

decimal 常量的示例:1894.1204　　　　2.0

浮点表示的实型常量 float 和 real 常量,使用科学记数法来表示。

float 或 real 常量示例:101.5E5　　　0.5E－2

4) money 常量

money 常量以前缀为可选的小数点和可选的货币符号的数字字符串来表示。money 常量不使用引号括起。

SQL Server 不强制采用任何种类的分组规则,例如,在代表货币的字符串中每隔三个数字插入一个逗号 (,)。在指定的 money 文字中,将忽略任何位置的逗号。

money 常量的示例:$12　　　　　　－$542023.14

3. 日期时间常量

datetime 常量使用特定格式的字符日期值来表示,并用单引号括起来。

datetime 常量示例:

　'December 5,1985'　　'5 December,1985'　　'851205'　　'12/5/85'

下面是时间常量的示例:

　'14:30:24'　　'04:24 PM'

4. uniqueidentifier 常量

uniqueidentifier 常量是表示 GUID 的字符串。可以使用字符或二进制字符串格式指定。以下示例都指定相同的 GUID:

'6F9619FF－8B86－D011－B42D－00C04FC964FF'

0xff19966f868b11d0b42d00c04fc964ff

注意：大于 8000 字节的二进制常量为 varbinary(max)类型的数据。

3.3.2　变量

在程序的运行过程中其值可以不断变化的量称为变量。T-SQL 语言使用两种变量：全局变量和局部变量。全局变量名前有前缀符号"@@"，由系统定义和维护。局部变量名前有前缀符号"@"，是用户在批处理或过程的主体中用 DECLARE 语句定义的。

全局变量又称为系统配置函数。全局变量记录了 SQL Server 的各种状态信息由 SQL Server 系统提供并赋值。用户不能建立全局变量，也不能修改全局变量的值。可将全局变量的值赋给局部变量后使用。全局变量依其值的内容不同分为以下几种。

（1）系统变量：提供最近对表操作的信息，如 T-SQL 语句执行后的错误号@@error。

（2）设置变量：提供各种 SQL Server 当前各种特性和参数的设置信息。如服务器名@@servername，系统版本信息@@version。

（3）统计变量：提供 SQL Server 自启动后的运行信息。如自启动 SQL Server 以来 CPU 的工作时间@@cpu_busy。

【例 3.4】　输出几个全局变量及局部变量的值。

```
declare  @x int=12.6,@y int;
select @@servername,@@language,@@cpu_busy,@x,@y;
PC-201209201433    简体中文    103        12        NULL
```

3.3.3　运算符

运算符是一种符号，用来指定要在一个或多个表达式中执行的操作。SQL Server 共有 7 种类别的运算符：算术运算符、字符串连接运算符、比较运算符、逻辑运算符、按位运算符、赋值运算符和一元运算符。

1. 运算符

1）算术运算符

算术运算符对两个表达式执行数学运算，这两个表达式可以是数值数据类型类别的一个或多个数据类型。

表 3-5　算术运算符

运算符	+	−	*	/	%
含义	加	减	乘	除	取模：返回一个除法运算的整数余数

例如，11 ％ 3＝2，这是因为 11 除以 3，余数为 2。

加（＋）和减（−）运算符也可用于对 datetime 和 smalldatetime 值执行算术运算。

2）字符串连接运算符

加号（＋）是字符串连接运算符，可以用它将字符串连接起来。例如，'abc'＋'def' 存储为 'abcdef'。

3）比较运算符

比较运算符测试两个表达式的大小或是否相等。除了 text、ntext 或 image 数据类型的表达式,比较运算符可以用于所有的表达式。T-SQL 比较运算符如表 3-6 所示。

表 3-6　比较运算符

运算符	=	>	<	>=	<=	<>	! =	! <	! >
含义	等于	大于	小于	大于等于	小于等于	不等于	不等于	不小于	不大于
							非 ISO 标准		

具有 Boolean 数据类型的比较运算符的结果有三个值:TRUE、FALSE 和 UNKNOWN。返回 Boolean 数据类型的表达式称为布尔表达式。

与其他 SQL Server 数据类型不同,Boolean 数据类型不能指定为表列或变量的数据类型,也不能在结果集中返回。

当 SET ANSI_NULLS 为 ON 时,带有一个或两个 NULL 表达式的运算符返回 UNKNOWN。当 SET ANSI_NULLS 为 OFF 时,上述规则同样适用,但是两个表达式均为 NULL,则等号(=)运算符返回 TRUE。例如,如果 SET ANSI_NULLS 为 OFF,则 NULL= NULL 返回 TRUE。

在 WHERE 子句中使用数据类型为 Boolean 的表达式,可以筛选出符合搜索条件的行,也可以在流程控制语句(如 IF 和 WHILE)中使用这种表达式。

4) 逻辑运算符

逻辑运算符对某些条件进行测试,以获得其真实情况。逻辑运算符和比较运算符一样,返回带有 TRUE、FALSE 或 UNKNOWN 值的 Boolean 数据类型。逻辑运算符如表 3-7 所示。

表 3-7　逻辑运算符

运算符	简称	含义
NOT	非	对任何其他布尔运算符的值取反
AND	与	如果两个布尔表达式都为 TRUE,那么就为 TRUE
OR	或	如果两个布尔表达式中的一个为 TRUE,那么就为 TRUE
BETWEEN	范围	如果操作数在某个范围之内,那么就为 TRUE
IN	属于	如果操作数等于表达式列表中的一个,那么就为 TRUE
LIKE	匹配	如果操作数与一种模式相匹配,那么就为 TRUE
EXISTS	存在	如果子查询包含一些行,那么就为 TRUE
ALL	全部	如果一组的比较都为 TRUE,那么就为 TRUE
ANY	任何	如果一组的比较中任何一个为 TRUE,那么就为 TRUE
SOME	有些	如果在一组比较中,有些为 TRUE,那么就为 TRUE

5) 位运算符

位运算符在两个表达式之间执行位操作,这两个表达式可以为整数数据类型类别中的任何数据类型。T-SQL 的位运算符为:&(位与)、|(位或)、^(位异或)。

位运算符的操作数可以是整数或二进制字符串数据类型类别中的任何数据类型(image 数据类型除外),但两个操作数不能同时是二进制字符串数据类型类别中的某种数据类型。表 3-8 显示所支持的操作数数据类型。

表 3-8　位运算符所支持的操作数数据类型

左操作数	右操作数
binary	int、smallint 或 tinyint
bit	int、smallint、tinyint 或 bit
int	int、smallint、tinyint、binary 或 varbinary
smallint	int、smallint、tinyint、binary 或 varbinary
tinyint	int、smallint、tinyint、binary 或 varbinary
varbinary	int、smallint 或 tinyint

6）赋值运算符

等号（＝）是唯一的 T-SQL 赋值运算符。可以将表达式的值赋给局部变量，也可以使用赋值运算符在列标题和定义列值的表达式之间建立关系。

7）一元运算符

一元运算符只对一个表达式执行操作，＋（正）、－（负）、～（位非或按位取反）。

＋（正）和 －（负）运算符可以用于 numeric 数据类型类别中任一数据类型的任意表达式。～（位非）运算符只能用于整数数据类型类别中任一数据类型的表达式。

8）复合运算符

复合运算符执行一些运算并将原始值设置为运算的结果。例如，如果变量 @x 等于 35，则 @x ＋＝2 会将 @x 的原始值加上 2 并将 @x 设置为该新值（37）。复合运算符如表 3-9 所示。

表 3-9　复合运算符

运算符	简称	操作
＋＝	加等	将原始值加上一定的量，并将原始值设置为结果
－＝	减等	将原始值减去一定的量，并将原始值设置为结果
＊＝	乘等	将原始值乘上一定的量，并将原始值设置为结果
/＝	除等	将原始值除以一定的量，并将原始值设置为结果
%＝	取模等	将原始值除以一定的量，并将原始值设置为余数
&＝	位与等	对原始值执行位与运算，并将原始值设置为结果
|＝	位或等	对原始值执行位或运算，并将原始值设置为结果
^＝	位异或等	对原始值执行位异或运算，并将原始值设置为结果

复合运算符的运算对象为数值类别中任何一种数据类型的任何有效表达式。返回优先级较高的参数的数据类型。

【例 3.5】　下面的示例演示复合运算。

declare @x int＝5,@x1 int,@x2 int,@x3 int,@x4 int,@x5 int,@x6 int,@x7 int,@x8 int;

select @x1＝@x,@x2＝@x,@x3＝@x,@x4＝@x,@x5＝@x,@x6＝@x,@x7＝@x,@x8＝@x+1;

select @x1＋＝2,@x2－＝2,@x3＊＝2,@x4/＝2,@x5%＝2,@x6&＝2,@x7|＝2,@x8^＝2;

```
select @x1 as x1,@x2 as x2,x3=@x3,x4=@x4,@x5 x5,@x6 x6,@x7 x7,@x8 x8;
```
运行结果：

x1	x2	x3	x4	x5	x6	x7	x8
7	3	10	2	1	0	7	4

2. 运算符的优先级

当一个复杂的表达式有多个运算符时，运算符优先级决定执行运算的先后次序。执行的顺序可能严重地影响所得到的值。运算符的优先级如表 3-10 所示。

表 3-10　运算符的优先级

级别	运算符
1	～(位非)
2	*(乘)、/(除)、%(取模)
3	+(正)、-(负)、+(加)、+(连接)、-(减)、&(位与)、|(位或)、^(位异或)
4	=、>、<、>=、<=、<>、!=、!>、!<(比较运算符)
5	NOT
6	AND
7	ALL、ANY、BETWEEN、IN、LIKE、OR、SOME
8	=(赋值)

在较低级别的运算符之前先对较高级别的运算符进行求值。当一个表达式中的两个运算符有相同的运算符优先级别时，将按照它们在表达式中的位置对其从左到右进行求值。

3.3.4　搜索条件中的模式匹配(通配符)

1. 通配符及其含义

LIKE 关键字搜索与指定模式匹配的字符串、日期或时间值。LIKE 关键字使用常规表达式包含值所要匹配的模式。模式包含要搜索的字符串，字符串中可包含四种通配符的任意组合，如表 3-11 所示。

表 3-11　通配符及其含义

通配符	符号名	含义
%	百分号	包含零个或多个字符的任意字符串
_	下划线	任何单个字符
[]	方括号	指定范围(如[a-f])或集合(如[abcdef])内的任何单个字符
[^]	方括号	不在指定范围(如[^a-f])或集合(如[^abcdef])内的任何单个字符

通配符使用几点说明：

(1)通配符和字符串一起要用单引号引起来。

(2)使用通配符时应着重考虑的另一个问题是对性能的影响。如果表达式以通配符开头，则无法使用索引。如果通配符位于表达式内部或位于表达式末尾，则可以使用索引。

（3）不使用 LIKE 的通配符将解释为常量，而不是作为一种模式，也就是说，它们仅表示其自身的值。

通配符使用示例：

（1）LIKE 'Mc％'搜索以字母 Mc 开头的所有字符串（如 McBadden）。

（2）LIKE '％inger'搜索以字母 inger 结尾的所有字符串（如 Ringer 和 Stringer）。

（3）LIKE '％en％'搜索任意位置包含字母 en 的所有字符串（如 Bennet 和 Green）。

（4）LIKE '_heryl'搜索以字母 heryl 结尾的所有六个字母的名称（如 Cheryl 和 Sheryl）。

（5）LIKE '[CK]ars[eo]n'搜索 Carsen、Karsen、Carson 和 Karson（如 Carson）。

（6）LIKE '[M－Z]inger'搜索以字母 inger 结尾、以 M 到 Z 中的任何单个字母开头的所有名称（如 Ringer）。

（7）LIKE 'M[ˆc]％'搜索以字母 M 开头，并且第二个字母不是 c 的所有名称（如 MacFeather）。

2. 通配符转换为普通字符

有两种方法可将通配符转换为普通字符。

方法 1：使用 ESCAPE 关键字定义转义符。在模式中，当转义符置于通配符之前时，该通配符就解释为普通字符。

方法 2：将通配符放在方括号中。例如，若要搜索连字符（－）而不是使用其指定搜索范围，请将连字符作为方括号内的第一个字符：LIKE '9[－]5'。

例如，若要搜索所有包含子串 5％的字符串，可使用以下两种方法。

方法 1：使用子句：LIKE '％5/％％'ESCAPE '/'。

方法 2：LIKE '％5[％]％'。

表 3-12 为方括号内通配符的使用方法示例。

表 3-12　方括号内通配字符的使用方法示例

示例	含义
LIKE '5[％]'	5％
LIKE '5％'	5 后跟 0 个或多个字符的字符串
LIKE '[_]n'	_n
LIKE '_n'	an、in、on 等等
LIKE '[a－cdf]'	a、b、c、d 或 f
LIKE '[－acdf]'	－、a、c、d 或 f
LIKE '[[]'	[
LIKE ']'	]

如果使用 LIKE 执行字符串比较，模式串中的所有字符（包括每个前导空格和尾随空格）都有意义。如果请求比较返回包含字符串 "abc"（abc 后有一个空格）的所有行，则不会返回列值为 abc（abc 后没有空格）的行。但是反过来，情况并非如此。可以忽略模式所要匹配的表达式中的尾随空格。如果请求比较返回包含字符串 "abc"（abc 后没有空格）的所有行，则返回以 abc 开头并具有零个或多个尾随空格的所有行。

3.4 常用系统函数

　　函数是 SQL Server 数据库中的对象,函数分为系统函数与用户自定义函数两类。系统函数是由 SQL Server 2008 软件系统提供的,可供用户直接调用。系统函数包括数学函数、字符串函数、日期和时间函数、聚合函数、元数据函数、其他函数、配置函数、游标函数、层次结构 ID 函数、行集函数、安全函数、系统统计函数、文本和图像函数等 13 类,本节介绍常用的系统函数。

3.4.1 数学函数

　　数学函数如表 3-13 所示。

表 3-13　数学函数

简称	函数	功能
向上取整	ceiling(数值表达式)	返回不小于数值表达式值的最小整数
向下取整	floor(数值表达式)	返回不大于数值表达式值的最大整数
四舍五入	round(数值表达式,小数位数)	将数值表达式四舍五入保留到小数位数
绝对值	abs(数值表达式)	返回数值表达式的绝对值
平方根	sqrt(数值表达式)	返回数值表达式的算术平方根
乘幂	power(数值表达式,y)	返回数值表达式的 y 次方
符号	sign(数值表达式)	正数返回 1,零返回 0,负数返回 −1
π	Pi()	返回 3.141 592 653 589 79
随机数	rand([seed])	返回 0 到 1 之间的随机 float 值,seed 为随机种子
自然指数	exp(float_expression)	返回底数为 e,指数为 float_expression 的自然指数
自然对数	log(float_expression)	返回底数为 e,真数为 float_expression 的自然对数
以 10 为底的自然对数	log10(float_expression)	返回 10 为底数,真数为 float_expression 的对数
三角正弦	sin(float_expression)	返回弧度为 float_expression 的三角正弦值
三角余弦	cos(float_expression)	返回弧度为 float_expression 的三角余弦值

　　【例 3.6】　数学函数举例。

```
(1) select CEILING(12.4),CEILING(-12.8),CEILING(12)
    13    -12    12
(2) select FLOOR(12.4),FLOOR(-12.4),FLOOR(12)
    12    -13    12
(3) Select ROUND(12.345,2),ROUND(12.3,0),ROUND(12.3,-1)
    12.350    12.0    10.0
(4) select ABS(-3.5),SQRT(9),POWER(2,3),SIGN(-6),PI()
    3.5    3    8    -1    3.14159265358979
(5) select RAND(),RAND(0),RAND(1),round(100*rand(-3),0)
    0.963400850719992      0.943597390424144      0.713591993212924      71
```

3.4.2　字符串函数

字符串函数如表 3-14 所示。

表 3-14　字符串函数

简称	函数	功能
串长	len(字符表达式)	返回字符串的长度
取左子串	left (字符表达式,长度 n)	返回串中左边 n 个字符
取右子串	right(字符表达式,长度 n)	返回串中右边 n 个字符
取子串	substring(串表达式,起点 m,长度 n)	在串中从起点 m 连续取 n 个字符
替换串	replace(串 1,串 2,串 3)	用串 3 替换串 1 中的所有串 2
替换串	stuff(串 1,起点 m,长度 n,串 2)	串 1 自起点 m 连续 n 个字符用串 2 替换
串位置	charindex(串 1,串 2[,搜索起点 m])	串 1 在串 2 中自 m 之后首次出现的起点
删左空格	ltrim(字符表达式)	删去串左边空格
删右空格	rtrim(字符表达式)	删去串右边空格
重复串	replicate(字符表达式,n)	字符表达式重复连接 n 次
倒置串	reverse(字符表达式)	将字符表达式的值倒置
空格串	space(数值表达式 n)	返回由 n 个空格组成的空格串
数转串	str(数值表达式[,长度 n[,小数位数 m]])	将数值表达式的值转换为总长度为 n(默认 10),小数部分四舍五入到 m(默认 0,)位的字符串,右对齐
ASCII 码	ascii(字符表达式)	返回串中首字符的 ASCII 码
数转字符	char(数值表达式)	返回数值所对应的字符
首字符转整数	unicode(字符表达式)	按照 Unicode 标准的定义,返回字符表达式的第一个字符的整数值
数转字符	nchar(数值表达式)	返回具有指定的整数代码的 Unicode 字符
小写串	lower(字符表达式)	串中大写字符转换为小写字符
大写串	upper(字符表达式)	串中小写字符转换为大写字符

【例 3.7】　字符串函数举例。

```
(1)select len(''),len('ab 12'),len ('男'),len('中国 abc')
    0        5        1        5
(2)select LEFT('abcde',3),RIGHT('abcde',3),SUBSTRING('abcde',2,3)
    abc    cde    bcd
(3)select replace('abxycdxye','xy','中'),Stuff('abc',2,1,'x')
   select Stuff('ab',2,0,'x'),Stuff('abc',2,1,'')
   ab 中 cd 中 e    axc
   axb    ac
(4)select charindex('xy','axbxycdxy'),charindex('xy','axbxycdxy',5)
    4        8
```

(5) select 'xy'+ltrim('abc'),RTRIM('abc')+'xy',replicate('学习',3)

    xyabc   abcxy   学习学习学习

(6) select reverse('abcd')+space(1+2)+reverse('张三')

    dcba   三张

(7) select str(3.45,4,1),str(12,6,2),'1+ 2= '+ltrim(str(1+ 2))

    3.5   12.00 1+2=3

(8) select ascii('AB'),ascii('中'),char(65),char(97)

    65214   A a

(9) select lower('ABcdef'),UPPER('ABcdef')

    abcdef   ABCDEF

3.4.3 日期和时间函数

日期和时间函数如表 3-15 所示。

表 3-15   日期和时间函数

简称	函数	功能
系统日期	getdate()	返回系统的当前日期时间
系统世界日期	getutcdate()	返回以世界时或格林尼治时表示的系统日期和时间
取年份	year(日期表达式)	返回日期中的年份
取月份	month(日期表达式)	返回日期中的月份
取日	day(日期表达式)	返回日期中的日
日期部分值	datepart(日期参数,日期表达式)	返回日期中指定部分对应的整数值
日期部分串	datename(日期参数,日期表达式)	返回日期中指定部分对应的字符串
日期加值	dateadd(日期参数,数值,日期表达式)	返回按日期参数加上数值后的日期
日期间隔	datediff(日期参数,日期1,日期2)	按参数返回日期1与日期2间的间隔值
判日期	isdate(表达式)	若表达式是日期时间值返回1,否则返回0
系统日期时间	sysdatetime()	返回系统日期和时间的 datetime2(7) 值
系统日期时间	sysdatetimeoffset()	返回系统日期和时间的 datetime2(7) 值
系统日期时间	sysutcdatetime()	返回系统日期和时间的 datetime2 值
时区偏移转换	switchoffset()	返回从存储的时区偏移量变为指定的新时区偏移量时得到的 datetimeoffset 值
日期时间转换	todatetimeoffset()	返回从 datetime2 表达式转换而来的一个 datetimeoffset 值
系统时间戳	current_timestamp()	返回当前数据库系统时间戳,返回值的类型为 datetime

有些函数要指定日期参数,日期参数指出向日期中的哪一部分操作。日期参数如表 3-16 所示。

表 3-16　日期参数表

参数名称	缩写	取值范围	说明
year 或 yyyy	yy	1753～9999	年份
month	mm	1～12	月份
day	dd	1～31	月内日值
day of year	dy	1～366	年内日值
quarter	qq 或 q	1～4	季度
week	wk	0～51	年内周数
weekday	dw	1～7	星期几
hour	hh	0～23	时
minute	mi	1～59	分
second	ss	1～59	秒
millisecond	ms	0～999	微秒

【例 3.8】　日期和时间函数举例。

```
(1)select getdate(),getutcdate()
   2012-01-21 13:21:11.187 2012-01-21 05:21:11.187
(2)select year(getdate()),month('2012-3-8'),day('2012-3-8')
   2012        3        8
(3)select datepart(yy,getdate()),datename(yy,getdate())+'年'
   2012        2012 年
(4)select dateadd(dy,5,'2012-5-28'),dateadd(mm,2,'2012-5-28')
   2012- 06- 02 00:00:00.000 2012-07-28 00:00:00.000  —增加 2 天及 2 个月后的日期
(5)select datediff(wk,'2012-1-23','2012-2-23')
       4        —日期 2012-1-23 与日期 2012-2-23 之间相隔 4 周
```

3.4.4　聚合函数

聚合函数(又称为集合函数)常与 select 语句中的 group by 子句配合使用,对查询结果集合中的多个值项进行统计计算,并返回单个计算结果。聚合函数不能用在 select 语句的 where 子句中。聚合函数共有 15 个,常用的聚合函数如表 3-17 所示。

表 3-17　聚合函数

简称	函数	功能
计数	count(([all|distinct]表达式|＊))	求集合中的项数,返回 int 型整数
计数	count_big(([all|distinct]表达式|＊))	求集合中的项数,返回 bigint 型整数
求和	sum([all|distinct]数值表达式)	计算表达式中所有项的和
求平均	avg([all|distinct]数值表达式)	计算表达式中所有项的平均值
最大值	max([all|distinct]表达式)	返回表达式中的最大项

简称	函数	功能
最小值	min([all|distinct]表达式)	返回表达式中的最小项
标准偏差	stdev(数值表达式)	返回表达式中的所有值的统计标准偏差
填充标准偏差	stdevp(数值表达式)	返回表达式中的所有值的填充统计标准偏差
统计方差	var(数值表达式)	返回表达式中的所有值的统计方差
填充统计方差	varp(数值表达式)	返回表达式中的所有值的填充统计方差

3.4.5　元数据函数

元数据函数共有 29 个,这里只介绍 6 个,如表 3-18 所示。

表 3-18　元数据函数

简称	函数	功能
对象标识号	OBJECT_ID('[database_name . [schema_name]. |schema_name .] object_name '[,'object_type'])	返回架构范围内对象的数据库对象标识号
数据库标识号	DB_ID(['database_name'])	返回数据库标识(ID)号 　若省略 database_name,则返回当前数据库 ID
数据库名	DB_NAME(['database_id'])	返回数据库名称。若未指定 id,则返回当前数据库名称
列长	COL_LENGTH('table','column')	返回表中列的定义长度(以字节为单位)。
列名	COL_NAME(table_id,column_id)	根据指定的表标识号和列标识号返回列的名称
文件标识号	FILE_ID (file_name)	返回当前数据库中给定逻辑文件名的文件标识(ID)号
文件名	FILE_NAME (file_id)	返回给定文件标识(ID)号的逻辑文件名

说明:有关对象类型 object_type 的列表,请参阅系统视图 sys.objects 中的 type 列。

3.4.6　其他函数

其他函数共有 39 个,以下介绍较常用的 15 个,如表 3-19 所示。

表 3-19　其他函数

简称	函数	功能
类型转换	cast (表达式 AS 目标数据类型 [(length)])	将表达式的值显式转换为目标数据类型
类型转换	convert (目标数据类型[(length)], 表达式[,style])	将一种数据类型的表达式显式转换为另一种数据类型的表达式
更新列位模式	columns_Updated()	返回 varbinary 位模式,它指示表或视图中插入或更新了哪些列
更新列测试	UPDATE(column)	返回一个布尔值,指示是否对表或视图的指定列进行了 INSERT 或 UPDATE 尝试。可以在 INSERT 或 UPDATE 触发器主体中的任意位置使用 UPDATE(),以测试触发器是否应执行某些操作
错误号	@@error	返回执行的上一个 T-SQL 语句的错误号

续表

简称	函数	功能
影响行数	@@ROWCOUNT	返回受上一语句影响的行数
影响行数	ROWCOUNT_BIG ()	返回受上一语句影响的行数。行数大于 20 亿.使用 ROWCOUNT_BIG
事务个数	@@TRANCOUNT	返回当前连接的活动事务数
用户名	current_User	返回当前用户的名称。等价于 USER_NAME()
系统用户名	SYSTEM_USER	返回当前会话的系统用户名(登录名)
值长	datalength(表达式)	返回用于表示任何表达式的字节数
替换空值	ISNULL (check_expression, replacement_value)	使用指定的替换值替换 NULL
首非空表达式	coalesce((表达式[, … n])	返回其参数中第一个非空表达式
排序属性	collationproperty (collation_name,property)	返回指定排序规则的属性
构造消息	formatmessage (msg_number, [param_value[, … n]])	根据 sys.messages 中现有的消息构造一条消息

3.4.7　配置函数

表 3-20 中标量函数返回当前配置选项设置的信息。

表 3-20　配置函数

函数	功能
@@rowcount	返回受上一语句影响的行数
@@trancount	返回当前连接的活动事务数
@@error	返回执行上一个 T-SQL 语句的错误号。若无错误则返回 0
@@datefirst	返回一周中的第一天
@@dbts	返回当前数据库最后使用的时间戳值
@@cursor_rows	若游标打开,则返回游标中符合条件的总行数 n
@@fetch_status	fetch 语句成功返回 0,失败或行不在结果集中返回 −1,提取的行不存在返回 −2
@@langid	返回当前使用语言的本地语言标识符（ID）
@@language	返回当前所用语言的名称
@@lock_timeout	返回当前会话的当前锁定超时设置(毫秒)
@@max_connections	返回 SQL Server 实例允许同时进行的最大用户连接数
@@max_precision	返回 decimal 和 numeric 数据类型所用的精度级别
@@nestlevel	返回对本地服务器上执行的当前存储过程的嵌套级别
@@options	返回有关当前 SET 选项的信息
@@remserver	返回远程 SQL Server 数据库服务器在登录记录中显示的名称
@@servername	返回运行 SQL Server 的本地服务器的名称
@@servicename	返回 SQL Server 正在其下运行的注册表项的名称
@@spid	返回当前用户进程的会话 ID
@@textsize	返回 textsize 选项的当前值
@@version	返回当前的 SQL Server 安装的版本、处理器体系结构、生成日期和操作系统

所有配置函数都具有不确定性。这意味着即使使用相同的一组输入值,也不会在每次调用这些函数时都返回相同的结果。

@@cursor_rows

游标已完全填充。返回游标中的总行数 n。

检索了游标符合条件的行数。

3.4.8　表达式综述

1. 表达式分类

每个表达式必有一个值与之对应,根据表达式值的不同可将表达式分为数值表达式、字符表达式、日期时间表达式和逻辑(又称布尔)表达式。

值为数值的表达式称为数值表达式;值为字符串的表达式称为字符表达式;值为日期时间的表达式称为日期时间表达式;值为逻辑值的表达式称为逻辑表达式。

select 3+2 * 4 数值表达式,'中国加入'+'WTO'字符表达式,getdate()-1 日期时间表达式;

数值表达式	字符表达式	日期时间表达式
11	中国加入WTO	2014-03-08 12:01:50.670

2. 表达式组合

两个表达式可以由一个运算符组合,只要它们具有该运算符支持的数据类型,并且满足至少下列一个条件:

(1) 两个表达式有相同的数据类型;

(2) 优先级低的数据类型可以隐式转换为优先级高的数据类型。

如果表达式不满足这些条件,则可以使用 CAST 或 CONVERT 函数将优先级低的数据类型显式转化为优先级高的数据类型,或者转换为一种可以隐式转化成优先级高的数据类型的中间数据类型。如果没有支持的隐式或显式转换,则两个表达式将无法组合。

3. 表达式的结果

表达式结果的特征由以下规则确定:

(1) 对于由单个常量、变量、标量函数或列名组成的简单表达式,其数据类型、排序规则、精度、小数位数和值就是它所引用的元素的数据类型、排序规则、精度、小数位数和值。

(2) 用比较运算符或逻辑运算符组合两个表达式时,生成的数据类型为 Boolean,并且值为下列类型之一:TRUE、FALSE 或 UNKNOWN。

(3) 用算术运算符、位运算符或字符串运算符组合两个表达式时,生成的数据类型取决于运算符。

(4) 由多个符号和运算符组成的复杂表达式的计算结果为单值结果。生成的表达式的数据类型、排序规则、精度和值由进行组合的两个表达式决定,并按每次两个表达式的顺序递延,直到得出最后结果。表达式中元素组合的顺序由表达式中运算符的优先级决定。

(5) 当两个具有不同数据类型、排序规则、精度、小数位数或长度的表达式通过运算符进行组合时,结果的特征由以下规则确定:结果的数据类型是通过将数据类型的优先顺序规则应用到输入表达式的数据类型来确定的。当结果数据类型为 char、varchar、text、nchar、nvarchar 或 ntext 时,结果的排序规则由排序规则的优先顺序规则确定。结果的精度、小数位数和长度取决于输入表达式的精度、小数位数和长度。

(6) T-SQL 选择列表中的表达式按以下规则进行变体:分别对结果集中的每一行计算表达式的值。同一个表达式对结果集内的每一行可能会有不同的值,但该表达式在每一行的值是唯一的。

3.5 Transact-SQL 控制流语句

顺序、分支和循环构成程序设计语言的三种基本控制结构。本节先介绍 Transact-SQL 语言中的这三种基本语句,接着介绍错误捕捉与处理语句 TRY…CATCH,这些语句是运用 Transact-SQL 语言进行程序设计的基础。

3.5.1 顺序结构

1. 设置当前数据库语句 USE
语法:

USE{database}

功能:将指定的数据库设置的当前数据库,在批处理中 USE 语句之后的语句将在指定数据库中执行。

SQL Server 登录连接到 SQL Server 时,该登录将自动连接到它的默认数据库,并获得数据库用户的安全上下文。如果还没有为登录分配默认数据库,则它的默认数据库将设置为 master。

2. 局部变量说明语句 DECLARE
局部变量是在批处理或过程的主体中用 DECLARE 语句声明的,并用 SET 或 SELECT 语句赋值。游标变量可使用此语句声明,并可用于其他与游标相关的语句。除非在声明中提供值,否则声明之后所有变量将初始化为 NULL。

局部变量定义格式:

```
DECLARE
  {{@local_variable[AS]data_type}|[=value]{@cursor_variable_name CURSOR}
  }[,…n]
 |{@table_variable_name[AS]<table_type_definition>|<user-defined table type>}
```

功能:SQL Server 根据变量的类型给变量分配存储空间。

参数说明:

(1) @local_variable:变量的名称。变量名必须以 at 符(@)开头。局部变量名称必须符合标识符规则。

(2) data_type:变量的数据类型。可以是除 text、ntext 或 image 以外的任何类型。

(3) =value:以内联方式为变量赋值。值可以是常量或表达式,但它必须与变量声明类型匹配,或者可隐式转换为该类型。

(4) @cursor_variable_name:游标变量的名称。游标变量名称必须以 at 符(@)开头。

(5) CURSOR:指定变量是局部游标变量。

(6) @table_variable_name：表变量名称。

(7) <table_type_definition>：定义 table 数据类型。表声明包括列定义、名称、数据类型和约束。允许的约束类型只包括 PRIMARY KEY、UNIQUE、NULL 和 CHECK。如果类型绑定了规则或默认定义，则不能将别名数据类型用做列标量数据类型。

(8) <<user-defined table type>>：指定变量是用户定义表类型。

说明：

(1) 一个变量在使用之前必须使用 declare 语句定义。定义变量时可给变量赋初值（使用"="），否则变量值自动为 null。值可以是常量或表达式，但它必须与变量声明类型匹配，或者可隐式转换为该类型。

(2) 一次可以定义多个变量，用逗号分隔。

(3) 局部变量的作用域是其被声明时所在批处理。即只在定义它的批处理、存储过程或触发器中有效。

3. 赋值语句 SET、SELECT

在 T-SQL 语言中不能使用以下语法格式给局部变量赋值：变量＝表达式，必须使用 set 或 select 语句给局部变量赋值。

1) 单变量赋值语句 SET

语法：set @变量名＝{表达式|(select 语句)}。

功能：将表达式的值或 select 语句的查询结果值赋给(＝号左边的)局部变量。

2) 多变量赋值语句 SELECT

语法：select{@变量名＝{表达式|(select 语句)}}[,…n]。

功能：将表达式的值或 select 语句的查询结果值依次赋给各(＝号左边的)局部变量。

4. 输出语句 SELECT、PRINT

1) 多表达式输出语句 SELECT

语法：select{表达式[[AS]显示标题]}[,…n]。

功能：将各表达式的值按指定的显示标题以列表的形式依次显示于屏幕。

2) 字符串表达式输出语句 PRINT

语法：print 字符串表达式。

功能：将字符串表达式的值显示于屏幕。

5. 批处理与注释

1) 批处理 GO

语法：GO[count]。

功能：向 SQL Server 实用工具发出一批 T-SQL 语句结束的信号。

参数：count 为一个正整数。GO 之前的批处理将执行指定的次数。

说明：

(1) GO 不是 T-SQL 语句，它是可由 sqlcmd 和 osql 实用工具，以及 SQL Server Management Studio 代码编辑器识别的命令。

(2) SQL Server 实用工具将 GO 解释为应该向 SQL Server 实例发送当前批 T-SQL 语句的信号。当前批语句由上一 GO 命令后输入的所有语句组成，如果是第一条 GO 命令，则由即席会话或脚本开始后输入的所有语句组成。

（3）GO 命令和 T-SQL 语句不能在同一行中。但在 GO 命令行中可包含注释。

（4）用户必须遵照使用批处理的规则。例如，在批处理中的第一条语句后执行任何存储过程必须包含 EXECUTE 关键字。局部（用户定义）变量的作用域限制在一个批处理中，不可在 GO 命令后引用。

2）注释

在程序中往往要添加很多注释以增强可读性。注释分为单行注释和多行注释两种。

单行注释语法：—text_of_comment

多行注释语法：/ *　　text_of_comment　　* /

功能：注释仅用于对程序进行说明，服务器不对注释进行计算。

参数：text_of_comment 是包含注释文本的字符串。注释没有最大长度限制。

说明：可以将注释插入单独行中、嵌套在 T-SQL 命令行的结尾或嵌套在 T-SQL 语句中。单行注释由—开始，由换行符终止。多行注释必须用/ * 和 * /指明。用于多行注释的样式规则是，第一行用/ * 开始，最后用 * /结束。

【例 3.9】　编程：求梯形面积。

```
declare @a decimal,@b decimal,@h decimal —上底、下底、高
select @a=5,@b=6,@h=3
select (@a+@b)* @h/2
```

运行结果：

```
16.500000
```

6. 显示出错消息语句 RAISERROR

语法：RAISERROR（{msg_id|msg_str|@local_variable}
　　　　　　　　{,severity,state}）

功能：生成错误消息并启动会话的错误处理。RAISERROR 可以引用 sys. messages 目录视图中存储的用户定义消息，也可以动态建立消息。该消息作为服务器错误消息返回到调用应用程序，或返回到 TRY…CATCH 构造的关联 CATCH 块。

参数说明：

（1）msg_id：错误消息号。如果未指定 msg_id，则 RAISERROR 引发一个错误号为 50000 的错误消息。用户定义的错误消息号应当大于 50000。

（2）msg_str：用户定义消息。该错误消息最长可以有 2 047 个字符。如果该消息包含的字符数等于或超过 2 048 个，则只能显示前 2 044 个并添加一个省略号以表示该消息已被截断。当指定 msg_str 时，RAISERROR 将引发一个错误号为 50000 的错误消息。

（3）@local_variable：是类型为 char 或 varchar，或者能够隐式转换为这些数据类型的变量。其中包含的字符串的格式化方式与 msg_str 相同。

（4）severity：用户定义的与该消息关联的严重级别。任何用户都可以指定 0 到 18 的严重级别。只有 sysadmin 固定服务器角色成员或具有 ALTER TRACE 权限的用户才能指定 19 到 25 的严重级别。20 到 25 的严重级别被认为是致命的。若要使用 19 到 25 的严重级别，必须选择 WITH LOG 选项。小于 0 的严重级别被解释为级别为 0。大于 25 的严重级别被解释为级别为 25。

（5）state：状态号，0 到 255 的整数。负值或大于 255 的值会生成错误。如果在多个位置引发相同的用户定义错误，则针对每个位置使用唯一的状态号有助于找到引发错误的代码段。

【例 3.10】　输出一条错误信息。

```
RAISERROR('性别只能是男或女,操作已被撤销!',16,5)
```

运行结果：

消息 50000，级别 16，状态 5，第 1 行

性别只能是男或女，操作已被撤销！

7. 复合语句 BEGIN…END

语法：

```
BEGIN
    {sql_statement|statement_block}
END
```

用途：将多个 T_SQL 语句组合为一个逻辑块。该逻辑块将作为一个整体执行。有着语句括号的作用。类似于 C 语言的{ }。

8. 延时语句 WAITFOR

语法：

```
WAITFOR
{TIME 'time_to_execute'|DELAY 'time_to_pass'
  |[(receive_statement)|(get_conversation_group_statement)]
  [,TIMEOUT timeout]
}
```

功能：在达到指定时间或时间间隔之前，或者指定语句至少修改或返回一行之前，阻止执行批处理、存储过程或事务。

参数说明：

（1）TIME 'time_to_execute'：指定的运行批处理、存储过程或事务的时间。

（2）DELAY 'time_to_pass'：可以继续执行批处理、存储过程或事务之前必须等待的时段，最长可为 24 小时。

可以使用 datetime 数据可接受的格式之一指定 time_to_pass 和 time_to_execute，也可以将其指定为局部变量。不能指定日期；因此，不允许指定 datetime 值的日期部分。

（3）receive_statement：有效的 RECEIVE 语句。

（4）get_conversation_group_statement：有效的 GET CONVERSATION GROUP 语句。

（5）timeout：指定消息到达队列前等待的时间（以毫秒为单位）。

【例 3.11】　在晚上 10:20（22:20）执行存储过程 sp_tables。

```
EXECUTE sp_databases;
BEGIN
  USE JXDB
  WAITFOR TIME '22:20';    —使用 WAITFOR TIME
  EXECUTE sp_tables;
END;
GO
```

【例 3.12】 在 3 分钟延迟后执行存储过程 sp_helpdb。

```
BEGIN
    WAITFOR DELAY '0:03:0';  —使用 WAITFOR DELAY
    EXECUTE sp_helpdb;
END;
GO
```

9. 返回语句 RETURN

语法：RETURN[integer_expression]

功能：从查询或过程中无条件退出。RETURN 的执行是即时且完全的,可在任何时候用于从过程、批处理或语句块中退出。RETURN 之后的语句是不执行的。

integer_expression：返回的整数值。存储过程可向执行调用的过程或应用程序返回一个整数值。

返回类型：可以选择返回 int。

除非另有说明,所有系统存储过程均返回 0 值。此值表示成功,而非零值则表示失败。

注意：如果用于存储过程,RETURN 不能返回空值。如果某个过程试图返回空值(例如,使用 RETURN @status,而@status 为 NULL),则将生成警告消息并返回 0 值。

在执行了当前过程的批处理或过程中,可以在后续的 T-SQL 语句中包含返回状态值,但必须以下列格式输入：EXECUTE @return_status=<procedure_name>。

10. 跳转语句 GOTO

语法：GOTO label

功能：将执行流更改到标签处。跳过 GOTO 后面的 T-SQL 语句,并从标签位置继续处理。GOTO 语句和标签可在过程、批处理或语句块中的任何位置使用。

3.5.2 设置语句 SET

T-SQL 语言提供了一些带 ON 和 OFF 设置的 SET 语句,这些语句可以更改特定信息的当前会话处理。SET 语句可分为 7 个类别。日期和时间语句、锁定语句、杂项语句、查询执行语句、ISO 设置语句、统计语句和事务语句。

1. 日期和时间语句

(1) 语法：SET DATEFIRST{number|@number_var}。

功能：指示一周的第一天的一个整数。可以是下列值之一,如表 3-21 所示。

表 3-21　日期和时间

值	1	2	3	4	5	6	7 默认值,美国英语
一周的第一天是	星期一	星期二	星期三	星期四	星期五	星期六	星期日

(2) 语法：SET DATEFORMAT{format|@format_var}。

功能：设置用于解释 date、smalldatetime、datetime、datetime2 和 datetimeoffset 字符串的月、日和年日期部分的顺序。有效参数为 mdy、dmy、ymd、ydm、myd 和 dym。可以是 Unicode,也可以是转换为 Unicode 的双字节字符集 (DBCS)。美国英语默认值为 mdy。

2. 锁定语句

语法：SET LOCK_TIMEOUT timeout_period。

功能：指定语句等待锁释放的毫秒数。

语法：SET DEADLOCK_PRIORITY。

功能：指定当前会话与其他会话发生死锁时继续处理的相对重要性。

3. 杂项语句

(1) 语法：SET CURSOR_CLOSE_ON_COMMIT{ON|OFF}。

功能：控制 COMMIT TRANSACTION 语句的行为。若设置为 ON，在提交或回滚时关闭所有打开的游标。若设置为 OFF，则在提交事务时将不关闭游标。默认设置为 OFF。

(2) 语法：SET IDENTITY_INSERT[database_name.[schema_name].]table{ON|OFF}。

功能：允许将显式值插入表的标识列中。任何时候，一个会话中只有一个表的 IDENTITY_INSERT 属性可以设置为 ON。

(3) 语法：SET LANGUAGE{[N]'language'|@language_var}。

功能：指定会话的语言环境。会话语言确定 datetime 格式和系统消息。参数是存储在 sys.syslanguages 中的语言的名称。

(4) 语法：SET QUOTED_IDENTIFIER{ON|OFF}。

功能：当设置为 ON 时，标识符可以由双引号分隔，而文字必须由单引号分隔。当设置为 OFF 时，标识符不可加引号，且必须符合所有 T-SQL 标识符规则。

4. 查询执行语句

(1) 语法：SET NOCOUNT{ON|OFF}。

功能：阻止在结果集中返回可显示受 T-SQL 语句或存储过程影响的行计数的消息。当设置为 ON 时，不返回计数，可显著提高性能。当设置为 OFF 时，返回计数。默认为 OFF。

即使设置为 ON 时，也更新 @@ROWCOUNT 函数。

(2) 语法：SET ARITHABORT{ON|OFF}。

功能：在查询执行过程中发生溢出或被零除错误时，终止查询。如果 SET ARITHABORT 为 ON，并且 SET ANSI WARNINGS 也为 ON，则这些错误情况将导致查询终止。如果 SET ARITHABORT 为 ON，但 SET ANSI WARNINGS 为 OFF，则这些错误情况将导致批处理终止。如果在事务内发生错误，则回滚事务。如果 SET ARITHABORT 为 OFF 并且发生了这些错误之一，则显示一条警告消息，并将 NULL 赋予算术运算的结果。

(3) 语法：SET ARITHIGNORE{ON|OFF}。

功能：控制在查询执行过程中，是否返回溢出或被零除错误的错误消息。

(4) 语法：SET NOEXEC{ON|OFF}。

功能：当设置为 ON 时，SQL Server 将编译每一批处理 T-SQL 语句但并不执行它们。当设置为 OFF 时，所有批处理将在编译后执行。

(5) 语法：SET NUMERIC_ROUNDABORT{ON|OFF}。

功能：当设置 ON 时，在表达式中出现精度损失时将生成错误。当设置为 OFF 时，精度损失不生成错误信息，并且将结果舍入为存储结果的列或变量的精度。

在精度较低的列或变量中,当尝试以固定精度存储值时,会出现精度损失。

(6) 语法:SET PARSEONLY{ON|OFF}。

功能:当设置为 ON 时,检查每个 T-SQL 语句的语法并返回任何错误消息,但不编译和执行语句。当设置为 OFF 时,SQL Server 编译并执行语句。

(7) 语法:SET QUERY_GOVERNOR_COST_LIMIT value。

功能:value 数值或整数值,用于指定可以运行查询的最长时间。这些值将向下舍入为最接近的整数,负值向上舍入为零。查询调控器不允许执行估计开销超过该值的任何查询。如果指定此选项为 0(默认),将关闭查询调控器,并且允许所有查询无限期运行。

"查询开销"是指在特定硬件配置中完成查询所需的估计占用时间(秒)。

(8) 语法:SET ROWCOUNT{number|@number_var}。

功能:设置在停止特定查询之前要处理的行数(整数)。

(9) 语法:SET TEXTSIZE{number}。

功能:指定由 SELECT 语句返回的 varchar(max)、nvarchar(max)、varbinary(max)、text、ntext 和 image 数据的大小。以字节为单位。number 是一个整数,SET TEXTSIZE 的最大设置是 2 GB,以字节为单位指定。如果设置的值为 0,则大小将重置为默认值 (4 KB)。

5. ISO 设置语句

语法:SET ANSI_WARNINGS{ON|OFF}。

功能:设置为 ON 时,如果聚合函数(如 SUM、AVG、MAX、MIN、STDEV、STDEVP、VAR、VARP 或 COUNT)中出现空值,则将生成警告消息。设置为 OFF 时,不发出警告。

设置为 ON 时,被零除错误和算术溢出错误将导致回滚语句,并生成错误消息。设置为 OFF 时,被零除错误和算术溢出错误将导致返回空值。如果在 character、Unicode 或 binary 列上尝试执行 INSERT 或 UPDATE 操作,而这些列中的新值长度超出最大列大小,则将出现被零除错误和算术溢出错误导致返回空值的行为。如果 SET ANSI_WARNINGS 为 ON,则根据 ISO 标准,将取消 INSERT 或 UPDATE 操作。字符列的尾随空格和二进制列的尾随零都将被忽略。设置为 OFF 时,数据将剪裁为列的大小,并且语句执行成功。

6. 统计语句

语法:SET STATISTICS TIME{ON|OFF}。

功能:设置为 ON 时显示分析、编译和执行各语句所需的毫秒数。为 OFF 时,不显示时间统计信息。

7. 事务语句

(1) 语法:SET IMPLICIT_TRANSACTIONS{ON|OFF}。

功能:设置为 ON,将连接设置为隐式事务模式;设置为 OFF,则使连接恢复为自动提交事务模式。

(2) 语法:SET REMOTE_PROC_TRANSACTIONS{ON|OFF}。

功能:设置为 ON 时,从本地事务执行远程存储过程时将启动 T-SQL 分布式事务。设置为 OFF 时,从本地事务调用远程存储过程将不启动 T-SQL 分布式事务。

(3) 语法:SET XACT_ABORT{ON|OFF}。

功能:设置为 ON 时,如果执行 T-SQL 语句产生运行错误,则整个事务将终止并回滚。设置为 OFF 时,有时只回滚产生错误的 T-SQL 语句,而事务将继续进行处理。如果错误很严重,那么即使 SET XACT_ABORT 为 OFF,也可能回滚整个事务。默认设置为 OFF。

编译错误(如语法错误)不受 SET XACT_ABORT 的影响。

SET TRANSACTION ISOLATION LEVEL 设置语句见帮助。

3.5.3　分支结构 IF…ELSE、CASE

1. 二分支语句 IF…ELSE

语法:

```
IF Boolean_expression
    {sql_statement|statement_block}
[ELSE
    {sql_statement|statement_block}]
```

功能:如果布尔表达式的值为 TRUE,则执行 IF 后面的语句。如果布尔表达式的值为 FALSE,若有 ELSE 则执行 ELSE 后面的语句,若无 ELSE 则结束 IF 语句。

【例 3.13】　已知三边求三角形面积。

```
DECLARE @a decimal,@b decimal,@c decimal,@x decimal
SELECT @a=3,@b=4,@c=5
IF (@a+@b)>@c and(@a+@c)>@b and(@b+@c)>@a
   BEGIN
    SET @x=(@a+@b+@c)/2
    SELECT '三角形面积为:',SQRT(@x*(@x-@a)*(@x-@b)*(@x-@C))
   END
ELSE
    RAISERROR('不构成三角形!',16,5)
GO
```

2. 多分支函数 CASE

CASE 具有两种格式:简单 CASE 函数将某个表达式与一组简单表达式进行比较以确定结果;搜索 CASE 函数计算一组布尔表达式以确定结果。

两种格式都支持可选的 ELSE 参数。

1) 简单 CASE 函数

简单 CASE 函数语法:

```
CASE <开关表达式>
    WHEN<表达式 1>THEN<结果表达式 1>
    … …
    WHEN <表达式 n>  THEN <结果表达式 n>
    [ELSE <结果表达式 n+1>]
END
```

功能:将<开关表达式>的值依次与<表达式 1>,…,<表达式 n>进行比较,若首次与<表达式 i>($i=1,…,n$)的值相匹配,则函数返回<结果表达式 i>的值。若与所有 WHEN 之后的表达式均不匹配,则在指定 ELSE 子句的情况下返回 ELSE 之后<结果表达式 $n+1$>

的值;若没有指定 ELSE 子句,则返回 NULL 值。

注意:<开关表达式>与<表达式 i>($i=1,\cdots,n$) 的数据类型必须相同或必须是隐式转换的数据类型。

2) 搜索 CASE 函数

搜索 CASE 函数语法:

```
CASE
    WHEN<布尔表达式 1>THEN <结果表达式 1>
    … …
    WHEN <布尔表达式 n>THEN <结果表达式 n>
    [ELSE<结果表达式 n+ 1>]
END
```

功能:按指定顺序对每个 WHEN 子句的<布尔表达式>进行计算。返回<布尔表达式 i>的第一个计算结果为 TRUE 的<结果表达式 i>的值。如果 <布尔表达式 i>($i=1,\cdots,n$) 的计算结果均为 FALSE,则在指定 ELSE 子句的情况下数据库引擎将返回<结果表达式 $n+1$>的值;若没有指定 ELSE 子句,则返回 NULL 值。

3.5.4　循环结构 WHILE

循环语句语法:

```
WHILE Boolean_expression
  {sql_statement|statement_block}
  [BREAK]
  {sql_statement|statement_block}
  [CONTINUE]
  {sql_statement|statement_block}
```

功能:计算布尔表达式的值,若为 TRUE,则反复执行 WHILE 后面的语句块(循环体),若为 FALSE,则循环结束执行 WHILE 的下一语句。

在语句块中可以包含 BREAK 和 CONTINUE 语句。

BREAK:退出循环执行该 WHILE 的下一语句。如果嵌套了两个或多个 WHILE 循环,则内层的 BREAK 将退出到下一个外层循环。将首先运行内层循环结束之后的所有语句,然后重新开始下一个外层循环。

CONTINUE:使 WHILE 循环重新开始执行,忽略循环体中 CONTINUE 关键字后面的任何语句。

注意:如果布尔表达式中含有 SELECT 语句,则必须用括号将 SELECT 语句括起来。

【例 3.14】　求 100 以内所有奇数的和。

```
declare @i int,@s int
set @i=1
set @s=0
while @i<=100
  begin
    set @s=@s+@i
    set @i=@i+2
```

```
      end
   select '奇数和'=@s
```

【例 3.15】　在 20 分钟内,每隔 1 分钟显示活动用户的信息。

```
DECLARE @start datetime
SET @start=GETDATE()
WHILE datediff(mi,@start,GETDATE())<20
  BEGIN
    WAITFOR DELAY '0:01:0';
    EXECUTE sp_who;
END;
GO
```

3.5.5　错误捕捉与处理 TRY…CATCH

1. TRY…CATCH 语句格式与功能

T-SQL 语句组可以包含在 TRY 块中。如果 TRY 块内部发生错误,则会将控制传递给 CATCH 块中包含的另一个语句组。

TRY…CATCH 语句语法:

```
BEGIN TRY
    {sql_statement|statement_block}
END TRY
BEGIN CATCH
        [{sql_statement|statement_block}]
END CATCH[;]
```

功能:如果 TRY 块所包含的代码中没有错误,则当 TRY 块中最后一个语句运行完成时,会将控制传递给紧跟在相关联的 END CATCH 语句之后的语句。如果 TRY 块所包含的代码中有错误,则会将控制传递给相关联的 CATCH 块的第一个语句,当 CATCH 块中的代码完成时,会将控制传递给紧跟在 END CATCH 语句之后的语句。如果 END CATCH 语句是存储过程或触发器的最后一个语句,控制将回到调用该存储过程或运行该触发器的语句。

由 CATCH 块捕获的错误不会返回到调用应用程序。如果错误消息的任何部分都必须返回到应用程序,则 CATCH 块中的代码必须使用 SELECT 结果集或 RAISERROR 和 PRINT 语句等机制执行此操作。

statement_block:批处理或包含于 BEGIN…END 块中的任何 T-SQL 语句组。

几点说明:

(1) TRY 块后必须紧跟相关联的 CATCH 块。在 END TRY 和 BEGIN CATCH 语句之间放置任何其他语句都将生成语法错误。

(2) TRY…CATCH 构造不能跨越多个批处理。TRY…CATCH 构造不能跨越多个 T-SQL 语句块。例如,TRY…CATCH 构造不能跨越 T-SQL 语句的两个 BEGIN…END 块,且不能跨越 IF…ELSE 构造。

(3) 不能使用 GOTO 语句转入 TRY 或 CATCH 块,使用 GOTO 语句可以跳转至同一 TRY 或 CATCH 块内的某个标签,或离开 TRY 或 CATCH 块。

（4）不能在用户定义函数内使用 TRY…CATCH 构造。

（5）TRY…CATCH 构造可对严重程度高于 10 但不关闭数据库连接的所有执行错误进行缓存。

2．TRY…CATCH 语句应用举例

【例 3.16】　当出现除数为 0 时转异常处理，输出有关错误信息。

```
BEGIN TRY
    SELECT 1/0;  —Generate a divide- by- zero error.
END TRY
BEGIN CATCH
SELECT  ERROR_NUMBER() AS ErrorNumber,ERROR_SEVERITY() AS ErrorSeverity,
        ERROR_STATE() AS ErrorState,  ERROR_PROCEDURE() AS ErrorProcedure,
        ERROR_LINE() AS ErrorLine,    ERROR_MESSAGE() AS ErrorMessage;
END CATCH;
```

运行结果：

ErrorNumber	ErrorSeverity	ErrorState	ErrorProcedure	ErrorLine	ErrorMessage
8134	16	1	NULL	2	遇到以零作除数错误

【例 3.17】　对选修 2 号课分数作如下处理：若 2 号课平均分低于 70 分则普加 5 分，如此反复循环，当最高分为 100 分时退出循环。

```
USE JXDB
GO
Declare @gradeavg decimal(5,1),@a decimal(5,1)
While (select avg(成绩) from 选修 where 课号='2')<70
  Begin
    BEGIN TRY
      Update 选修 set 成绩=成绩+5 where 课号='2'
    END TRY
    BEGIN CATCH
      set @a=100-(select max(成绩) from 选修 where 课号='2')
      Update 选修 set 成绩=成绩+@a where 课号='2'
      break
    END CATCH
  end
select @gradeavg=avg(成绩) from 选修 where 课号='2'
select '2 号课平均成绩'=@gradeavg
SELECT *  from 选修 where 课号='2'
```

第 4 章　表

表是 SQL Server 数据库中的基础对象,存储在数据库的数据文件中,其他数据库对象,如视图、索引等都是在表的基础上建立并使用的,因此,表在数据库中占有很重要的地位。为了使用 SQL Server 管理数据,在空数据库建好后,要在库中建立若干个表。

表由行和列组成,表中的每一行称为一条记录,每一列称为一个字段。记录用来存储各条信息。每一条记录包含多个字段。

本章介绍使用 T-SQL 语言建立表结构、修改表结构与删除表、使用界面方法建立表结构和界面方法编辑表数据等内容。

4.1　使用 T-SQL 语言建立表结构

在数据库中建立表对象需分两步进行,首先建立表结构,然后向表中插入数据。SQL Server 提供了两种建立表结构的方法:使用 T-SQL 语言建立表结构;使用界面方法建立表结构。本节介绍前一种方法。

4.1.1　CREATE TABLE 语句格式

1. CREATE TABLE 语句的格式

```
CREATE TABLE[database_name.[schema_name].|schema_name.]table_name
({<column_definition>[,…n]}[,<table_constraint>][,…n])
[ON{partition_scheme_name(partition_column_name)
|filegroup|"default"}]
    [{TEXTIMAGE_ON{filegroup|"default"}]
    [FILESTREAM_ON{partition_scheme_name|filegroup|"default"}]
    [WITH(<table_option>[,…n])][;]
列定义<column_definition>::=
column_name type_name[FILESTREAM][COLLATE collation_name]|
column_name AS computed_column_expression[PERSISTED]    —计算列
[CONSTRAINT constraint_name][IDENTITY[(seed,increment)]
[NOT FOR REPLICATION][ROWGUIDCOL][<column_constraint>[…n]]
    [SPARSE]
```

功能:在数据库中建立指定表的结构。

2. 参数说明

(1) database_name:在其中创建表的数据库的名称。如果未指定,则 database_name 默认为当前数据库。

(2) schema_name:新表所属架构的名称。

（3）table_name：新表的名称。

（4）column_name：表中列的名称。

（5）[type_schema_name.]type_name：指定列的数据类型及该列所属的架构。

（6）ON{<partition_scheme>|filegroup|"default"}：指定存储表的分区架构或文件组。如果指定了<partition_scheme>，则该表将成为已分区表，其分区存储在<partition_scheme>所指定的一个或多个文件组的集合中。如果指定了 filegroup，则该表将存储在命名的文件组中。数据库中必须存在该文件组。如果指定了 "default"，或者根本未指定 ON，则表存储在默认文件组中。CREATE TABLE 中指定的表的存储机制以后不能进行更改。

（7）TEXTIMAGE_ON{filegroup|"default"}：指示 text、ntext、image、xml、varchar(max)、nvarchar(max)、varbinary(max) 和 CLR 用户定义类型的列存储在指定文件组的关键字。

（8）FILESTREAM_ON{partition_scheme_name|filegroup|"default"}：指定 FILESTREAM 数据的文件组。

（9）computed_column_expression[PERSISTED]：定义计算列的表达式。该列由同一表中的其他列通过表达式计算得到。

（10）PERSISTED：指定 SQL Server 数据库引擎将在表中物理存储计算列值，而且，当计算列依赖的任何其他列发生更新时对这些计算值进行更新。

计算列不能用做 DEFAULT 或 FOREIGN KEY 约束定义，也不能与 NOT NULL 约束定义一起使用。计算列不能作为 INSERT 或 UPDATE 语句的目标。

（11）IDENTITY[(seed,increment)]：指示新列是标识列。在表中添加新行时，数据库引擎将为该列提供一个唯一的增量值。标识列通常与 PRIMARY KEY 约束一起用做表的唯一行标识符。可以将 IDENTITY 属性分配给 tinyint、smallint、int、bigint、decimal(p,0) 或 numeric(p,0) 列。每个表只能创建一个标识列。不能对标识列使用绑定默认值和 DEFAULT 约束。必须同时指定种子和增量，或者两者都不指定。如果二者都未指定，则取默认值 (1,1)。

（12）seed：种子值，表的 IDENTITY 列第一行所使用的值。

（13）increment：是向装载的前一行的标识值中添加的增量值。

（14）NOT FOR REPLICATION：在 CREATE TABLE 语句中，可为 IDENTITY 属性、FOREIGN KEY 约束和 CHECK 约束指定 NOT FOR REPLICATION 子句。如果为 IDENTITY 属性指定了该子句，则复制代理执行插入时，标识列中的值将不会增加。如果为约束指定了此子句，则当复制代理执行插入、更新或删除操作时，将不会强制执行此约束。

（15）ROWGUIDCOL：指示新列是行 GUID 列。该属性只能分配给 uniqueidentifier 列。

（16）SPARSE：指示列为稀疏列。稀疏列已针对 NULL 值进行了存储优化。不能将稀疏列指定为 NOT NULL。

4.1.2　定义完整性约束条件

完整性约束条件是充分保证数据库中数据的正确性和一致性的一种机制。

SQL Server 2008 在创建表结构时可定义 6 种约束：主键约束（PRIMARY KEY）、唯一约束（UNIQUE）、非空或空值约束（NOT NULL|NULL）、默认约束（DEFAULT）、检查约束（CHECK）、外键约束（FOREIGN KEY REFERENCES）。

按约束条件是与表中的一列还是多列有关，将约束分为列级约束和表级约束。若约束条件只涉及表中的一列数据,则为列级约束;若约束条件涉及表中的多列数据,则为表级约束。

1. 约束定义格式

1)列级约束定义格式

```
<column_constraint>::=
[CONSTRAINT constraint_name]
{{PRIMARY KEY|UNIQUE}[CLUSTERED|NONCLUSTERED]
    [WITH FILLFACTOR=fillfactor|WITH(<index_option>[,…n])]
[ON{partition_scheme_name(partition_column_name)|filegroup|"default"}]
|[NOT NULL| NULL]
|[DEFAULT constant_expression]
|CHECK[NOT FOR REPLICATION](logical_expression )
|[FOREIGN KEY]
        REFERENCES[schema_name.]referenced_table_name[(ref_column)]
        [ON DELETE{NO ACTION|CASCADE|SET NULL|SET DEFAULT}]
        [ON UPDATE{NO ACTION|CASCADE|SET NULL|SET DEFAULT}]
        [NOT FOR REPLICATION]
}
```

2)表级约束定义格式

```
<table_constraint>::=
[CONSTRAINT constraint_name]
{{PRIMARY KEY|UNIQUE}[CLUSTERED|NONCLUSTERED](column[ASC|DESC][,…n])
    [WITH FILLFACTOR=fillfactor |WITH(<index_option>[,…n])]
    [ON{partition_scheme_name(partition_column_name)|filegroup|"default"}]
|[NOT NULL| NULL]
|[DEFAULT constant_expression]
|CHECK[NOT FOR REPLICATION](logical_expression)
|FOREIGN KEY(column[,…n])
        REFERENCES referenced_table_name[(ref_column[,…n])]
        [ON DELETE{NO ACTION|CASCADE|SET NULL|SET DEFAULT}]
        [ON UPDATE{NO ACTION|CASCADE|SET NULL|SET DEFAULT}]
        [NOT FOR REPLICATION]
}
```

2. 参数说明

(1) CONSTRAINT constraint_name:给约束命名,可选关键字。每一个约束都有一个约束名,约束名必须在表所属的架构中唯一。若缺省此参数,则系统会自动给每一个约束生成一个约束名。

(2) PRIMARY KEY:主键约束。是通过唯一索引对给定的一列或多列强制实体完整性的约束。每个表只能创建一个 PRIMARY KEY 约束。

(3) UNIQUE:唯一约束,即单值约束。表示该列上的取值必须互不相同。一个表可以有多个 UNIQUE 约束。唯一约束的列可以为空值。

(4) CLUSTERED|NONCLUSTERED:指示为 PRIMARY KEY 或 UNIQUE 约束创建

聚集索引还是非聚集索引。PRIMARY KEY 约束默认为 CLUSTERED,UNIQUE 约束默认为 NONCLUSTERED。

在 CREATE TABLE 语句中,可只为一个约束指定 CLUSTERED。如果在为 UNIQUE 约束指定 CLUSTERED 的同时又指定了 PRIMARY KEY 约束,则 PRIMARY KEY 将默认为 NONCLUSTERED。

可在 PRIMARY KEY 约束或 UNIQUE 约束中指定 ON{＜partition_scheme＞|filegroup|"default"}。这些约束会创建索引。如果指定了 filegroup,则索引将存储在命名的文件组中。如果指定了 "default",或者根本未指定 ON,则索引将与表存储在同一文件组中。如果 PRIMARY KEY 约束或 UNIQUE 约束创建聚集索引,则表的数据页将与索引存储在同一文件组中。

Column:用括号括起来的一列或多列,在表约束中表示这些列用在约束定义中。

column[ASC|DESC]:指定加入表约束中的一列或多列的排序顺序。默认值为 ASC。

(5) NOT NULL| NULL:非空或空值约束。确定列中是否允许使用空值。严格来讲,NULL 不是约束,但可以像指定 NOT NULL 那样指定它。只有同时指定了 PERSISTED,才能为计算列指定 NOT NULL。

(6) DEFAULT:默认值约束。

(7) CHECK:检查约束。该约束通过限制可输入一列或多列中的可能值来强制实现域完整性。计算列上的 CHECK 约束也必须标记为 PERSISTED。

logical_expression:返回 TRUE 或 FALSE 的逻辑表达式。别名数据类型不能作为表达式的一部分。

(8) FOREIGN KEY REFERENCES:外键约束,为列中的数据提供参照(引用)完整性约束。FOREIGN KEY 约束要求列中的每个值在所引用的表中对应的被引用列中都存在。FOREIGN KEY 约束只能引用在所引用的表中是 PRIMARY KEY 或 UNIQUE 约束的列,或所引用的表中在 UNIQUE INDEX 内的被引用列。计算列上的外键也必须标记为 PERSISTED。

[schema_name.]referenced_table_name]是 FOREIGN KEY 约束引用的表的名称,以及该表所属架构的名称。

(ref_column[,…n])是 FOREIGN KEY 约束所引用的表中的一列或多列。

1) 指定当删除父表中被引用的行时,相应子表中引用行的处理方式 ON DELETE

    ON DELETE{NO ACTION|CASCADE|SET NULL|SET DEFAULT}

(1) NO ACTION:拒绝删除。数据库引擎将引发错误,并回滚对父表中相应行的删除操作。默认值为 NO ACTION。

(2) CASCADE:级联删除。如果从父表中删除一行,则将从引用表中删除相应行。

(3) SET NULL:置为空值。如果父表中对应的行被删除,则对应外键的所有值都将设置为 NULL。若要执行此约束,外键列必须可为空值。

(4) SET DEFAULT:置为默认值。如果父表中对应的行被删除,则对应外键的所有值都将设置为默认值。若要执行此约束,所有外键列都必须有默认定义。如果某个列可为空值,并且未设置显式的默认值,则将使用 NULL 作为该列的隐式默认值。

如果该表将包含在使用逻辑记录的合并发布中,则不要指定 CASCADE。

2) 指定当更改父表中被引用的行时,相应子表中引用行的处理方式 ON UPDATE

```
ON UPDATE{NO ACTION|CASCADE|SET NULL|SET DEFAULT}
```

(1) NO ACTION:拒绝更改。数据库引擎将引发错误,并回滚对父表中相应行的更新操作。默认值为 NO ACTION。

(2) CASCADE:级联更改。如果在父表中更新了一行,则将在引用表中更新相应的行。

(3) SET NULL:置为空值。如果更新了父表中的相应行,则会将对应外键的所有值设置为 NULL。若要执行此约束,外键列必须可为空值。

(4) SET DEFAULT:置为默认值。如果更新了父表中的相应行,则会将对应外键的所有值都设置为其默认值。若要执行此约束,所有外键列都必须有默认定义。如果某个列可为空值,并且未设置显式的默认值,则将使用 NULL 作为该列的隐式默认值。

如果该表将包含在使用逻辑记录的合并发布中,则不要指定 CASCADE。

4.1.3 教学数据库 JXDB 完整性约束条件设计

在 1.3.2 节中对教学关系数据库 JXDB 进行了逻辑结构设计,设计结果由 8 个关系模式组成。根据教学关系数据库 JXDB 模式集,结合数据库完整性约束条件理论知识及对现实世界的需求分析,可对教学关系数据库 JXDB 的完整性约束条件进行规划设计。

【例 4.1】 给出教学数据库 JXDB 中的数据应满足的完整性约束条件。

通过调查分析教学数据库 JXDB 中的数据应满足表 4-1 所示的完整性约束条件。

表 4-1　教学数据库 JXDB 完整性约束条件

表名	完整性约束条件	约束类型
部门	(1) 部门号取值唯一且不能为空值	主键
	(2) 部门名取值唯一	唯一值
专业	(3) 专业号取值唯一且不能为空值	主键
	(4) 院系要么为空,要么为学校已设置的部门号;当更改部门表中的部门号时,与专业表中对应的院系自动级联更改;当删除部门表中某部门时,若专业表中有该院系,则该院系字段置空值,等待重新将该专业划拨给其他院系	外键 级联更改 置空值删除
教工	(5) 教工号取值唯一且不能为空值	主键
	(6) 性别只能为"男"或"女"。默认值为'男'	check
	(7) 16 岁以下不能参加工作	
	(8) 职务默认值为'教师'	默认值
	(9) 教授及具有博士学历的副教授,他们的工资不得低于 5000 元	check
	(10) 我国婚姻法规定:实行一夫一妻制,即配偶号→职工号	FD 触发器
	(11) 配偶号只能是教工表中已有的教工号;可为空	外键
	(12) 若修改教工表中某教工号,则级联修改与其匹配的配偶号	触发器
	(13) 若删除教工表中某职工,则与其匹配的配偶号置空值	触发器
	(14) 当插入或修改"配偶号"时,若该职工在表中不存在,则递归插入职工号;配偶号、姓名为空串,配偶号为:职工号,其余为空值	触发器
	(15) 教工所在部门要么为空,要么是学校已设置的部门;当修改部门表中某部门号时,教工表中所在部门号自动级联更改;当删除部门表中某部门时,教师表中部门号置空值,等待重新分配部门	外键 级联更改 置空值删除

续表

表名	完整性约束条件	约束类型
班级	(16) 班号取值唯一且不能为空值	主键
	(17) 班级表中的人数与学生表中对应班级实际人数一致,默认值为 0	触发器
	(18) 专业号要么为空,要么为学校已开办的专业;当更改专业表中的专业号时,与班级表中对应的专业号自动级联更改;当删除专业表中某专业时,若班级表中有该专业,则拒绝删除	外键 级联更改 拒绝删除
	(19) 班主任要么为空,要么为学校的一名教工;若修改教工表中某教工号,则级联修改班级表中的班主任;若删除教工表中某教师,则班级表中的班主任置空值,等待重新安排班主任	外键 触发器 触发器
学生	(20) 学号取值唯一且不能为空值	主键
	(21) 性别只能为"男"或"女"。默认值为'男'	check
	(22) 身高只能在 $100\sim250$ cm	check
	(23) 10 岁以下不能上大学	check
	(24) 入学一年以上的学生不许转班,不许更改姓名和性别	触发器
	(25) 班号要么为空,要么为班级表中的某班号;当更改班级表中的班号时,与学生表中对应的班号自动级联更改;当删除班级表中某班级时,若该班有学生,则自动级联删除该班所有学生	外键 级联更改 级联删除
课程	(26) 课号取值唯一且不能为空值	主键
	(27) 选修课号只能是学校已开设的课号。修改课号时,选修课号自动级联修改;若某课程有选修课,则其选修课程删除时该课程的选修课号置空值	外键 触发器 触发器
	(28) 当插入或修改"选修课号"时,若该选修课号在表中不存在,则递归插入。课号为该选修课号其余字段为空值	触发器
选修	(29) 学号、课号取值唯一且不能为空值	主键
	(30) 成绩采用百分制	check
	(31) 学生不得选修异性教师开设的"生理卫生"课	触发器
	(32) 学号只能是学生表中已有的学号。当修改某学生学号时,该生所有选课记录的学号自动级联修改;当删除某学生时,该生所有选课记录自动级联删除	外键 级联更改 级联删除
	(33) 课号只能是课程表中已有的课号;当修改课程表中的课号时,选修表中所有选修该课程的课号自动级联修改;当删除课程表中某课程时,若选修表中该课程有学生选修,则拒绝删除	外键 级联更改 拒绝删除
	(34) 当录入或修改选课记录时,若课号在课程表中不存在,则在课程表中级联插入该课号	触发器
教课	(35) 教工号、课号、学年度、学期取值唯一且不能为空值	主键
	(36) 教工号只能是教工表中已有的教工号;若修改教工表中某教工号,则级联修改教课表中的教工号;若删除教工表中某教师,则级联删除教课表中该教师教课记录	外键 级联更改 级联删除
	(37) 课号只能是课程表中已有的课号;若修改课程表中某课号,则级联修改教课表中的相应课号;当删除课程表中某课程时,若教课表中该课程有教师教,则拒绝删除	外键 级联更改 拒绝删除
	(38) 班号只能是班级表中已有的班号。班号取值唯一且可取空值。当删除班级表中某班级时,若该班有老师教课,则拒绝删除。当更改班级表中的班号时,与教课表中对应的班号自动级联更改	外键 拒绝删除 触发器

4.1.4　表结构设计

根据已设计好的数据库的逻辑结构和数据的完整性约束条件,结合 T-SQL 语言,可以进行数据库中表结构的设计。

【例 4.2】　根据例 1.2 数据库 JXDB 逻辑结构设计结果、表 4-1 数据库 JXDB 完整性约束条件和 T-SQL 语言基本知识,设计数据库 JXDB 中各个表的结构。

JXDB 中各个表结构设计如表 4-2～表 4-9 所示。

表 4-2　"部门"表结构

列名	数据类型	允许 Null 值	约束条件
部门号	char(2)	☐	primary key
部门名	varchar(20)	☐	unique
办公地点	char(12)	☑	
办公电话	char(12)	☑	

表 4-3　"专业"表结构

列名	数据类型	允许 Null 值	约束条件
专业号	char(3)	☐	primary key
专业名	varchar(16)	☐	
学制	char(5)	☑	
层次	char(4)	☑	
院系	char(2)	☑	references 部门(部门号) on update cascade on delete set null

表 4-4　"教工"表结构

列名	数据类型	允许 Null 值	约束条件
职工号	char(5)	☐	primary key
姓名	char(8)	☐	
性别	char(2)	☑	check(性别 in('男','女')) 默认值'男'
生日	date	☑	
工作日期	date	☑	16 岁以下不能参加工作
学历	char(4)	☑	
职务	varchar(10)	☑	默认值为'教师'
职称	varchar(10)	☑	
工资	smallmoney	☑	
配偶号	char(5)	☑	references 教工(职工号) 级联更改,置空值删除　触发器 配偶号→职工号
部门号	char(2)	☑	references 部门(部门号) on update cascade on delete set null

表 4-5　"班级"表结构

列名	数据类型	允许 Null 值	约束条件
班号	char(6)	☐	primary key
班名	varchar(10)	☑	
人数	tinyint	☑	default 0
专业号	char(3)	☑	references 专业(专业号)
			on update cascade
			on delete no action
班主任	char(5)		references 教工(职工号)
			级联更改,置空值删除　触发器

表 4-6　"学生"表结构

列名	数据类型	允许 Null 值	约束条件
学号	char(6)	☐	primary key
姓名	char(8)	☐	
性别	char(2)	☑	check(性别 in('男','女'))默认值'男'
生日	date	☑	
身高	decimal(5,1)	☑	check(身高 between 100 and 250)
班号	char(6)	☑	references 班级(班号) on delete cascade on update cascade
相片	image	☑	

表 4-7　"课程"表结构

列名	数据类型	允许 Null 值	约束条件
课号	char(3)	☐	primary key
课名	varchar(16)	☐	
课时	smallint	☑	
学分	as 课时/18	☑	
开课学期	tinyint	☑	
类别	char(4)	☑	
学位课否	bit	☑	
选修课号	char(3)	☑	references 课程(课号)
			级联更改,置空值删除　触发器

表 4-8　"选修"表结构

列名	数据类型	允许 Null 值	约束条件
学号	char(6)	☐	references 学生(学号)
			on delete cascade
			on update cascade
课号	char(3)	☐	references 课程(课号)
			on update cascade
成绩	decimal(5,1)	☑	check(成绩>=0 and 成绩<=100)
表级约束:primary key(学号,课号)			级联插入触发器

表 4-9　"教课"表结构

列名	数据类型	允许 Null 值	约束条件
教工号	char(5)	☐	references 教工(职工号) on update cascade on delete cascade
课号	char(3)	☐	references 课程(课号) on update cascade on delete no action
学年度	char(9)	☐	
学期	char(8)	☐	
班号	char(6)	☑	references 班级(班号) on delete no action 级联更改触发器
考核分	decimal(5,1)	☑	check(考核分 between 0 and 100)

表级约束：primary key(教工号,课号,学年度,学期)

4.1.5　使用 CREATE TABLE 语句建立表结构

请读者按表 4-2～表 4-9 对数据库 JXDB 中各个表结构的设计要求，使用 create table 语句在数据库 JXDB 中建立"部门"、"专业"、"教工"、"班级"、"学生"、"课程"、"选修"和"教课"等表的结构。

【例 4.3】 按表 4-6 建立 student 表结构。

```
create table student
(学号  char(6)   constraint   PK学号 primary key,
 姓名  char(8)   constraint   NN姓名 not null,
 性别  char(2)   constraint CK性别 check(性别 in('男','女'))
                 constraint DF性别 default '男',
 生日  date,
 身高  decimal(5,1) constraint CK身高 check(身高 between 100 and 250),
 班号  char(6)     constraint FK班级_班号 references 班级(班号)
                      on delete cascade on update cascade,
 相片 image
)
```

4.2　使用 T-SQL 语言修改表结构与删除表

表建立起来后，若发现表结构有不合理之处可进行编辑修改。本节介绍使用 ALTER TABLE 语句修改表结构、使用 DROP TABLE 语句删除表，以及数据库关系图的建立与编辑。

4.2.1　使用 ALTER TABLE 语句修改表结构

通过更改、添加或删除列和约束，重新分配分区，或者启用或禁用约束和触发器，从而修改表的定义。

ALTER TABLE 语句语法：

```
ALTER TABLE[database_name.[schema_name].|schema_name.]table_name
{ALTER COLUMN column_name
{[type_schema_name]type_name[({precision[,scale]|max|xml_schema_collection})]
        [COLLATE collation_name][NULL|NOT NULL]
|{ADD|DROP}{ROWGUIDCOL|PERSISTED|NOT FOR REPLICATION|SPARSE}
}
|[WITH{CHECK|NOCHECK}]
|ADD   {<column_definition>|<computed_column_definition>
        |<table_constraint>|<column_set_definition>
}[,…n]
|DROP{[CONSTRAINT]constraint_name
        [WITH (<drop_clustered_constraint_option>[,…n])]
      |COLUMN column_name
}[,…n]
|[WITH{CHECK|NOCHECK}]{CHECK|NOCHECK}CONSTRAINT
        {ALL|constraint_name[,…n]}
|{ENABLE|DISABLE}TRIGGER
        {ALL|trigger_name[,…n]}
|{ENABLE|DISABLE}CHANGE_TRACKING
        [WITH (TRACK_COLUMNS_UPDATED={ON|OFF})]
}
[;]
```

参数说明：

（1）table_name：要更改的表名。如果表不在当前数据库中，或者不包含在当前用户所拥有的架构中，则必须显式指定数据库和架构。

（2）ALTER COLUMN：指定要更改命名列。修改后的列不能为下列任何一种列：

① 数据类型为 timestamp 的列；

② 表的 ROWGUIDCOL 列；

③ 计算列或用于计算列的列；

④ 用于 PRIMARY KEY 或[FOREIGN KEY]REFERENCES 约束中的列。

⑤ 用于 CHECK 或 UNIQUE 约束中的列。但是，允许更改用于 CHECK 或 UNIQUE 约束中的长度可变的列的长度。

⑥ 与默认定义关联的列。但是，如果不更改数据类型，则可以更改列的长度、精度或小数位数。

某些数据类型的更改可能导致数据的更改。例如，如果将 nchar 或 nvarchar 列改为 char 或 varchar，则可能导致转换扩展字符。降低列的精度或减少小数位数可能导致数据截断。

（3）column_name：要更改、添加或删除列的名称。

（4）[type_schema_name.]type_name：更改后列的新数据类型或添加列的数据类型。

更改后的列的 type_name 应符合条件：以前的数据类型必须可以隐式转换为新数据类型。

（5）Precision：指定的数据类型的精度。

（6）scale：是指定数据类型的小数位数。

（7）Max：仅应用于 varchar、nvarchar 和 varbinary 数据类型，以便存储 $2^{-31}-1$ 个字节的字符、二进制数据和 Unicode 数据。

（8）xml_schema_collection：仅应用于 xml 数据类型，以便将 XML 架构与类型相关联。在架构集合中键入 xml 列之前，必须首先使用 CREATE XML SCHEMA COLLECTION 在数据库中创建架构集合。

（9）COLLATE ＜ collation_name ＞：指定更改后的列的新排序规则。如果未指定，则为该列分配数据库的默认排序规则。排序规则名称既可以是 Windows 排序规则名称，也可以是 SQL 排序规则名称。

（10）NULL|NOT NULL：指定列是否可接受空值。如果列不允许空值，则只有在指定了默认值或表为空的情况下，才能用 ALTER TABLE 语句添加该列。

（11）[{ADD|DROP}ROWGUIDCOL]：在指定列中添加或删除 ROWGUIDCOL 属性。

（12）[{ADD|DROP}PERSISTED]：在指定列中添加或删除 PERSISTED 属性。该列必须是由确定性表达式定义的计算列。对于指定为 PERSISTED 的列，数据库引擎将以物理方式在表中存储计算值；并且，当更新了计算列依赖的任何其他列时，这些值也将被更新。通过将计算列标记为 PERSISTED，可以对确定（但不精确）的表达式中定义的计算列创建索引。

（13）DROP NOT FOR REPLICATION：指定当复制代理执行插入操作时，标识列中的值将增加。只有当 column_name 是标识列时，才可以指定此子句。

（14）ADD：指定添加一个或多个列定义、计算列定义或者表约束。

（15）DROP{[CONSTRAINT]constraint_name|COLUMN column_name}：

指定从表中删除 constraint_name 或 column_name。可以列出多个列或约束。可通过查询 sys. check_constraint、sys. default_constraints、sys. key_constraints 和 sys. foreign_keys 目录视图来确定约束的用户定义名称或系统提供的名称。

无法删除以下列：用于索引的列；用于 CHECK、FOREIGN KEY、UNIQUE 或 PRIMARY KEY 约束的列；与默认值（由 DEFAULT 关键字定义）相关联的列，或绑定到默认对象的列；绑定到规则的列。

（16）{CHECK|NOCHECK}CONSTRAINT：指定启用或禁用 constraint_name。此选项只能与 FOREIGN KEY 和 CHECK 约束一起使用。如果指定了 NOCHECK，则将禁用约束，从而在将来插入或更新列时，不根据约束条件进行验证。无法禁用 DEFAULT、PRIMARY KEY 和 UNIQUE 约束。

（17）ALL：指定使用 NOCHECK 选项禁用所有约束，或者使用 CHECK 选项启用所有约束。

（18）{ENABLE|DISABLE}TRIGGER：指定启用或禁用 trigger_name。禁用触发器时，仍会为表定义该触发器；但是，当对表执行 INSERT、UPDATE 或 DELETE 语句时，除非重

新启用触发器,否则不会执行触发器中的操作。

(19) ALL:指定启用或禁用表中的所有触发器。

(20) trigger_name:指定要启用或禁用的触发器的名称。

【例 4.4】 对学生表 student 的结构进行以下修改:

(1) 添加新列:添加一个存放 QQ 号的列,允许空值而且没有通过 DEFAULT 定义提供的值。在该新列中,每一行都将有 NULL 值。

```
USE JXDB
ALTER TABLEstudent ADD QQ VARCHAR(9) NULL;
EXEC sp_help student;          —查看 student 表结构
```

(2) 删除列:删除"相片"列。

```
ALTER TABLEstudent DROP COLUMN 相片;
```

(3) 更改列的数据类型:将 QQ 列的数据类型由 VARCHAR(9)改为 CHAR(9)。

```
ALTER TABLEstudent ALTER COLUMN QQ  CHAR(9);
```

(4) 添加包含约束的列:添加一个存放电话的列,并进行 UNIQUE 约束。

```
ALTER TABLEstudent ADD 电话 VARCHAR(11)
         CONSTRAINT UQ 电话 UNIQUE;
```

(5) 在现有列中添加一个未经验证的 CHECK 约束:出生日期只能是 1990 年后。

该列包含一个违反约束的值。因此,将使用 WITH NOCHECK 以避免根据现有行验证该约束,从而允许添加该约束。

```
ALTER TABLEstudent WITH NOCHECK
        ADD CONSTRAINTCK 生日  CHECK (year(生日)>=1990);
```

(6) 在现有列中添加一个 DEFAULT 约束:电话默认值为'02787881666'。

```
ALTER TABLE student
       ADD CONSTRAINT  DF 电话 DEFAULT '02787881666' FOR 电话;
```

(7) 删除 CHECK 约束:删除对 student 表"身高"字段名为"CK 身高"的约束。

```
USE JXDB;
IF OBJECT_ID('CK 身高','C')  IS  NOT  NULL
     ALTER  TABLE  student  DROP  CONSTRAINT  CK 身高;
```

(8) 禁用和重新启用约束。ALTER TABLE 与 NOCHECK CONSTRAINT 配合使用可禁用某约束,从而允许执行通常会违反该约束的插入操作;CHECK CONSTRAINT 将重新启用该约束。本题首先禁用 student 表中的性别约束"CK 性别";然后重新启用该约束。

```
ALTER TABLE student NOCHECK CONSTRAINT CK 性别;     —禁用约束 CK 性别
ALTER TABLE student CHECK CONSTRAINT CK 性别;       —重新启用约束 CK 性别
```

(9) 禁用和重新启用触发器:使用 ALTER TABLE 的 DISABLE TRIGGER 选项禁用触发器,以允许执行通常会违反此触发器的插入操作。使用 ENABLE TRIGGER 重新启用触发器。

```
ALTER TABLE dbo.student DISABLE TRIGGER trig1;     —禁用触发器 trig1
ALTER TABLE dbo.student  ENABLE TRIGGER trig1;     —重新启用触发器 trig1
```

4.2.2 使用 DROP TABLE 语句删除表

DROP TABLE 语句语法:

```
DROP TABLE[database_name.[schema_name].|schema_name.]
        table_name[,…n][;]
```

功能:删除一个或多个表定义,以及这些表的所有数据、索引、触发器、约束和指定的权限。任何引用已删除表的视图或存储过程都必须使用 DROP VIEW 或 DROP PROCEDURE 显式删除。

【例 4.5】 删除表 student。

```
USE JXDB;
if exists (select name from sysobjects  where name='student' and type='U')
    DROP  TABLE  student;
```

4.2.3　数据库关系图

【例 4.6】 为教学数据库 JXDB 建立关系图"JXDB 关系图"。

(1) 启动 SQL Server Management Studio。展开"数据库",展开数据库"JXDB"。右击"数据库关系图",在弹出的菜单中,单击"新建数据库关系图"。打开如图 4-1 所示窗口。

图 4-1　"数据库"窗口

(2) 如图 4-2 所示,单击"是"按钮,打开如图 4-3 所示的"添加表"窗口。

图 4-2　是否创建数据库关系图窗口

(3) 依次将要建立关系的表选定,然后按"添加"按钮,一一添加到"SQL Server Management Studio"窗口。添加完毕,单击"关闭"按钮。

(4) 通过适当调整位置,单击"保存"按钮,打开如图 4-4 所示的"选择名称"界面。

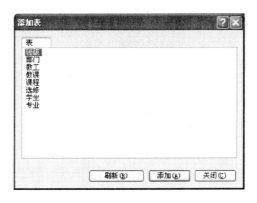

图 4-3　"添加表"窗口　　　　　　　　图 4-4　"选择名称"界面

（5）在"输入关系图名称"文本框中输入关系图名"JXDB 关系图"，单击"确定"按钮，可得到如图 4-5 所示的教学数据库 JXDB 关系图。

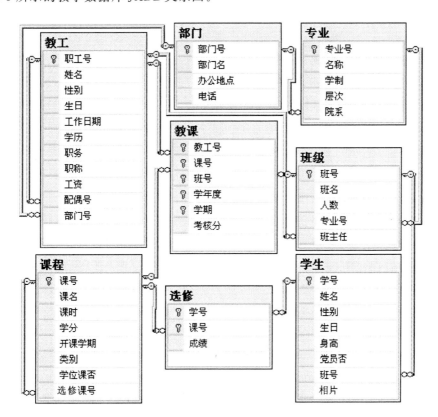

图 4-5　教学数据库 JXDB 关系图

4.3　使用界面方法编辑表结构及数据

使用 T-SQL 语言建立、修改和删除表结构要掌握烦琐的语法。SQL Server 提供了使用界面建立表结构的方法，该方法具有直观、易用的优点。本节介绍使用界面方法编辑表结构和表中数据的方法。

4.3.1　建立表结构

【例 4.6】　按表 4-6 使用界面方法在 JXDB 数据库中建立 student 表结构。

（1）启动 SQL Server Management Studio，展开"数据库"，展开"JXDB"，右击"表"，单击"新建表"，打开表结构编辑窗口，如图 4-6 表示。

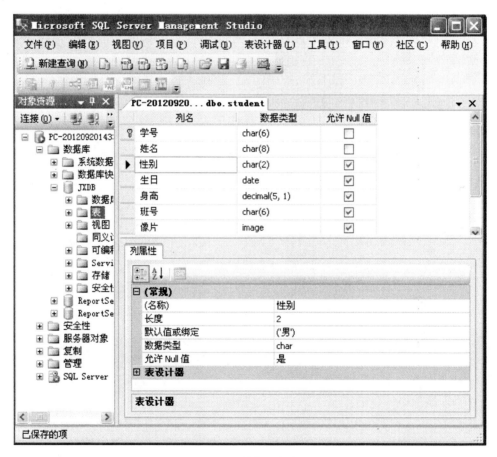

图 4-6　表结构编辑窗口

（2）按表 4-6 依次输入列名、数据类型、允许 Null 值，为每列设置列属性。

完整性约束条件设置方法如下。

① 设置主键约束：单击要设置为主键的列，单击菜单栏中的"表设计器"，选择"设置主键"命令，或直接单击工具栏"设置主键"按钮。

② 设置 CHECK 约束：单击要设置 CHECK 约束的列，单击菜单栏中的"表设计器"，选择

"CHECK 约束"命令,或直接单击工具栏"管理 CHECK 约束"按钮,打开"CHECK 约束"窗口,如图 4-7 所示。单击"添加"按钮,单击"常规"文本框右边的按钮,打开"CHECK 约束表达式"窗口,如图 4-8 所示。在表达式文本框中输入<约束表达式>,单击"确定"按钮。单击 CHECK 约束窗口中的"关闭"按钮。

如"性别"列的 CHECK 约束表达式为:性别 in('男','女')

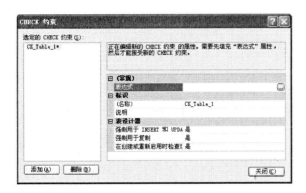 

图 4-7 "CHECK 约束"窗口 　　　　　图 4-8 "CHECK 约束表达式"窗口

③ 设置外键约束:单击"班号"列,单击菜单栏中的"表设计器",选择"关系"命令,或直接单击工具栏"关系"按钮,打开"外键关系"窗口,单击"添加"按钮,单击"表和列规范"文本框右边的按钮,打开"表和列"窗口,如图 4-9 所示。在主键表文本框中选择"班级",主键列名选择"班号";在外键表文本框中选择"student",外键列名选择"班号",单击"确定"按钮。单击"外键关系"窗口中的"关闭"按钮。

(3)所有列输入完毕,单击"保存"按钮,打开"选择名称"界面,如图 4-10 所示。

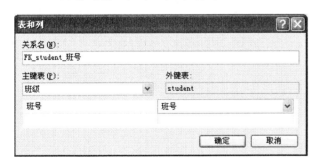  

图 4-9 "表和列"窗口 　　　　　图 4-10 "选择名称"界面

(4)在输入表名称文本框中输入表名 student,单击"确定"按钮。

4.3.2 修改表结构

【例 4.7】 修改 student 表结构,为"身高"列设置 CHECK 约束,约束表达式为:身高 between 100 and 250。

(1)启动 SQL Server Management Studio,展开"数据库",展开"JXDB",展开"表",右击表"student",单击"设计",打开表编辑窗口,如图 4-6 所示。

(2)按上述的操作方法设置 CHECK 约束,结果如图 4-11 所示。

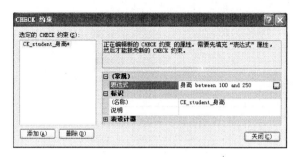

图 4-11 "CHECK 约束"窗口

4.3.3 编辑表数据

【例 4.8】 对 student 表中的数据进行插入、修改与删除操作。

（1）启动 SQL Server Management Studio，展开"数据库"，展开"JXDB"，展开"表"，右击表"student"，单击"编辑前 200 行"，打开表编辑窗口，如图 4-12 所示。

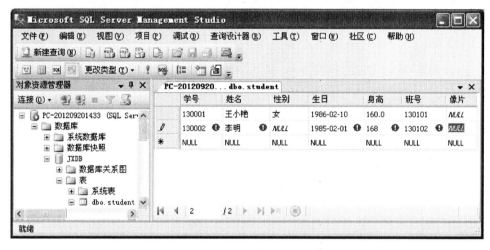

图 4-12 表编辑窗口

（2）输入或修改数据。表编辑窗口最左列称为记录定位器（又称为行选定器）。

若要删除记录，将鼠标移到行选定器，选定要删除的记录。在行选定器中向上或向下拖拽鼠标可选定连续的记录。要删除的记录选定后，按下 Delete 键，打开删除记录确认界面，如图 4-13 所示。单击"确定"按钮，便永久删除选定的记录。

图 4-13 删除记录确认界面

（3）数据编辑完毕，单击"关闭"按钮，数据存盘，退出表编辑窗口。

第5章 查询与更新

数据结构、数据操作和完整性约束条件是组成数据模型的三要素。数据操作(又称为数据运算)就是对数据库中的数据进行查询与更新。实现关系数据库操作的语言称为关系数据库语言,分为关系代数语言、关系演算语言和结构化查询语言(Structured Query Language, SQL)等3种。

本章介绍关系代数语言、SQL 中数据查询语句 SELECT 的各种应用,以及数据插入 INSERT、修改 UPDATE 和删除 DELETE 语句的语法与应用。

5.1 关 系 代 数

运算对象、运算符、运算结果是运算(即操作)的三要素。关系运算的运算对象及运算结果均为关系,而关系是一个集合,所以关系操作的特点是集合操作方式。

用对关系的运算来表达查询要求的语言称为关系代数语言。关系代数具有集合运算符、专门的关系运算符、比较运算符和逻辑运算符 4 类,如表 5-1 所示。

表 5-1 关系代数运算符

运算符		含义	运算符		含义
集合运算符	∪	并	比较运算符	>	大于
	−	差		≥	大于等于
	∩	交		<	小于
	×	笛卡儿积		≤	小于等于
				=	等于
				<>	不等于
专门的关系运算符	σ	选择	逻辑运算符	¬	非
	π	投影		∧	与
	∞	连接		∨	或
	÷	除			

5.1.1 传统的集合运算

若一个运算要求参与运算对象的个数为 n,则称该运算为 n 目运算。传统的集合运算包括并、差、交、笛卡儿积四种,均是二目运算。

设 R 和 S 为两个关系,t 是元组变量,$t \in R$ 表示 t 是 R 的一个元组。

只有当 R、S 具有相同的目 n(即两个关系都有 n 个属性)且相应的属性取自同一个域时,R 和 S 才能进行并、差、交运算。

1. 并(Union)

关系 R 和关系 S 的并记为

$$R \cup S = \{t \mid t \in R \lor t \in S\}$$

其结果仍为 n 目关系,由属于 R 或属于 S 的元组组成。

2. 差(Difference)

关系 R 和关系 S 的差记为

$$R - S = \{t \mid t \in R \land t \notin S\}$$

其结果仍为 n 目关系,由属于 R 而不属于 S 的所有元组组成。

3. 交(Intersection)

关系 R 和关系 S 的交记为

$$R \cap S = \{t \mid t \in R \land t \in S\}$$
$$R \cap S = R - (R - S)$$

其结果仍为 n 目关系,由既属于 R 又属于 S 的元组组成。

4. 笛卡儿积(Cartesian Product)

严格地讲,应该是广义的笛卡儿积(Extended Cartesian Product)。

设关系 R 为 n 目关系,K_1 个元组;关系 S 为 m 目关系,K_2 个元组。

关系 R 和关系 S 的笛卡儿积记为

$$R \times S = \{\text{tr} \frown \text{ts} \mid \text{tr} \in R \land \text{ts} \in S\}$$

其结果为每个元组 $n + m$ 列共 $K_1 \times K_2$ 个元组的集合,每个元组的前 n 列是关系 R 的一个元组,后 m 列是关系 S 的一个元组。

5.1.2 专门的关系运算

专门的关系运算包括选择、投影、连接和除四种运算。其中选择、投影是一目运算,连接、除是二目运算。

1. 表示关系运算符的几个记号

(1) $t[A_i]$:设关系模式为 $R(A_1, A_2, \cdots, A_n)$。它的一个关系设为 R。$t \in R$ 表示 t 是 R 的一个元组。$t[A_i]$ 则表示元组 t 中相应于属性 A_i 的一个分量。

(2) $t[A]$:若 $A = \{A_{i_1}, A_{i_2}, \cdots, A_{i_k}\}$,其中 $A_{i_1}, A_{i_2}, \cdots, A_{i_k}$ 是 $A_1, A_2, \cdots, A_n$ 中的一部分,则 A 称为属性列或属性组。$t[A] = (t[A_{i_1}], t[A_{i_2}], \cdots, t[A_{i_k}])$ 表示元组 t 在属性列 A 上诸分量的集合。

(3) $\text{tr} \frown \text{ts}$:设 R 为 n 目关系,S 为 m 目关系,$\text{tr} \in R$,$\text{ts} \in S$,$\text{tr} \frown \text{ts}$ 称为元组的连接。

$\text{tr} \frown \text{ts}$ 是一个 $n + m$ 列的元组,前 n 个分量为 R 中的一个 n 元组,后 m 个分量为 S 中的一个 m 元组。

(4) 象集 Z_X:给定一个关系 $R(X, Z)$,X 和 Z 为属性组。

当 $t[X] = x$ 时,x 在 R 中的象集(Images Set)为

$$Z_X = \{t[Z] \mid t \in R, t[X] = x\}$$

它表示 R 中属性组 X 上值为 x 的诸元组在 Z 上分量的集合。

例如,图 1-5 教学数据库"JXDB"中的关系:选修(学号,课号,成绩),

令属性组 $X = \{$学号$\}$,属性组 $Z = \{$课号,成绩$\}$,则

130001 在"选修"中的象集 $Z_{130001} = \{(1,92),(2,85),(3,99),(4,78)\}$

130002 在"选修"中的象集 $Z_{130002} = \{(2,36),(3,98)\}$

130003 在"选修"中的象集 $Z_{130003} = \{(3,35)\}$

2. 专门的关系运算

1) 选择（Selection）

对关系 R 作选择运算，是在关系 R 中选择满足给定条件的诸元组，记为

$$\sigma_F(R) = \{t \mid t \in R \wedge F(t) \text{为真}\}$$

其中 F 是选择条件，是一个逻辑表达式，取逻辑值"真"或"假"。

选择运算是从关系 R 中选取使逻辑表达式 F 的值为"真"的元组，是从行的角度进行的运算。

逻辑表达式基本形式为：$X_1 \theta Y_1$　　其中 θ 为比较运算符。

【例 5.1】　查询 130102 班全体学生。

解：　　$\sigma_{\text{班号}="130102"}(\text{学生})$　　或　　$\sigma_{6="130102"}(\text{学生})$

【例 5.2】　查询身高 175 cm 以上的男生。

解：　$\sigma_{\text{身高}\geqslant 175 \wedge \text{性别}="男"}(\text{学生})$　　或　　$\sigma_{5 \geqslant 175 \wedge 3="男"}(\text{学生})$

2) 投影（Projection）

对关系 R 作投影运算，是从关系 R 中选择出若干属性列组成新的关系，记为

$$\pi_A(R) = \{t[A] \mid t \in R\}$$

其中 A 是关系 R 中属性集的子集。

投影操作主要是从列的角度进行运算，但投影之后不仅取消了原关系中的某些列，而且还可能取消某些元组（避免重复行）。

试问，在 S 表的性别上投影后得到几行几列的表？

【例 5.3】　查询学生的姓名和性别。

解：　　$\pi_{\text{姓名,性别}}(\text{学生})$　　　　或　　　　$\pi_{2,3}(\text{学生})$

3) 连接（Join）

连接运算包括基本连接运算和扩允的连接运算。

其中，基本连接包括 θ 连接、等值连接和自然连接。

扩允连接包括外连接、左外连接、右外连接、外部并和半连接。

（1）基本连接运算。

① θ 连接（又称条件连接）。

θ 连接从两个关系的笛卡儿积中选取属性间满足一定条件的元组，记为

$$R \underset{A\theta B}{\infty} S = \{\text{tr} \frown \text{ts} \mid \text{tr} \in R \wedge \text{ts} \in S \wedge \text{tr}[A]\theta\text{ts}[B]\}$$

其中，A 和 B 分别为 R 和 S 上度数相等且可比的属性组，θ 为比较运算符。

连接运算从 R 和 S 的广义笛卡儿积 $R \times S$ 中选取 R 关系在 A 属性组上的值与 S 关系在 B 属性组上值满足比较关系 θ 的元组。

② 等值连接（equi join）。

θ 为"＝"的连接运算称为等值连接。

等值连接是从关系 R 与 S 的广义笛卡儿积中选取 A、B 属性值相等的那些元组，即等值连接为

$$R \underset{A=B}{\infty} S = \{\widehat{tr\,ts} \mid tr \in R \wedge ts \in S \wedge tr[A] = ts[B]\}$$

等值连接是特殊的 θ 连接。

③ 自然连接（Natural join）。

关系 R 与 S 的自然连接是在 R 与 S 的公共属性上进行等值连接，并把结果中重复的属性列去掉。

若 R 和 S 具有相同的属性组 B，则 R 与 S 的自然连接记为

$$R \infty S = \{\widehat{tr\,ts} \mid tr \in R \wedge ts \in S \wedge tr[B] = ts[B] \wedge 去掉重复的属性列\}$$

若 R 和 S 没有相同的属性，则 R 与 S 的自然连接结果是 R 与 S 的笛卡儿积中去掉重复的属性列。

一般的连接操作是从行的角度进行运算。自然连接还需要取消重复列，所以是同时从行和列的角度进行运算。

【例 5.4】 关系 R 和关系 S 如图 5-1(a)、(b)所示，图 5-1 (c)、(d)分别为 θ 连接 $R \underset{C<D}{\infty} S$ 和 $R \underset{(A,B)\geqslant(C,D)}{\infty} S$ 的结果，元组比较操作 $(A,B) \geqslant (C,D)$ 其意义等价于：$(A>C) \vee ((A=C) \wedge (B \geqslant D))$。

图 5-1(e)为等值连接 $R \underset{A=C}{\infty} S$ 的结果，(f)为自然连接 $R \infty S$ 的结果。

A	B	C
e	f	g
m	a	d
d	b	c

(a) 关系 R

B	C	D
e	f	c
a	d	g
d	e	g
a	d	a

(b) 关系 S

A	R.B	R.C	S.B	S.C	D
m	a	d	a	d	g
m	a	d	d	e	g
d	b	c	a	d	g
d	b	c	d	e	g

(c) θ 连接 $R \underset{C<D}{\infty} S$

A	R.B	R.C	S.B	S.C	D
e	f	g	a	d	g
e	f	g	a	d	a
m	a	d	e	f	c
m	a	d	a	d	g
m	a	d	d	e	g
m	a	d	a	d	a
d	b	c	a	d	a

(d) θ 连接 $R \underset{(A,B)\geqslant(C,D)}{\infty} S$

A	R.B	R.C	S.B	S.C	D
e	f	g	d	e	g
d	b	c	a	d	g
d	b	c	a	d	a

(e) 等值连接 $R \underset{A=C}{\infty} S$

A	B	C	D
m	a	d	g
m	a	d	a

(f) 自然连接 $R \infty S$

A	B	C	D
m	a	d	g
m	a	d	a
e	f	g	NULL
d	b	c	NULL

(g) 左外连接

A	B	C	D
m	a	d	g
m	a	d	a
NULL	e	f	c
NULL	d	e	g

(h) 右外连接

A	B	C	D
m	a	d	g
m	a	d	a
e	f	g	NULL
d	b	c	NULL
NULL	e	f	c
NULL	d	e	g

(i) 外连接

A	B	C	D
e	f	g	NULL
m	a	d	NULL
d	b	c	NULL
NULL	e	f	c
NULL	a	d	g
NULL	d	e	g
NULL	a	d	a

(j) 外部并

A	B	C
m	a	d
m	a	d

(k) 半连接 $R \infty S$

B	C	D
a	d	g
a	d	a

(l) S 与 R 的半连接

图 5-1 连接运算举例

（2）扩允的连接运算。

为了在关系代数操作时，多保存一些信息，就引进了"外连接"和"外部并"两种操作。

① 左外连接（Left outer join 或 Left join）。

关系 R 和 S 做自然连接时，如果只把左边关系 R 中因连接条件不成立而舍弃的元组保存在结果关系中，而在其他属性上填空值（Null），这种连接叫做左外连接。

② 右外连接（Right outer join 或 Right join）。

关系 R 和 S 做自然连接时，如果只把右边关系 S 中因连接条件不成立而舍弃的元组保存在结果关系中，而在其他属性上填空值（Null），这种连接叫做右外连接。

③ 外连接（Outer join）。

关系 R 和 S 做自然连接时，把因连接条件不成立而舍弃的 R 和 S 中的元组都保存在结果关系中，而在其他属性上填空值（Null），这种连接叫做外连接。

④ 外部并（Outer union）。

前面定义两个关系的并操作时，要求 R 和 S 具有相同的关系模式。

设 R 和 S 是两个不同的关系模式，构成的新关系的属性由 R 和 S 的属性组成（公共属性只取一次），新关系的元组由属于 R 或属于 S 的元组构成，此时元组应在新增加的属性上填上空值 NULL，这种操作叫做外部并。

⑤ 半连接（Semi join）。

关系 R 与 S 的自然连接在关系 R 的属性集上的投影称为关系 R 与 S 的半连接，记为 $R \ltimes S$。

关系 S 与 R 的自然连接在关系 S 的属性集上的投影称为关系 S 与 R 的半连接，记为 $S \ltimes R$。

图 5-1(g) 为左外连接的结果；图 5-1(h) 为右外连接的结果；图 5-1(i) 为外连接的结果；图 5-1(j) 为外部并的结果图；5-1(k) 为 R 与 S 的半连接的结果；图 5-1(l) 为 S 与 R 的半连接的结果。

4）除（Division）。

给定关系 $R(X,Y)$ 和 $S(Y,Z)$，其中 X,Y,Z 为属性组，R 中的 Y 与 S 中的 Y 可以有不同的属性名，但必须出自相同的域集。R 与 S 的除运算得到一个新的关系 $P(X)$，P 是 R 中满足下列条件的元组在 X 属性列上的投影：元组在 X 上分量值 x 的象集 Y_x 包含 S 在 Y 上投影的集合，记为

$$R \div S = \{ \mathrm{tr}[X] \mid \mathrm{tr} \in R \land Y_X \supseteq \pi_Y(S) \}$$

$$Y_X \text{ 为 } x \text{ 在 } R \text{ 中的象集}, x = \mathrm{tr}[X]$$

除操作是同时从行和列角度进行运算。

【例 5.5】　设关系 R、S 分别为图 5-2 中的(a)和(b)，求 $R \div S$。

A	B	C	D
a1	b1	c1	d1
a2	b2	c2	d2
a1	b2	c1	d2
a2	b1	c2	d1
a1	b4	c1	d4
a3	b2	c3	d2

B	E	D	F
b1	1	d1	3
b2	2	d2	2
b1	2	d1	2

A	C
a1	c1
a2	c2

(a) 关系 R　　　　　　　(b) 关系 S　　　　　　(c) $R \div S$

图 5-2　除运算举例

解：这里 $X=\{A,C\}$　$Y=\{B,D\}$　$Z=\{E,F\}$

$\pi_Y(S)=\{(b_1,d_1),(b_2,d_2)\}$如表 5-2 所示。

表 5-2　$\pi_Y(S)$

B	D
b1	d1
b2	d2

在关系 R 中，X 可以取三个值，即 $tr[X]=\{(a_1,c_1),(a_2,c_2),(a_3,c_3)\}$

$(a1,c1)$ 的象集为 $Y_{(a1,c1)}=\{(b_1,d_1),(b_2,d_2),(b_4,d_4)\}\supseteq\pi_Y(S)$

$(a2,c2)$ 的象集为 $Y_{(a2,c2)}=\{(b_1,d_1),(b_2,d_2)\}\supseteq\pi_Y(S)$

$(a3,c3)$ 的象集为 $Y_{(a3,c3)}=\{(b_2,d_2)\}$不包含 $\pi_Y(S)$

∴　$R\div S$ 的结果为图 5-2（c）。

并、差、笛卡儿积、选择、投影是 5 种基本运算，称为关系运算完备集。交、连接、除可由这 5 种基本运算等价代替，引进它们并不增加语言的能力，但可以简化表达。

关系代数操作可实现把若干关系连接成一个大表，也可将一个大表通过投影和选择的纵横切割拆分成若干小表，例如，在 $R\infty S$ 上投影可还原 R 和 S。此例说明，若干局部模式可整合成模式，模式也可抽取出各局部模式。关系代数运算体现了他们之间的映射。

关系代数运算经有限次复合后形成的式子称为关系代数表达式。

5.1.3　关系代数综合举例

下面将以图 1-5 中的教学数据库"JXDB"为例，为以下各个查询写出关系代数表达式。

【例 5.6】　查询选修了 3 号课程的学生的学号。

解：　　　$\pi_{学号}(\sigma_{课号='3'}(选修))$

【例 5.7】　查询选修了 2 号课程的学生学号与姓名。

解：方法 1　先连接后选择再投影　$\pi_{学号,姓名}(\sigma_{课号='2'}(学生\infty 选修))$

方法 2　先选择后连接再投影　$\pi_{学号,姓名}(\sigma_{课号='2'}(选修)\infty学生)$

关系代数表达式可不同，结果相同，但查询效率不同，为使查询效率高，可先投影和选择，再连接，这样可使连接的记录最少。方法 2 比方法 1 查询效率高。

关系 R 与 R 的连接称为自身连接。

【例 5.8】　查询每门课程的间接选修课（即选修课的选修课）。

分析：如图 5-3（a）、（b）为同一张课程表。分别命名为课程 1、课程 2 以示区分，将它们首先按条件"课程 1.选修课号=课程 2.课号"作等值连接，然后在第 1 列与第 16 列上作投影运

课号	课名	课时	学分	开课学期	类别	学位课否	先修课号	课号	课名	课时	学分	开课学期	类别	学位课否	先修课号
1	离散数学	72	4	1	必修	True	NULL	1	离散数学	72	4	1	必修	True	NULL
2	计算机导论	36	2	1	必修	False	NULL	2	计算机导论	36	2	1	必修	False	NULL
3	c语言	72	4	2	必修	True	2	3	c语言	72	4	2	必修	True	2
4	数据结构	99	5	3	必修	True	3	4	数据结构	99	5	3	必修	True	3
5	操作系统	72	4	4	必修	True	4	5	操作系统	72	4	4	必修	True	4
6	数据库	72	4	4	必修	True	4	6	数据库	72	4	4	必修	True	4
7	中国近代史	18	1	4	限选	False	NULL	7	中国近代史	18	1	4	限选	False	NULL
8	生理卫生	18	1	4	任选	False	NULL	8	生理卫生	18	1	4	任选	False	NULL

(a) 课程1　　　　　　　　　　　　　　　　(b) 课程2

图 5-3　课程表

算即为所求的结果。查询结果如图 5-4 所示。

课号	间接选修课号
3	NULL
4	2
5	3
6	3

解：关系代数表达式为：$\pi_{1,16}$（课程 $\underset{8=1}{\infty}$ 课程）

【例 5.9】　查询所有双职工。输出：丈夫编号、丈夫姓名、妻子编号和妻子姓名。

图 5-4　每门课程的间接选修课

解：$\pi_{1,2,3,4}$（$\pi_{职工号,姓名}$（$\sigma_{性别='男'}$（教工））$\underset{1=3}{\infty}$ $\pi_{职工号,姓名,配偶号}$（$\sigma_{性别='女'}$（教工）））

【例 5.10】　查询至少选修 2 号课程和 3 号课程的学生号码。

解：首先求 2 号和 3 号课程的课号：

课号
2
3

$K=\pi_{课号}$（$\sigma_{课号='2'\lor 课号='3'}$（课程））$=\{2,3\}$

然后求：$\pi_{学号,课号}$（选修）$\div K$

这里，投影 $\pi_{学号,课号}$（选修）$=M$ 去掉成绩，使商（结果）值只含有属性学号。

130001 在 M 中的象集为 $\{课号\}_{130001}=\{1,2,3,4\}\supseteq K$；

130002 在 M 中的象集为 $\{课号\}_{130002}=\{2,3\}\supseteq K$；

130003 在 M 中的象集为 $\{课号\}_{130003}=\{3\}$ 不包含 K。

于是：$\pi_{学号,课号}$（选修）$\div K=\{130001,130002\}$

所求的关系代数表达式为：$\pi_{学号,课号}$（选修）$\div \pi_{课号}$（$\sigma_{课号='2'\lor 课号='3'}$（课程））

【例 5.11】　查询选修了全部课程的学生号码和姓名。

解：$\pi_{学号,课号}$（选修）$\div \pi_{课号}$（课程）$\infty \pi_{学号,姓名}$（学生）

【例 5.12】　半连接应用举例。

(1) 查询选修了课程的学生；(2) 查询没有学生选修的课程。

解：(1) 学生 ∞ 选修

(2) 课程 $-$（课程∞选修）

【例 5.13】　简单的增（插入）、删、改操作。

(1) 在"选修"关系中增加元组（"130001"，"5"，90）；

(2) 学号=130001 的学生退学了，请在"学生"和"选修"中删除该学生信息；

(3) 将"选修"关系中学号="130003"且课号="3"的学生成绩改为 90。

解：(1) 插入操作用并运算（$\bigcup$）实现。

设新增加元组为集合 $T=\{$（"130001"，"5"，90）$\}$，则关系代数表达式为

$$选修 \bigcup T$$

(2) 删除操作用差运算（$-$）实现。

关系代数表达式分别为

$$学生 -（\sigma_{学号='130001'}（学生）），选修 -（\sigma_{学号='130001'}（选修））$$

(3) 修改操作可分解为先删除，再插入。

删除操作表达式为

$$选修-（\sigma_{学号='130003'\land 课号='3'}（选修））$$

设修改后的元组为 $T=\{$（"130003"，"3"，90）$\}$，插入，最后的关系代数表达式为

$$选修-（\sigma_{学号="130003"\land 课号="3"}（选修））\bigcup T$$

对复杂的运算可分步写出每一步的式子，再最后合成一个关系代数表达式。

5.2　单表查询

查询数据只涉及一个表的查询称为单表查询。单表查询较为简单,是复杂查询的基础。本节首先介绍 SELECT 语句的一般格式,然后从细微入手对其子句进行分解,各个击破以达到掌握 SELECT 语句的基本用法的目的。

查询语句 SELECT 的一般格式:

```
SELECT[ALL|DISTINCT][TOP expression[PERCENT][WITH TIES]]
 {* |{目标列表达式[[as]　列别名]|列别名＝目标列表达式}[,…n]}
     [INTO new_table]
     [FROM{<table_source>}[,…n]]
     [WHERE <search_condition>]
       [GROUP BY <column_expression>[,…n]]  [HAVING <search_condition>]
     [ORDER BY{order_by_expression|column_position[ASC|DESC]}  [,…n]]
```

5.2.1　投影列子句 SELECT

选择表中的全部列或部分列,实现关系代数的投影运算。

```
SELECT[ALL|DISTINCT][TOP expression[PERCENT][WITH TIES]]
    {* |{目标列表达式[[as]　列别名]|列别名＝目标列表达式}[,…n]}}
    [FROM{<table_source>}[,…n]]
```

参数说明:

(1) expression:指定返回行数的数值表达式。

(2) PERCENT:指示查询只返回结果集中前 expression ％ 的行。

(3) WITH TIES:指定从基本结果集中返回额外的行,对于 ORDER BY 列中指定的排序方式参数,这些额外的返回行的该参数值与 TOP n (PERCENT) 行中的最后一行的该参数值相同。只能在 SELECT 语句中且只有在指定 ORDER BY 子句之后,才能指定 TOP…WITH TIES。

(4) * 表示表中所有的列。

1. 查询表中的若干列

【例 5.14】 查询学生表。
```
SELECT *  FROM 学生
```
【例 5.15】 查询全体学生的姓名、学号、生日、身高。
```
SELECT 姓名,学号,生日,身高   FROM 学生
```
2. 限制结果集的返回行数

【例 5.16】 ①查询全体学生的学号和姓名,只返回前 3 行。

②查询全体学生的学号和姓名,只返回前 20％行。

③查询全体学生的选课记录,按课号升序排列。只返回前 5 行,若第 5 行之后还有与第 5 行课号相同的行则返回这些额外行。
```
SELECT  TOP  3  学号,姓名  FROM 学生;
SELECT  TOP  20 percent 学号,姓名  FROM 学生;
SELECT  TOP  5  WITH TIES *   FROM 选修   ORDER BY 课号;
```

3. 用 DISTINCT 消除结果表中取值重复的行

【例 5.17】 查询全体学生的姓名和身高。

```
SELECT 姓名,身高  FROM 学生     —默认为 ALL
```

等价于：

```
SELECT ALL 姓名,身高  FROM 学生   —结果表中保留取值重复的行
   —去掉结果表中取值重复的行
SELECT DISTINCT 姓名,身高  FROM 学生
```

注意：DISTINCT 短语的作用范围是所有目标列。

错误的写法：

```
SELECT DISTINCT 姓名,DISTINCT 身高  FROM 学生
```

4. 使用列别名改变查询结果中的列标题

【例 5.18】 查询全体学生的学号、姓名、性别、生日,要求用英文替换中文列名。

```
SELECT 学号 sno,姓名 name,性别 as sex,birthday= 生日
FROM 学生
```

列名的别名可用 3 种格式表示。如"姓名"的别名为 name,表示方法如下。

格式 1：姓名 name　　　　　格式 2：姓名 as　name　　　　　格式 3：name＝姓名

5. 查询计算表达式值的列

【例 5.19】 查询全体教工的职工号、姓名、性别、出生年份、工资的 1.2 倍。并将职工号、姓名两列合并为一列："编号与姓名"。

```
SELECT 编号与姓名= 职工号+ 姓名,性别,year(生日) 出生年份,
      工资*1.2 as[1.2 倍工资]
FROM 教工
```

【例 5.20】 查询全体学生的学号、姓名、性别、年龄。对于性别,若是'男'则显示'男生',若是'女'则显示 '女生',其他显示空串。

```
SELECT 学号,姓名,性别=case 性别
                    when '男' then '男生'
                    when '女' then '女生'
                    else ''
                 end,
      年龄=dbo.getflooryear (生日,GETDATE())  —getflooryear 为自定义函数
   FROM 学生
```

【例 5.21】 对选修表按成绩的分数段显示 A、B、C、D、E 五个等级。

```
SELECT 学号,课号,成绩等级=CASE
                    When 成绩>=90 then  'A'
                    When 成绩>=80 then  'B'
                    When 成绩>=70 then  'C'
                    When 成绩>=60 then  'D'
                    Else 'E'
                 End
   FROM 选修
```

5.2.2　选择行子句 WHERE

语法：[WHERE ＜search_condition＞]

参数：search_condition 为逻辑表达式，定义要返回的行应满足的条件。对搜索条件中可以包含的谓词(逻辑运算符)数量没有限制。

语义：查询指定表中使＜逻辑表达式＞的值为真的行。

查询条件中常用的逻辑运算符如表 5-3 所示。

表 5-3 逻辑运算符

类型	逻辑运算符
比较运算	=,＞,＜,＞=,＜=,! =,＜＞,! ＞,! ＜
逻辑运算	NOT,AND,OR
确定范围	BETWEEN AND,NOT BETWEEN AND
属于集合	IN,NOT IN
字符匹配	LIKE,NOT LIKE
空值比较	IS NULL,IS NOT NULL
谓词运算	EXISTS,ALL,ANY,SOME

1. 使用比较运算符

【例 5.22】 查询全体教授的姓名。

```
SELECT 姓名
FROM 教工
WHERE 职称='教授'
```

【例 5.23】 查询工资在 2000 元及以上的教师姓名和工资。

```
SELECT 姓名,工资
FROM 教工
WHERE 工资>=2000
```

【例 5.24】 查询考试成绩有不及格的学生的学号。

```
SELECT distinct 学号
FROM 选修
WHERE 成绩<60
```

2. 使用逻辑运算符 not、and、or

【例 5.25】 查询身高 175 cm 以上的男生，以及 165 cm 以上的女生的学生学号、姓名、性别和身高。

```
SELECT 学号,姓名,性别,身高
FROM 学生
WHERE 身高>=175 AND 性别='男'  or  身高>=165 AND 性别='女'
```

3. 确定范围 between and

【例 5.26】 查询成绩在 70 至 80(包括 70 和 80)之间的学生选课记录。

```
SELECT *
FROM 选修
WHERE 成绩 BETWEEN 70 AND 90
```

【例 5.27】 查询不在 4 至 9 月份出生的学生学号、姓名和生日。

```
SELECT 学号,姓名,生日
```

```
FROM 学生
WHERE month(生日) NOT BETWEEN 4 AND 9
```

4. 属于集合 in

【例 5.28】　查询具有讲师(包括讲师、副教授、教授)以上职称教工的姓名、职称和工资。

```
SELECT 姓名,职称,工资
FROM 教工
WHERE 职称 in('讲师','副教授','教授')
```

【例 5.29】　查询不具有"讲师"、"副教授"和"教授"职称教工的姓名、职称和工资。

```
SELECT 姓名,职称,工资
FROM 教工
WHERE 职称 not in('讲师','副教授','教授')
```

5. 字符匹配 like

【例 5.30】　查询所有姓王的学生的学号、姓名和性别。

```
SELECT 学号,姓名,性别
FROM 学生
WHERE 姓名 LIKE '王%'
```

【例 5.31】　查询课名中不含"数"字的课号、课名和学分。

```
SELECT 课号,课名,学分
FROM 课程
WHERE 课名 NOT LIKE '%数%'
```

【例 5.32】　查询姓名中第 2 个字为"小"字的学生的学号、姓名和性别。

```
SELECT 学号,姓名,性别
FROM 学生
WHERE 姓名 LIKE '_小%'
```

【例 5.33】　查询学号中顺数第 2 个字符为"2",倒数第 1 个字符为{0,2,5,6,7,8}的学生的学号、姓名和性别。

```
SELECT 学号,姓名,性别
FROM 学生
WHERE 学号 LIKE '_2%['0','2',' 5'..'8']'
```

6. 空值比较 is null

【例 5.34】　查询缺少成绩的选课记录。

```
SELECT *
FROM 选修
WHERE 成绩 IS NULL
```

【例 5.35】　查询有选修课并且是学位课程的课号、课名。

```
SELECT 课号,课名
FROM 课程
WHERE 选修课 IS NOT NULL  AND 学位课否=1
```

5.2.3　查询结果排序子句 ORDER BY

【例 5.36】　查询选修了 2 号课程的学生的学号及其成绩,查询结果按分数降序排列。

```
SELECT 学号,成绩
```

```
FROM 选修
WHERE 课号='2'
ORDER BY 成绩 DESC
```

【例 5.37】 查询全体学生的班号、学号、姓名、性别、身高。查询结果依次按班号升序排列，按性别降序排列，按身高降序排列。

```
SELECT 班号,学号,姓名,性别,身高
FROM 学生
ORDER BY 班号,性别 DESC,身高 DESC
```

5.2.4　使用聚合函数汇总数据

【例 5.38】 查询教工总人数、总工资、平均工资、最高工资、最低工资。

```
SELECT count(* ) 总人数,sum(工资) 总工资,avg(工资) 平均工资,
            max(工资) 最高工资,min(工资) 最低工资
FROM 教工
```

【例 5.39】 查询选修了课程的学生人数。

```
SELECT COUNT(DISTINCT 学号) 选课人数
FROM 选修
```

注：用 DISTINCT 以避免重复计算学生人数。

【例 5.40】 查询 2 号课程的选课人数、平均成绩、最高分和最低分。

```
SELECT count(学号) 选修 2 号课人数,avg(成绩) 平均成绩,
            max(成绩) 最高分,min(成绩) 最低分
FROM 选修
WHERE 课号='2'
```

【例 5.41】 查询 12101 班女生的平均身高。

```
SELECT avg(身高) '12101 班女生平均身高'
FROM 学生
WHERE 班号='12101'  AND  性别='女'
```

5.2.5　分组汇总子句 GROUP BY

GROUP BY 子句用于对表或视图中的数据按列名的值分组，语法为

```
[GROUP BY[ALL]group_by_expression[,…n]
    [WITH{CUBE|ROLLUP}]
]
```

1. 使用 GROUP BY 子句的基本用法

【例 5.42】 统计各班级学生人数。

```
SELECT 班号,COUNT(班号) 人数
FROM 学生
GROUP BY 班号
```

【例 5.43】 统计各班级男女学生人数，并按班号升序排列。

```
SELECT 班号,性别,COUNT(班号) 人数
FROM 学生
GROUP BY 班号,性别
ORDER BY 班号
```

【例 5.44】 按出生年份分别统计学生人数,并按年份升序排列。

```
SELECT year(生日) 出生年份,COUNT(学号) 人数
FROM 学生
GROUP BY year(生日)
ORDER BY year(生日)
```

2. 带 WITH ROLLUP 或 WITH CUBE 的 GROUP BY 子句

【例 5.45】 统计各班级男女学生人数、各班人数和学生总人数。

```
SELECT 班号,性别,COUNT(班号) 人数
FROM 学生
GROUP BY 班号,性别
WITH ROLLUP
```

【例 5.46】 统计各班男生人数、男生总人数、各班女生人数、女生总人数、各班人数、学生总人数。

```
SELECT 班号,性别,COUNT(班号) 人数
FROM 学生
GROUP BY 班号,性别
WITH CUBE
```

5.2.6 选择组子句 HAVING

HAVING 子句只有当 GROUP BY 子句出现时才能出现。

【例 5.47】 查询选修了 2 门(含 2 门)以上课程的学生学号。

```
SELECT 学号
FROM 选修
GROUP BY 学号
HAVING   COUNT(*)>=2     —也可为:COUNT(课号)>=2
```

【例 5.48】 查询不及格课程超过 2 门(含 2 门)的学生学号。

```
SELECT 学号,COUNT(*)   不及格课程门数
FROM 选修
WHERE 成绩<60
GROUP BY 学号
HAVING COUNT(*)>=2
```

可以在包含 GROUP BY 子句的查询语句中使用 WHERE 子句。执行顺序是:先将满足 WHERE 子句给定条件的行筛选出来,再按 GROUP BY 子句指定的列进行分组。若在分组后还要按照一定的条件筛选组,则需使用 HAVING 子句。

注意:HAVING 子句与 WHERE 子句的区别如下:

(1) 作用对象不同。WHERE 子句作用于基表或视图,从中选择满足条件的元组,HAVING 子句作用于组,从中选择满足条件的组。

(2) WHERE 子句中的条件不能包含聚集函数,而 HAVING 子句可以包含聚集函数。

5.2.7 添加汇总行子句 COMPUTE BY

语法:[COMPUTE{聚合函数}[,…n]   [BY expression[,…n]]]

功能:生成合计作为附加的汇总列出现在结果集的最后。当与 BY 一起使用时,

COMPUTE 子句在结果集内生成控制中断和小计。可在同一查询内指定 COMPUTE BY 和 COMPUTE。

几点说明：

(1) 若要查找由 GROUP BY 和 COUNT（ ＊ ）生成的汇总信息，请使用不带 BY 的 COMPUTE 子句。如例 5.36。

(2) COMPUTE BY 子句配合 ORDER BY 子句使用，在对查询结果排序的同时还按排序关键字产生附加的汇总行。如例 5.37。

(3) 这些聚合函数忽略空值。如果是用 COMPUTE 子句指定的行聚合函数，则不允许它们使用 DISTINCT 关键字。

(4) 将整数数据相加或求其平均值时，即使列的数据类型为 smallint 或 tinyint，SQL Server 数据库引擎也将结果视为 int 值。

【例 5.49】 统计各班级学生人数，最后统计班级个数。

```
SELECT 班号,COUNT(班号) 人数
FROM 学生
GROUP BY 班号
COMPUTE COUNT(班号)
```

【例 5.50】 将教工按部门号升序排列，列出教工的部门号、职工号、姓名、工资等列的明细行，统计各部门：教工人数、工资小计、平均工资、最高工资、最低工资。最后汇总教工：总人数、工资总额、平均工资、最高工资、最低工资。

```
SELECT 部门号,职工号,姓名,工资
FROM 教工
ORDER BY 部门号
COMPUTE count(职工号),sum(工资),avg(工资),max(工资),min(工资) BY 部门号
COMPUTE count(职工号),sum(工资),avg(工资),max(工资),min(工资)
```

5.2.8　查询结果生成新表子句 INTO

【例 5.51】 将所有不及格选课记录存入新表"不及格成绩"中。

```
if exists (select name from sysobjects where name='不及格成绩' and type='U')
            drop table 不及格成绩
SELECT   *
INTO 不及格成绩
FROM     选修
WHERE    成绩<60
```

【例 5.52】 生成按班号升序排列的各班级男女学生人数统计表。

```
if exists (select name from sysobjects where name='各班男女人数' and type='U')
      drop table 各班男女人数
SELECT 班号,性别,COUNT(班号) 人数
INTO 各班男女人数
FROM 学生
GROUP BY 班号,性别
ORDER BY 班号
```

5.2.9　集合查询 UNION、INTERSECT、EXCEPT

标准 SQL 直接支持的集合运算种类::并运算(UNION)。一般商用数据库支持的集合运算种类:并运算(UNION)、交运算(INTERSECT)、差运算(EXCEPT)

集合查询格式:

　　　＜查询块 1＞

{UNION[ALL]｜INTERSECT｜ EXCEPT}

　　　＜查询块 2＞

注意:参加集合运算的各结果表的列数必须相同;对应项的数据类型也必须兼容。

1. 并运算 UNION

【例 5.53】　查询 7 月 1 日出生的学生及身高不低于 175 cm 的男生,按学号升序排列。结果表不含相片列。

　　方法 1:用并运算符 UNION

```
SELECT 学号,姓名,性别,生日,身高,班号
FROM 学生
WHERE  month(生日)=7 AND  day(生日)=1
UNION                    —并操作(UNION)
SELECT 学号,姓名,性别,生日,身高,班号
FROM 学生
WHERE 身高>=175 AND 性别='男'
ORDER BY 学号            —或 ORDER BY  1
```

　　方法 2:用或运算(OR)代替并运算(UNION)

```
SELECT 学号,姓名,性别,生日,身高,班号
FROM 学生
WHERE  (month(生日)=7 AND day(生日)=1)or (身高>=175 AND 性别='男')
ORDER BY 学号
```

对集合操作结果的排序:ORDER BY 子句只能用于对最终查询结果排序,不能对中间结果排序,任何情况下,ORDER BY 子句只能出现在最后。对集合操作结果排序时,ORDER BY 子句中可用数字指定排序属性。

2. 交运算 INTERSECT

【例 5.54】　查询既选修了 1 号课程又选修了 2 号课程的学生学号。就是查询选修了 1 号课程的学生集合与选修 2 号课程的学生集合的交集。

　　方法 1:用交运算 INTERSECT

```
SELECT 学号
FROM 选修
WHERE 课号='1'
INTERSECT
SELECT 学号
FROM 选修
WHERE 课号='2'
```

　　方法 2:用子查询实现交运算

```
SELECT 学号
FROM 选修
WHERE 课号='1' AND 学号 IN      —子查询
                    (SELECT 学号
                     FROM 选修
                     WHERE 课号='2')
```

思考题:此题能否将查询"学号"列换为查询所有列(即用 * 替换学号),并用 INTERSECT 运算实现? 为什么?

3. 差运算 EXCEPT

【例 5.55】 查询身高 165 cm 以上的女生。

方法 1:用差运算 EXCEPT

```
SELECT 学号,姓名,性别,生日,身高
FROM 学生
WHERE 身高>=165 cm
EXCEPT              —从身高 165 cm 以上的所有学生中减去男生
SELECT 学号,姓名,性别,生日,身高
FROM 学生
WHERE 性别='男'
```

方法 2:用与运算(AND)代替差运算(EXCEPT)

```
SELECT 学号,姓名,性别,生日,身高
FROM 学生
WHERE 身高>=165 AND 性别='女'
```

5.3　连 接 查 询

同时涉及多个表的查询称为连接查询。用来连接两个表的条件称为连接条件或连接谓词。连接条件中的列名称为连接字段。连接条件中的各连接字段类型必须是可比的,但不必是相同的。

一般格式:[<表 1>.]<列名 1>　<比较运算符>　[<表 2>.]<列名 2>

　　　[<表 1>.]<列名 1> BETWEEN[<表 2>.]<列名 2> AND[<表 2>.]<列名 3>

连接操作的执行过程如下。

1) 嵌套循环法(NESTED-LOOP):

(1) 首先在表 1 中找到第 1 个元组,然后从头开始扫描表 2,在表 2 中逐一查找满足连接条件的元组,找到后就将表 1 中的第 1 个元组与该元组拼接起来,形成结果表中 1 个元组;

(2) 表 2 全部查找完后,再找表 1 中第 2 个元组,然后再从头开始扫描表 2,逐一查找满足连接条件的元组,找到后就将表 1 中的第 2 个元组与该元组拼接起来,形成结果表中 1 个元组;

(3) 重复上述操作,直到表 1 中的全部元组都处理完毕。

2) 排序合并法(SORT-MERGE):

(1) 常用于=连接,首先按连接属性对表 1 和表 2 排序(升或降);

(2) 对表 1 中的第 1 个元组,从头开始扫描表 2,在表 2 中顺序查找满足连接条件的元组,

找到后就将表 1 中的第 1 个元组与该元组拼接起来,形成结果表中的 1 个元组。当遇到表 2 中不满足连接条件的元组时,对表 2 的查找不再继续;

（3）找到表 1 中的第 2 条元组,然后从刚才的中断点处继续顺序扫描表 2,查找满足连接条件的元组就将表 1 中的第 2 个元组与该元组拼接起来,形成结果表中 1 个元组。直接遇到表 2 中不满足连接条件的元组时,对表 2 的查找不再继续;

（4）重复上述操作,直到表 1 中的全部元组都处理完毕。

3）索引连接法（INDEX-JOIN）：

对表 2 按连接字段建立索引,对表 1 中的每个元组,依次根据其连接字段值查找表 2 的索引,从中找到满足条件的元组,找到后就将表 1 中的第 1 个元组与该元组拼接起来,形成结果表中的 1 个元组。以下步骤同排序合并法。

SQL Server 中的连接查询主要包括:交叉连接、等值连接、自然连接、自身连接、半连接、非等值连接和外连接等运算。

5.3.1　内连接

本小节介绍交叉连接、等值连接和非等值连接。

1. 交叉连接（CROSS JOIN）

交叉连接实际上是将两个表进行笛卡儿积运算。是不带连接谓词的连接查询。结果表是由第一个表的每行与第二个表的每行拼接后形成的表,因此结果表的行数是两个表行数之积。

交叉连接有两种格式:

格式 1:FROM ＜表 1＞,＜表 2＞

格式 2:FROM ＜表 1＞　CROSS JOIN　＜表 2＞

"学生"表与"课程"表的笛卡儿积运算 SQL 表达式如下:

```
SELECT 学生.*,课程.*
FROM 学生,课程
```

【例 5.56】　查询每个学生所有可能选课的学号、姓名、课号、课名。

格式 1:

```
SELECT 学号,姓名,课号,课名
FROM 学生,课程
```

格式 2:

```
SELECT 学号,姓名,课号,课名
FROM 学生　CROSS JOIN　课程
```

注意:交叉连接不能有连接条件,但可以带 WHERE 子句。

交叉连接很少使用。

2. 等值连接

连接运算符为等号（＝）的连接操作称为等值连接。

等值连接条件格式为:［＜表 1＞.］＜列名 1＞　＝　［＜表 2＞.］＜列名 2＞

任何子句中引用表 1 和表 2 中同名的属性时,都必须加上表名前缀。引用唯一属性名时可以省略表名前缀。

连接条件的描述方法有以下 2 种。

方法 1:连接条件在 WHERE 子句中给出。

格式：WHERE　＜连接条件＞

方法 2：连接条件在 FROM 子句中给出。

格式：FROM　＜表名 1＞[INNER]JOIN ＜表名 2＞ ON ＜连接条件＞

1）两表连接

【例 5.57】　查询每个学生及其选修课程的情况。

方法 1：使用等值连接

```
SELECT 学生.*,选修.*
FROM 学生,选修
WHERE 学生.学号=选修.学号
```

自然连接：等值连接的一种特殊情况，去掉目标列中重复属性列的等值连接。

方法 2：使用自然连接

```
SELECT 学生.* ,课号,成绩
FROM 学生,选修
WHERE 学生.学号=选修.学号
```

【例 5.58】　查询每个学生的班号、学号、姓名、课号、成绩。

格式 1：连接条件在 WHERE 子句中给出。

```
SELECT 班号,学生.学号,姓名,课号,成绩
FROM 学生,选修
WHERE 学生.学号= 选修.学号
```

格式 2：连接条件在 FROM 子句中给出。

```
SELECT 班号,学生.学号,姓名,课号,成绩
FROM 学生 INNER JOIN 选修 ON 学生.学号=选修.学号    —INNER 可省
```

2）多表连接

【例 5.59】　查询每个学生的学号、姓名、选修的课程名和成绩。

格式 1：

```
SELECT 学生.学号,姓名,课名,成绩
FROM 学生,选修,课程
WHERE 学生.学号=选修.学号   and 选修.课号= 课程.课号
```

格式 2：

```
SELECT 学生.学号,姓名,课名,成绩
FROM 学生 JOIN 选修 ON 学生.学号=选修.学号
        JOIN 课程 ON 选修.课号=课程.课号
```

3）复合条件连接

【例 5.60】　查询选修 1 号课程且成绩在 90 分以上的所有学生的学号、姓名、成绩。

格式 1：

```
SELECT 学生.学号,姓名,成绩
FROM 学生,选修
WHERE 学生.学号=选修.学号                —连接条件
        AND 选修.课号='1' AND 选修.成绩>90    —其他条件
```

格式 2：

```
SELECT 学生.学号,姓名,成绩
FROM 学生 JOIN 选修 ON 学生.学号=选修.学号    —连接条件
WHERE 选修.课号='1' AND 选修.成绩>90         —其他条件
```

4）自身连接

一个表与其自己进行连接，称为表的自身连接。自身连接需要给表起别名以示区别，由于所有属性名都是同名属性，所以必须使用别名前缀。

【例5.61】 查询所有双职工：丈夫编号、丈夫姓名、妻子编号和妻子姓名。

```
SELECT  a.职工号 丈夫编号,a.姓名 丈夫姓名,b.职工号 妻子编号,b.姓名 妻子姓名
FROM 教工 a,  教工 b
    WHERE a.配偶号=b.职工号              —自身连接条件
    AND a.性别='男' AND b.性别='女'
```

思考题：以上查询为什么要加条件 a.性别＝'男'AND b.性别＝'女'？不加行吗？

【例5.62】 查询每一门课的间接选修课（即选修课的选修课）。

```
SELECT  FIRST.课号,SECOND.选修课号 间接选修课号
FROM 课程  FIRST,课程  SECOND
    WHERE FIRST.选修课号=SECOND.课号
```

5）半连接

当查找某表中的数据时其条件需要参照其他表，此时应采用半连接查询。

【例5.63】 查询没有学生选修的课程。

```
SELECT *
FROM 课程
EXCEPT
SELECT DISTINCT 课程.*      —半连接
FROM 课程,选修
WHERE 课程.课号=选修.课号
```

【例5.64】 查询选修了课程的学生的学号、姓名、性别、生日、身高、班号。

```
SELECT DISTINCT 学生.学号,姓名,性别,生日,身高,班号
FROM 学生,选修
WHERE 学生.学号=选修.学号
```

3. 非等值连接查询

【例5.65】 列出师生出生年份相差在 3 至 5 年范围内的名单。包含教工的职工号、姓名、生日及学生的学号、姓名、生日等列。

```
SELECT 职工号,教工.姓名,教工.生日 教师生日,学号,学生.姓名,学生.生日 学生生日
FROM 教工,学生
WHERE YEAR(教工.生日)-YEAR(学生.生日) BETWEEN 3 AND 5
```

5.3.2 外连接

外连接（OUTER JOIN）包括左外连接、右外连接和完全外连接等 3 种运算。

1. 左外连接 LEFT OUTER JOIN

【例5.66】 查询所有学生的选课情况。包括没有选课的学生。

```
SELECT 学生.*,课号,成绩
FROM 学生 LEFT JOIN 选修 ON 学生.学号=选修.学号
```

【例5.67】 查询所有男生的选课门数。包括没有选课的男生。

```
SELECT 学生.学号,COUNT(课号) 选课门数
FROM 学生 LEFT JOIN 选修 ON 学生.学号=选修.学号
```

```
WHERE 性别='男'
GROUP BY 学生.学号
```

2. 右外连接 RIGHT　OUTER　JOIN

【例 5.68】 查询所有课程被选修的情况,包括没有被学生选修的课程。列出学号、成绩和课程表中的所有列。

```
SELECT 选修.学号,成绩,课程.*
FROM 选修 RIGHT JOIN 课程 ON 选修.课号=课程.课号
```

3. 完全外连接 FULL　OUTER　JOIN

【例 5.69】 查询教师教课与学生选修课程的情况。包括学生选课成绩已录入但教课记录还未录入,以及教课记录已录入但学生选课成绩还未录入的情况。

```
SELECT 教课.* ,选修.学号,成绩
FROM 教课 FULL JOIN 选修 ON 教课.课号=选修.课号
```

4. 内外连接混合查询

【例 5.70】 查询所有学生选修课程的成绩。包括没有选课的学生。列出学号、姓名、课号、课名、成绩。

```
SELECT 学生.学号,姓名,选修.课号,课名,成绩
FROM 选修 JOIN 课程 ON 选修.课号=课程.课号
        RIGHT JOIN 学生 ON 学生.学号=选修.学号
```

5.4　嵌套查询

一个 SELECT-FROM-WHERE 语句称为一个查询块。

将一个查询块嵌套在另一个查询块的 WHERE 子句或 HAVING 短语的条件中的查询称为嵌套查询。嵌入在查询条件中的查询块称为子查询,查询条件中嵌有子查询的查询块称为父查询。

子查询的限制:子查询的 SELECT 语句中不能使用 ORDER BY 子句,因为 ORDER BY 子句只能对最终查询结果排序。

嵌套查询分为不相关子查询和相关子查询两类,子查询的查询条件不依赖父查询的嵌套查询称为不相关子查询;子查询的查询条件依赖父查询的嵌套查询称为相关子查询。

嵌套查询求解方法如下。

不相关子查询:是由里向外逐层处理,即每个子查询在上一级查询处理之前求解,子查询的结果用于建立其父查询的查找条件。

相关子查询:首先取外层查询中表的第一个元组,根据它与内层查询相关的属性值处理内层查询,若 WHERE 子句返回值为真,则取此元组放入结果表;然后再取外层表的下一个元组;重复这一过程,直至外层表全部检查完。

设父查询表中有 m 个记录,子查询表中有 n 个记录,若采用"不相关子查询",则时间复杂度为 $O(m+m)$,若采用"相关子查询",则时间复杂度为 $O(m*m)$,因此为了提高查询效率应尽可能编写不相关子查询程序。

5.4.1　带 IN 谓词的多值子查询

若子查询值有多个,则用 IN 谓词。

【例 5.71】　查询与"李明"在同一个班学习的学生的学号、姓名、性别、班号,并按班号升序排列。

方法 1:不相关子查询(子查询的查询条件不依赖父查询)

```
SELECT 学号,姓名,性别,班号
FROM 学生
WHERE 班号 IN
(SELECT 班号
  FROM 学生
  WHERE 姓名='李明')
```

方法 2:用自身连接查询

```
SELECT s1.学号,s1.姓名,s1.班号
FROM 学生 s1,学生 s2
WHERE s1.班号=s2.班号 AND s2.姓名='李明'
```

【例 5.72】　查询所有姓名相同的学生。将结果先按姓名再按学号升序排列。

方法 1:不相关子查询

```
SELECT *
FROM 学生
WHERE 姓名 IN
  (SELECT 姓名
   FROM 学生
   GROUP BY 姓名 HAVING COUNT(*)>1)
ORDER BY 姓名,学号
```

方法 2:用自身连接查询

```
SELECT s1.*
FROM 学生 s1,学生 s2
WHERE s1.学号!=s2.学号 AND s1.姓名=s2.姓名
ORDER BY s1.姓名,s1.学号
```

【例 5.73】　查询选修了课程名为"计算机导论"的学生学号和姓名。

方法 1:用嵌套查询(不相关子查询)

```
SELECT 学号,姓名      —③最后在学生表中找出学号属于子查询学号集中的学号和姓名
FROM 学生
WHERE 学号  IN
(SELECT 学号          —②然后在"选修"表中找出选修了 2 号课程的学生学号集
  FROM 选修
  WHERE 课号 IN
   (SELECT 课号        —①首先在"课程"表中找出"计算机导论"的课程号,结果为 2 号
   FROM 课程
   WHERE 课名='计算机导论'))
```

方法 2:用连接查询

```
SELECT 学生.学号,姓名
FROM 学生,选修,课程
WHERE 学生.学号=选修.学号 AND 选修.课号=课程.课号 AND 课名='计算机导论'
```

方法 3:连接查询在 FROM 子句中

```
SELECT 学生.学号,姓名
FROM 学生 JOIN 选修 ON 学生.学号=选修.学号
          JOIN 课程 ON 选修.课号=课程.课号
WHERE 课名='计算机导论'
```

5.4.2　带比较运算符的单值子查询

若子查询结果值肯定只有 1 个,则可用比较运算符代替 in。

【例 5.74】 查询每个学生超过其选修课程平均成绩的选课记录。

```
SELECT *            —学号,课号
FROM 选修 x
WHERE 成绩 >=(SELECT AVG(成绩)    —平均成绩肯定只有 1 个值
              FROM 选修 y
              WHERE y.学号=x.学号)
```

【例 5.75】 查询各部门工资最高的教工,并按部门号升序排列。

```
SELECT *
FROM 教工 x
WHERE 工资=(SELECT MAX(工资)    —最高工资肯定只有 1 个值
            FROM 教工 y
            WHERE y.部门号=x.部门号)
ORDER BY 部门号
```

5.4.3　带 ANY(SOME)或 ALL 谓词的子查询

ANY 或 ALL 谓词的子查询需要配合使用比较运算符,谓词及其含义如表 5-4 所示。

表 5-4　比较算符配合 ANY 或 ALL 谓词使用语义表

谓词	等价谓词	含义
=ANY	IN	等于子查询结果中的某个值
=ALL		等于子查询结果中的所有值(通常没有实际意义)
!=(或<>)ANY		不等于子查询结果中的某个值
!=(或<>)ALL	NOT IN	不等于子查询结果中的任何一个值
>ANY	>MIN	大于子查询结果中的某个值
>ALL	>MAX	大于子查询结果中的所有值
<ANY	<MAX	小于子查询结果中的某个值
<ALL	<MIN	小于子查询结果中的所有值
>=ANY	>=MIN	大于等于子查询结果中的某个值
>=ALL	>=MAX	大于等于子查询结果中的所有值
<=ANY	<=MAX	小于等于子查询结果中的某个值
<=ALL	<=MIN	小于等于子查询结果中的所有值

【例 5.76】 查询 3 号课程中成绩低于 2 号课某学生成绩的选课记录。

方法 1:用<any 谓词

```
SELECT *
```

```
FROM 选修
WHERE 课号='3' AND 成绩<ANY (SELECT 成绩
                        FROM   选修
                        WHERE  课号='2')
```

执行过程:

(1) DBMS 执行此查询时,首先处理子查询,找出 2 号课所有学生的成绩,构成一个集合 (55,36)。

(2) 处理父查询,找所有 3 号课程且成绩小于 55 或 36 的选课记录。

$$\because <36\ 必然<55, \therefore\ <ANY\equiv<max。$$

方法 2:用集函数<max 实现

```
SELECT *
FROM 选修
WHERE 课号='3' AND 成绩<(SELECT MAX(成绩)
                        FROM   选修
                        WHERE  课号='2')
```

【例 5.77】　查询比"01"部门所有教工的工资都低的教工的部门号、职工号、姓名、工资,并按部门号升序排列。

方法 1:用<ALL 谓词

```
SELECT 部门号,职工号,姓名,工资
FROM 教工
WHERE 工资<ALL (SELECT 工资
                FROM 教工
                WHERE 部门号='01')
ORDER BY 部门号
```

方法 2:用集函数<min

```
SELECT 部门号,职工号,姓名,工资
FROM 教工
WHERE 工资<(SELECT MIN(工资)
            FROM 教工
            WHERE 部门号='01')
ORDER BY 部门号
```

用集函数实现子查询通常比直接用 ANY 或 ALL 查询效率要高,因为前者通常能够减少比较次数。

上两例说明<ANY 等价于<MAX,<ALL 等价于<MIN。

由表 5-1 查询条件中比较算符配合 ANY 或 ALL 的谓词均可由比较算符配合聚集函数 MAX 或 MIN 代替。

5.4.4　带 EXISTS 谓词的判非空集子查询

带有 EXISTS 谓词的子查询不返回任何数据,只产生逻辑真值"true"或逻辑假值"false"。若内层查询结果非空,则返回真值;若内层查询结果为空,则返回假值。

由 EXISTS 引出的子查询,其目标列表达式通常都用 * ,因为带 EXISTS 的子查询只返回真值或假值,给出列名无实际意义。

不同形式的查询间的替换:一些带 EXISTS 或 NOT EXISTS 谓词的子查询不能被其他形式的子查询等价替换。所有带 IN 谓词、比较运算符、ANY 和 ALL 谓词的子查询都能用带 EXISTS 谓词的子查询等价替换。

1. 用带有 EXISTS 谓词的子查询实现存在量词(∃)

【例 5.78】　查询所有选修了 1 号课程的学生姓名。

方法 1:用嵌套查询 思路分析:

本查询涉及"学生"和"选修"关系。在"学生"中依次取每个元组的学号值,用此值去检查"选修"关系。若"选修"中存在这样的元组,其"学号"值等于此"学生.学号"值,并且其课号='1',则取此"学生.姓名"送入结果关系。该方法为相关子查询。

```
SELECT 姓名
FROM 学生
WHERE EXISTS
    (SELECT*
     FROM 选修
     WHERE 学号=学生.学号 AND 课号='1')
```

方法 2:用连接运算

```
SELECT 姓名
FROM 学生,选修
WHERE 学生.学号=选修.学号 AND 选修.课号='1'
```

【例 5.79】　查询没有选修 1 号课程的学生的学号和姓名。

方法 1:相关子查询

```
SELECT 学号,姓名
FROM 学生
WHERE NOT EXISTS
    (SELECT *        —此处* 可换为学号
     FROM 选修
     WHERE 学号=学生.学号 AND 课号='1')
```

方法 2:不相关子查询

```
SELECT 学号,姓名
FROM 学生
WHERE 学号 not in
    (SELECT 学号
     FROM 选修
     WHERE 课号='1')
```

方法 3:连接查询与差运算

```
SELECT 学号,姓名
FROM 学生
EXCEPT
SELECT 学生.学号,姓名
FROM 学生,选修
WHERE 学生.学号=选修.学号 and 课号='1'
```

【例 5.80】　查询选修的课程全部及格的学生的学号、姓名、课号、成绩。

分析:也就是查询没有不及格课程的学生。

```
SELECT x.学号,姓名,课号,成绩
FROM 选修 x JOIN 学生 ON x.学号=学生.学号
WHERE NOT EXISTS
  (SELECT *                               —此处 * 可换为学号
   FROM 选修 y
   WHERE 学号=x.学号 AND  y.成绩<60)
```

2. 用 EXISTS/NOT EXISTS 实现全称量词(∀)

SQL 语言中没有全称量词(For all)可以把带有全称量词的谓词转换为等价的带有存在量词的谓词:

$$(\forall x)P \equiv \neg(\exists x(\neg P))$$

【例 5.81】　查询选修了全部课程的学生学号和姓名。

方法 1:用 NOT EXISTS 谓词

```
SELECT 学号,姓名
FROM 学生
WHERE NOT EXISTS
  (SELECT *
   FROM 课程
   WHERE NOT EXISTS
        (SELECT *
         FROM 选修
         WHERE 学号=学生.学号 AND 课号=课程.课号))
```

方法 2:

```
SELECT 学号,姓名
FROM 学生 JOIN 选修 ON 学生.学号=选修.学号
GROUP BY 学生.学号
HAVING COUNT(*)=(SELECT COUNT(*)
                FROM 课程)
```

3. 用 EXISTS/NOT EXISTS 实现逻辑蕴涵(→)

SQL 语言中没有蕴涵(Implication)逻辑运算

可以利用谓词演算将逻辑蕴涵谓词等价转换为:$p \rightarrow q \equiv \neg p \lor q$

【例 5.82】　查询至少选修了学生 130002 选修的全部课程的学生学号。

解题思路:

第 1 步:对查询语义进行形式化表示。

查询语义用逻辑蕴涵表达:查询学号为 x 的学生,对所有的课程 y,只要 130002 学生选修了课程 y,则 x 也选修了 y。

用 p 表示谓词"学生 120002 选修了课程 y"

用 q 表示谓词"学生 x 选修了课程 y"

则上述查询可形式化表示为谓词公式:$(\forall y) p \rightarrow q$

第 2 步:对谓词公式进行等价变换。

$$
\begin{aligned}
(\forall y)p \rightarrow q &\equiv \neg(\exists y(\neg(p \rightarrow q))) \\
&\equiv \neg(\exists y(\neg(\neg p \lor q))) \\
&\equiv \neg\exists y(p \land \neg q)
\end{aligned}
$$

第 3 步：对转换后的谓词公式进行语义解释。

谓词公式¬∃y(p∧¬q) 的语义可解释如下：

不存在这样的课程 y，学生 120002 选修了 y，而学生 x 没有选。

```
SELECT DISTINCT 学号              —查询这样的学生的 x
FROM 选修 x
WHERE NOT EXISTS                 —不存在这样的课程 y
    (SELECT *
    FROM 选修 y
    WHERE y.学号='130002'  AND    —学生选修了 y
        NOT EXISTS              —学生 x 没有选修 y
      (SELECT *
       FROM 选修 z
       WHERE z.学号=x.学号 AND z.课号=y.课号))
```

5.4.5　综合查询举例

【例 5.83】　学士学位授予条件为：至少选修了 1、3、4 号 3 门学位课程，每门学位课必须及格且学位课平均成绩在 75 分以上。查询 130101 班可授予学士学位的学生名单。

方法 1：采用嵌套查询一步到位

```
SELECT *
FROM 学生
WHERE 班号='130101' AND 学号 IN
    (SELECT  学号
    FROM 选修
    WHERE 课号 IN('1','3','4') AND 成绩>=60
    GROUP BY 学号 HAVING COUNT(学号)=3 AND AVG(成绩)>=75)
```

方法 2：采用中间结果表分两步查询

```
SELECT *
INTO  NEW
FROM  选修
WHERE  成绩>=60 AND 课号 IN('1','3','4')
SELECT *
FROM  学生
WHERE 班号='130101' AND 学号 IN
    (SELECT 学号
    FROM  NEW
    GROUP BY 学号 HAVING COUNT(学号)=AND AVG(成绩)>=75)
    DROP TABLE NEW
```

方法 3：采用自身连接查询

```
SELECT *
FROM  学生
WHERE  班号='130101' AND 学号 IH
    (SELECT X.学号
    FROM  选修 X,选修 Y,选修 Z
```

```
WHERE X.学号= Y.学号 AND Y.学号= Z.学号 AND
      X.课号= '1' AND X.成绩> = 60 AND Y.课号= '3' AND Y.成绩> = 60 AND
      Z.课号= '4' AND Z.成绩> = 60 AND
      (X.成绩+ Y.成绩+ Z.成绩)/3> = 75)
```

【例 5.84】　学士学位授予条件为:至少选修了"离散数学","c 语言","数据结构"3 门学位课程,每门学位课必须及格且学位课平均成绩在 75 分以上。查询 cs 系可授予学士学位的学生名单。

```
SELECT *
FROM   学生
WHERE  班号='130101'  AND 学号 IN
       (SELECT 学号
        FROM   选修
        WHERE  成绩>=60 AND 课号 IN
               (SELECT 课号
                FROM 课程
                WHERE 课名 IN('离散数学','C 语言','数据结构'))
        GROUP  BY 学号 HAVING COUNT(学号)=3 AND AVG(成绩)>=75)
```

SQL Server 的查询功能非常强大,可谓万能查询。

5.5　更　新　数　据

数据更新包括插入、修改和删除数据。本节介绍 INSERT 语句、UPDATE 语句和 DELETE 语句的格式及应用。

5.5.1　向表中插入数据 INSERT

向表中插入数据有两种方式:插入单个元组和插入子查询结果。

(1) 插入单个元组语句格式:

```
INSERT  INTO <表名>[(<属性列 1>[,…n])]
        VALUES (<常量 1>[,…n])
```

功能:将新元组插入指定表中。

INTO 子句:指定要插入数据的表名及属性列,属性列的顺序可与表定义中的顺序不一致。没有指定属性列:表示要插入的是一条完整的元组,且属性列属性与表定义中的顺序一致;指定部分属性列:插入的元组在其余属性列上取空值。

VALUES 子句:提供的值必须与 INTO 子句匹配,包括值的个数,值的类型。

(2) 插入子查询结果语句格式:

```
INSERT INTO <表名>[(<属性列 1>[,…n])]<子查询>
```

功能:将子查询结果插入指定表中。

INTO 子句:与插入单条元组类似。

<子查询>:SELECT 子句目标列必须与 INTO 子句匹配,包括:值的个数,值的类型。

DBMS 在执行插入语句时会检查所插元组是否破坏表上已定义的完整性规则。

1. 插入单个元组

【例 5.85】　将如下学生记录插入"学生"表中:

```
('130010','陈菊','女','1993-05-06',167,'120301',Null)
```

```
IF  EXISTS (SELECT *   FROM 学生 WHERE  学号='130010')
    DELETE  FROM 学生  WHERE  学号='130010'
INSERT INTO 学生
       VALUES ('120010','陈菊','女','1993-05-06',167,'120301',Null)
```

【例 5.86】 将专业名为"五官医学",专业号为"032"的数据插入"专业"表中。

```
IF NOT EXISTS (SELECT *  FROM 专业  WHERE  专业号='032')
  INSERT INTO 专业(专业名,专业号)    —新插入的记录在其余列上取空值
        VALUES ('五官医学','032')
```

2. 插入子查询结果

【例 5.87】 (1)复制"选修"表结构以创建新表"计科院学生成绩";

(2)将"选修"表中所有"计算机科学与技术学院"学生的选课记录插入"计科院学生成绩"表中。

```
IF EXISTS (SELECT NAME FROM SYSOBJECTS WHERE NAME='计科院学生成绩' and type='U')
      DROP TABLE 计科院学生成绩
USE JXDB
SELECT  *
  INTO 计科院学生成绩
  FROM  选修
  WHERE  NOT EXISTS         —此处条件也可换为:成绩<0
      (SELECT  *  FROM 选修)
INSERT INTO 计科院学生成绩
        SELECT  选修.*
        FROM   选修,学生,班级,专业,部门
        WHERE  部门名='计算机科学与技术学院' AND
              选修.学号=学生.学号 AND
              学生.班号=班级.班号 AND
              班级.专业号=专业.专业号 AND
              专业.院系=部门.部门号
```

利用插入子查询结果语句可将多个结构相同的表中的数据合并到一个表中。

5.5.2　修改表中的数据 UPDATE

UPDATE 语句格式:

```
UPDATE  <表名>
SET{<列名>=<表达式>}[,…n]
[WHERE <条件>]
```

功能:指定表中满足 WHERE 子句条件的元组用<表达式>的值替换指定<列名>的值,若无 WHERE 子句,则替换表中指定<列名>的所有元组。

DBMS 在执行修改语句时会检查修改操作是否破坏表上已定义的完整性规则。

1. 修改某一个元组的值

【例 5.88】 将 130001 学生的身高改为 165 cm。

```
UPDATE 学生
SET 身高=165
WHERE 学号='130001'
```

2. 修改多个元组的值

【例 5.89】　具有"硕士"以上学历的教工工资增加 500 元。

```
UPDATE   教工
SET      工资=工资＋ 500
WHERE    学历   IN('硕士','博士')
```

【例 5.90】　男满 60 岁，女满 55 岁的教工其部门转到老干处。

```
UPDATE 教工
SET 部门号=(SELECT 部门号 FROM 部门 WHERE   部门名='老干处')
WHERE 性别='男' and  dbo.getflooryear(生日,GETDATE())＞=60   or
      性别='女' and  dbo.getflooryear(生日,GETDATE())＞=55
```

3. 带子查询的修改语句

【例 5.91】　对 130101 班全体学生选修的'2'号课程，分数不低于 36 的按成绩的平方根的 10 倍计算。

```
UPDATE   选修
SET      成绩=10* SQRT(成绩)
WHERE    课号='2' AND 成绩＞=36 AND
         '130101'=(SELECT   班号
                   FROM     学生
                   WHERE    学生.学号=选修.学号)
```

5.5.3　删除表中的数据 DELETE

DELETE 语句格式：

```
DELETE   FROM   <表名>
[WHERE <条件>]
```

功能：删除指定表中满足 WHERE 子句条件的元组。缺省 WHERE 子句表示删除表中的所有元组。

DBMS 在执行删除语句时会检查所删除元组是否破坏表上已定义的完整性规则。

参照完整性：不允许删除或级联删除。

1. 删除一个或多个元组

【例 5.92】　删除学生 130003 的所有选课记录。

```
DELETE
FROM 选修
WHERE 学号='130003'
```

2. 带子查询的删除语句

【例 5.93】　删除 130102 班所有学生 4 号课程的选课记录。

```
DELETE
FROM 选修
WHERE 课号='4' AND 学号 IN
    (SELECT 学号
     FROM 学生
     WHERE 学生.学号=选修.学号 AND 班号='130102')
```

第6章 索引与视图

索引与视图都是 SQL Server 数据库中的对象。为数据库中的表建立索引是加快数据查询速度的有效手段。在 RDBMS 中索引一般采用 b-tree 或 HASH 表来实现。b-tree 索引具有动态平衡的优点,HASH 索引具有查找速度快的特点。索引是关系数据库的内部实现技术,属于内模式的范畴。至于某一个索引是采用 b-tree,还是采用 HASH 表则由具体的 RDBMS 来决定。视图属于数据库的外模式,是从数据库的内模式(即数据的总体逻辑结构)中按用户的需要组织建立的虚表。

本章介绍索引的建立与使用、使用 SQL 语言建立视图、修改与删除视图、查询视图等内容。

6.1 索引的建立与使用

通过对表或视图建立索引可加快数据查询速度。索引的建立与编辑可使用 T-SQL 语言及使用界面方法有两种。通常在向表中填入数据之前创建索引。

索引的创建方式分为隐式创建和显式创建两种。

SQL Server 隐式建立以下的索引:

(1) 为主键约束(PRIMARY KEY)列建立聚集索引;

(2) 为唯一值约束(UNIQUE)列建立唯一非聚集索引。

DBA 或表的属主(即建立表的人)根据需要使用 CREATE INDEX 显式创建索引。

维护索引由 DBMS 自动完成。

使用索引由 DBMS 自动选择是否使用索引,以及使用哪些索引。

6.1.1 使用 T-SQL 语言建立索引

1. 创建索引语句 CREATE INDEX 的格式

```
CREATE[UNIQUE][CLUSTERED|NONCLUSTERED]INDEX index_name
ON{[database_name.[schema_name].|schema_name.]table_or_view_name}
(column[ASC|DESC][,…n])
][;]
```

参数说明:

(1) UNIQUE:唯一索引。为表或视图创建唯一索引。唯一索引不允许两行具有相同的索引键值。对某个列建立 UNIQUE 索引后,插入新记录时 DBMS 会自动检查新记录在该列上是否取了重复值。这相当于增加了一个 UNIQUE 约束。

数据库引擎不允许为已包含重复值的列创建唯一索引。否则,数据库引擎会显示错误消息。必须先删除重复值,然后才能为一列或多列创建唯一索引。唯一索引中使用的列应设置为 NOT NULL,因为在创建唯一索引时,会将多个 Null 值视为重复值。

(2) CLUSTERED:聚集索引。建立聚簇索引后,基表中数据按指定的聚簇属性值的升序或降序存放。也即聚簇索引的索引项顺序与表中记录的物理顺序一致。在一个基本表或视图上最多只能建立一个聚簇索引。

聚簇索引的用途：对于某些类型的查询，可以提高查询效率。

聚簇索引的适用范围：很少对基表进行增删操作，很少对其中的变长列进行修改操作。

具有唯一聚集索引的视图称为索引视图。为一个视图创建唯一聚集索引会在物理上具体化该视图。必须先为视图创建唯一聚集索引，然后才能为该视图定义其他索引。

在创建任何非聚集索引之前创建聚集索引。创建聚集索引时会重新生成表中现有的非聚集索引。如果没有指定 CLUSTERED，则创建非聚集索引。每个表最多可包含 999 个非聚集索引。

（3）NONCLUSTERED：创建一个指定表的逻辑排序的索引。对于非聚集索引，数据行的物理排序独立于索引排序。

对于索引视图，只能为已定义唯一聚集索引的视图创建非聚集索引。默认值为 NONCLUSTERED。

（4）index_name：索引的名称。索引名称在表或视图中必须唯一，但在数据库中不必唯一。索引名称必须符合标识符的规则。

（5）Column：索引所基于的一列或多列。指定两个或多个列名，可为指定列的组合值创建组合索引。在 table_or_view_name 后的括号中，按排序优先级列出组合索引中要包括的列。

不能将大型对象（LOB）数据类型 ntext、text、varchar（max）、nvarchar（max）、varbinary（max）、xml 或 image 的列指定为索引的键列。另外，即使 CREATE INDEX 语句中并未引用 ntext、text 或 image 列，视图定义中也不能包含这些列。

（6）[ASC|DESC]：确定特定索引列的升序（ASC）或降序（DESC）排序方向。默认值为 ASC。

（7）database_name：数据库的名称。

（8）schema_name：该表或视图所属架构的名称。

（9）table_or_view_name：要为其建立索引的表或视图的名称。

必须使用 SCHEMABINDING 定义视图，才能为视图创建索引。必须先为视图创建唯一的聚集索引，才能为该视图创建非聚集索引。

一个数据库需要创建哪些索引？何时建立索引？一般应根据用户查询数据的需要预先对整个数据库所需创建的索引进行统一规划设计，在建立表结构完成后，即建立所有的索引。

2. 聚集索引 CLUSTERED

由于数据库 JXDB 中的 8 个表在建立时每个表均有主键约束，所以 JXDB 中隐式建立了 8 个聚集索引。

【例 6.1】　对"选修"表按（学号，课号）建立组合聚集索引。

```
CREATE CLUSTERED INDEX I 学号课号 ON 选修(学号,课号)
```

以上建立聚集索引语句运行结果如下：

```
消息 1902,级别 16,状态 3,第 1 行
无法对表'选修' 创建多个聚集索引。请在创建新聚集索引前删除现有的聚集索引'PK__选修__
CD2623802E1BDC42'。
```

上述运行结果说明已在"选修"表的 PRIMARY KEY 列（学号，课号）上隐式建立了组合聚集索引，先按"学号"升序排列，学号相同时再按"课号"升序排列。

对表创建聚集索引或删除和重新创建现有聚集索引时,要求数据库具有额外的可用工作区来容纳数据排序结果和原始表或现有聚集索引数据的临时副本。

3. 唯一索引 UNIQUE

【例 6.2】 对"课程"表按"课名"建立唯一非聚集索引,按降序排列。

```
USE JXDB
IF EXISTS(SELECT name FROM sysindexes WHERE name='I 课名')
    DROP INDEX  I 课名 ON  课程
CREATE UNIQUE INDEX  I 课名 ON 课程(课名 DESC)
```

命令已成功完成。

如果存在唯一索引,数据库引擎会在每次插入操作添加数据时检查重复值。可生成重复键值的插入操作将被回滚,同时数据库引擎显示错误消息。即使插入操作更改多行但只导致出现一个重复值时,也是如此。

4. 组合索引

包含两个以上列名的索引称为组合索引。只含一个列名的索引为单索引。

一个组合索引键中最多可组合 16 列。组合索引键中的所有列必须在同一个表或视图中。组合索引值最大为 900 字节。

【例 6.3】 按索引查询身高 165 cm 以上的女生。

分析:先按性别和身高建立组合非聚集索引,再按性别和身高自动索引快速查询。

```
USE JXDB
IF EXISTS(SELECT name FROM sys.indexes WHERE name='I 性别身高')
    DROP INDEX  I 性别身高 ON  学生
CREATE INDEX  I 性别身高 ON 学生(性别 DESC,身高)
select *
from   学生
where  身高>165 and 性别='女'
```

【例 6.4】 按索引查询姓"李"的学生。

分析:先按姓名建立单索引,再按姓名自动索引快速查询。

```
USE JXDB
IF EXISTS(SELECT name FROM sys.indexes WHERE name='I 学生姓名')
DROP INDEX  I 学生姓名 ON  学生
CREATE  INDEX  I 学生姓名 ON 学生(姓名)
select *
from 学生
where 姓名 like '李% '
```

【例 6.5】 设有如下关系模式:职工(职工号,姓名,年龄,月工资,部门号,电话,办公室)假定分别在"职工"关系中的"年龄"和"月工资"字段上创建了索引,如下的 Select 查询语句可能不会促使查询优化器使用索引,从而降低查询效率,请写出既可以完成相同功能又可以提高查询效率的 SQL 语句。

```
SELECT 姓名,年龄,月工资
FROM 职工
```

WHERE 年龄＞45 or 月工资＜1000；

解：分析，分别按年龄、月工资查询，将结果取并集，这样既促使查询优化器使用索引提高查询效率，又完成了相同功能。

SELECT 姓名，年龄，月工资
FROM　职工
WHERE　年龄＞45
UNION
SELECT 姓名，年龄，月工资
FROM　职工
WHERE　月工资＜1000

6.1.2 修改与删除索引

1. 修改索引

修改索引 ALTER INDEX 语句的简单格式：

```
ALTER INDEX{index_name|ALL}
ON{[database_name.[schema_name].|schema_name.]table_or_view_name}
  {REBUILD|DISABLE}[;]
```

功能：通过禁用、重新生成或重新组织索引，或通过设置索引的相关选项，修改现有的表索引或视图索引。

参数说明：

(1) REBUILD：重新生成索引。

(2) DISABLE：禁用索引。

【例 6.6】 在"学生"表中重新生成单索引"I 学生姓名"。

```
USE JXDB
IF EXISTS(SELECT name FROM sys.indexes WHERE name='I 学生姓名')
  ALTER INDEX  I 学生姓名 ON  学生  REBUILD
```

命令已成功完成。

【例 6.7】 重新生成"学生"表的所有索引。

```
USE JXDB
ALTER INDEX  ALL ON  学生  REBUILD
```

命令已成功完成。

【例 6.8】 禁用"学生"表的非聚集索引"I 学生姓名"。

```
USE JXDB
IF EXISTS(SELECT name FROM sys.indexes WHERE name='I 学生姓名')
  ALTER INDEX  I 学生姓名 ON  学生  DISABLE
```

命令已成功完成。

【例 6.9】 启用"学生"表的非聚集索引"I 学生姓名"。

```
ALTER INDEX  I 学生姓名 ON  学生  REBUILD
```

命令已成功完成。

2. 删除索引

删除索引 DROP INDEX 语句的格式：

```
DROP INDEX
index_name  ON{[database_name.[schema_name].|schema_name.]table_or_view_name}
[,…n][;]
```

功能：系统会从数据字典中删去指定索引的描述。

说明：DROP INDEX 语句不适用于通过定义 PRIMARY KEY 或 UNIQUE 约束创建的索引。若要删除该约束和相应的索引，应使用 ALTER TABLE DROP CONSTRAINT 语句将其删除。

【**例 6.10**】 删除"学生"表上建立的索引：I 性别身高、I 学生姓名。

```
USE JXDB
DROP INDEX  I 性别身高 ON  学生,I 学生姓名 ON  学生
```

命令已成功完成。

6.1.3　使用界面方法建立与编辑索引

【**例 6.11**】 使用界面方法对"教工"表按"部门号"降序排列建立非聚集索引。

（1）启动 SQL Server Management Studio，展开"数据库"，展开"JXDB"，展开"教工"表，右击"索引"，单击"新建索引"，打开如图 6-1 所示的"新建索引"窗口。

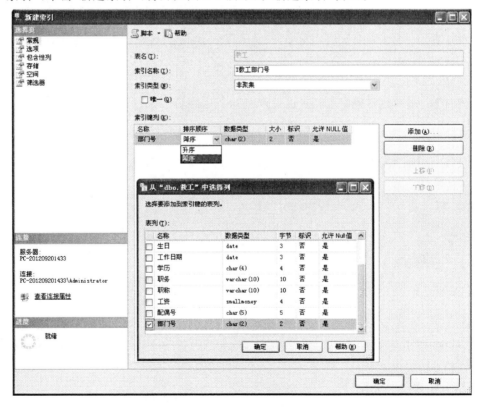

图 6-1　"新建索引"窗口

（2）在索引名称文本框中输入：I 教工部门号，单击"添加"按钮，打开"从'dbo. 教工'中选择列"窗口。选定"部门号"复选框。单击"确定"按钮。回到"新建索引"窗口。单击"排序顺序"下拉列表，选择"降序"，单击"确定"按钮。索引创建完成。

【例 6.12】　使用界面方法对索引"I 教工部门号"进行修改。

（1）启动 SQL Server Management Studio，展开"数据库"，展开"JXDB"，展开"教工"表，展开"索引"，右击索引"I 教工部门号"，单击"属性"，打开如图 6-1 所示的"索引属性 - I 教工部门号"窗口。

（2）对索引"I 教工部门号"进行修改，修改完毕，单击"确定"按钮。

【例 6.13】　删除索引"I 教工部门号"。

右击要删除的索引"I 教工部门号"，单击"删除"，打开"删除对象"窗口。单击"确定"按钮。

6.2　使用 T-SQL 语言建立与编辑视图

视图是从一个或几个基本表（或视图）导出的表，它与其本表不同，是一个虚表。

数据库中只存放视图的定义，不会出现数据冗余。基表中的数据发生变化，从视图中查询出的数据也随之改变。

基于视图的操作：查询，删除，受限更新，定义基于该视图的新视图。

常见的视图形式：行列子集视图、基于多个基表的视图、带表达式的视图、分组视图和基于视图的视图。

6.2.1　建立视图语句 CREATE VIEW

1. 建立视图语句格式

建立视图 CREATE VIEW 语句的一般格式：

```
CREATE VIEW[schema_name .]view_name[(column[,…n])]
[WITH{[ENCRYPTION][SCHEMABINDING][VIEW_METADATA]}[,…n]]
AS select_statement
[WITH CHECK OPTION][;]
```

功能：执行 CREATE VIEW 语句时将视图的定义存入数据字典中，创建一个虚拟表。当对视图实施 SELECT 查询时，按视图的定义从基本表中将数据查出。

参数说明：

（1）schema_name：视图所属架构的名称。

（2）view_name：视图的名称。

（3）Column：视图中的列使用的名称。组成视图的属性列名要么全部省略要么全部指定。

若全部省略则视图列将获得与 SELECT 语句中的列相同的名称。

在下列情况下必须指定视图中每列的名称：

① 某个目标列是集函数或列表达式。

② 多表连接时选出了几个同名列作为视图的字段。

③ 希望为视图中的列指定一个与其源列不同的名称(也可以在视图中重命名列)。无论重命名与否,视图列都会继承其源列的数据类型。

(4) AS select_statement:定义视图的子查询 SELECT 语句。该语句可以使用多个表和其他视图。可以使用任意复杂的 select 语句,但通常不允许含有 order by 子句。

注意:定义视图的查询不能包含 COMPUTE 子句、COMPUTE BY 子句或 INTO 关键字;不能包含 ORDER BY 子句和 distinct 短语,除非在 SELECT 语句的选择列表中还有一个 TOP 子句;不能包含指定查询提示的 OPTION 子句;不能包含 TABLESAMPLE 子句。

在索引视图定义中,SELECT 语句必须是单个表的语句或带有可选聚合的多表 JOIN。

(5) WITH CHECK OPTION:强制通过视图执行的所有数据更新语句(增删改操作)都必须符合在 select_statement 中设置的条件(即子查询中的条件表达式)。通过视图更新行时,WITH CHECK OPTION 可确保提交更新后,仍可通过视图看到更新后的数据。

(6) ENCRYPTION:视图定义文本加密。对 sys. syscomments 表中包含 CREATE VIEW 语句文本的项进行加密。使用 WITH ENCRYPTION 可防止在 SQL Server 复制过程中发布视图。

(7) SCHEMABINDING:将视图绑定到基础表的架构。如果指定了 SCHEMABINDING,则不能按照将影响视图定义的方式修改基表。必须首先修改或删除视图定义本身,才能删除将要修改的表的依赖关系。使用 SCHEMABINDING 时,select_statement 必须包含所引用的表、视图或用户定义函数的两部分名称(schema. object)。所有被引用对象都必须在同一个数据库内。

不能删除参与了使用 SCHEMABINDING 子句创建的视图的视图或表,除非该视图已被删除或更改而不再具有架构绑定。否则,数据库引擎将引发错误。另外,如果对参与具有架构绑定的视图的表执行 ALTER TABLE 语句,而这些语句又会影响视图定义,则这些语句将会失败。

如果视图包含别名数据类型列,则无法指定 SCHEMABINDING。

(8) VIEW_METADATA:指定为引用视图的查询请求浏览模式的元数据时,SQL Server 实例将向 DB-Library、ODBC 和 OLE DB API 返回有关视图的元数据信息,而不返回基表的元数据信息。浏览模式元数据是 SQL Server 实例向这些客户端 API 返回的附加元数据。如果使用此元数据,客户端 API 将可以实现可更新客户端游标。浏览模式的元数据包含结果集中的列所属的基表的相关信息。

对于使用 VIEW_METADATA 创建的视图,浏览模式的元数据在描述结果集内视图中的列时,将返回视图名,而不返回基表名。

当使用 WITH VIEW_METADATA 创建视图时,如果该视图具有 INSTEAD OF INSERT 或 INSTEAD OF UPDATE 触发器,则视图的所有列(timestamp 列除外)都是可更新的。

2. 创建视图的基本原则

创建视图之前,请考虑下列基本原则:

(1) 只能在当前数据库中创建视图。但是,如果使用分布式查询定义视图,则新视图所引用的表和视图可以存在于其他数据库甚至其他服务器中。

(2) 可以对其他视图创建视图。允许嵌套视图。但嵌套不得超过 32 层。根据视图的复杂性及可用内存,视图嵌套的实际限制可能低于该值。

（3）不能将规则或 DEFAULT 定义与视图相关联。

（4）不能将 AFTER 触发器与视图相关联,只有 INSTEAD OF 触发器可以与之相关联。

（5）不能为视图定义全文索引定义。

（6）不能创建临时视图,也不能对临时表创建视图。

（7）不能删除参与到使用 SCHEMABINDING 子句创建的视图中的视图、表或函数,除非该视图已被删除或更改而不再具有架构绑定。另外,如果对参与具有架构绑定的视图的表执行 ALTER TABLE 语句,而这些语句又会影响该视图的定义,那么这些语句将会失败。

（8）如果未使用 SCHEMABINDING 子句创建视图,则对视图下影响视图定义的对象进行更改时,应运行 sp_refreshview。否则,当查询视图时,可能会生成意外结果。

（9）尽管查询引用一个已配置全文索引的表时,视图定义可以包含全文查询,仍然不能对视图执行全文查询。

6.2.2　视图更新检查约束子句 CHECK OPTION

带 WITH CHECK OPTION 参数的视图应用示例。

【例 6.14】　建立 130001 学生选课视图。并要求透过该视图进行的数据更新操作只涉及该学生。

```
USE JXDB
IF OBJECT_ID ('dbo.V130001学生成绩','V') IS NOT NULL
    DROP VIEW V130001学生成绩
GO
CREATE VIEW V130001学生成绩
AS
SELECT   *
FROM   选修
WHERE   学号='130001'
WITH CHECK OPTION
```

（1）通过视图"V130001学生成绩"向"选修"表中插入记录:('130004','1',92)。

执行以下向视图插入数据的语句:

```
GO
INSERT INTO  V130001学生成绩 VALUES('130004','1',92);
```

运行结果显示如下出错信息:

消息 550,级别 16,状态 1,第 1 行

试图进行的插入或更新已失败,原因是目标视图或者目标视图所跨越的某一视图指定了 WITH CHECK OPTION,而该操作的一个或多个结果行又不符合 CHECK OPTION 约束。

语句已终止。

插入操作被拒绝执行:原因是带有 WITH CHECK OPTION 子句的视图,DBMS 自动检查"学号"属性值是否为'130001',如果不是,则拒绝插入。

（2）通过视图"V130001 学生成绩"将"选修"表中学号＝'130001'且课号＝'2'的成绩更改为 88。

```
GO
UPDATE   V130001 学生成绩
SET 成绩=88
WHERE 课号='2'
```

运行结果：

（1 行受影响）

修改操作成功。原因是带有 WITH CHECK OPTION 子句的视图，DBMS 自动加上：学号＝"130001"的条件。

（3）通过视图"V130001 学生成绩"删除选修表中学号＝'130001'且课号＝'2'的选课记录。

```
GO
DELETE   FROM   V130001 学生成绩
WHERE 课号='2'
```

运行结果：

（1 行受影响）

删除操作成功。原因是带有 WITH CHECK OPTION 子句的视图，DBMS 自动加上：学号＝"130001"的条件。

【例 6.15】 建立不带 WITH CHECK OPTION 子句的女生视图"V 女生"。

```
USE JXDB
IF EXISTS(SELECT name   FROM   sysobjects   WHERE   name='V 女生')
drop view   V 女生
GO
CREATE VIEW   V 女生
AS   SELECT *
     FROM   学生
     WHERE 性别='女'
GO
ALTER TABLE 学生 DROP COLUMN 相片   —删除学生表中的相片列
SELECT   *   FROM   V 女生
```

运行结果显示如下出错信息：

消息 4502,级别 16,状态 1,第 2 行

为视图或函数'V 女生'指定的列名比其定义中的列多。

缺点：更改（删除或修改）"学生"表的结构后，"学生"表与"V 女生"视图的映像关系被破坏，导致该视图不能正确工作。

但为"学生"基表增加属性列不会破坏"学生"表与视图的映像关系。

恢复对学生表的修改：

```
ALTER TABLE 学生 ADD   相片 image NULL;
```

6.2.3　视图加密子句 ENCRYPTION

1. 建立加密视图

【例 6.16】　建立双高(学历为博士、职称为教授)教师视图,并对定义该视图的文本进行加密。

```
USE JXDB
IF EXISTS(SELECT name FROM sysobjects WHERE name= 'V 双高教师')
    DROP  VIEW  V 双高教师
GO
CREATE  VIEW  V 双高教师
WITH  ENCRYPTION
AS
SELECT  *
FROM 教工
WHERE 学历='博士' and 职称='教授'
```

2. 查看视图文本

【例 6.17】　查看未加密视图"V130001 学生成绩"的文本。

方法 1:调用系统存储过程 sp_helptext 可查看视图文本

```
EXEC sp_helptext V130001 学生成绩
```

方法 2:查看系统视图 sys.syscomments 的 text 列

```
SELECT syscomments.text
FROM syscomments INNER JOIN sysobjects
              ON syscomments.id=sysobjects.id
WHERE sysobjects.name='V130001 学生成绩'
```

【例 6.18】　查看加密视图"V 双高教师"的文本。

EXEC sp_helptextV 双高教师

运行结果:

对象'V 双高教师' 的文本已加密。

在数据库 JXDB 中查看系统视图 syssyscomments,加密后的对象的 Text 列为 Null。

6.2.4　模式绑定视图子句 SCHEMABINDING

模式绑定实际上就是将视图所依赖的事物(表或其他的视图)"绑定"到视图。其重要意义在于除非首先删除模式绑定的视图,否则没有人可以修改那些对象(CREATE、ALTER)。

下面通过实例分析建立模式绑定视图的意义。

【例 6.19】　(1) 建立不带 SCHEMABINDING 子句的男生视图"V 男生";

(2) 删除学生表中的"相片"列;

(3) 查询视图"V 男生"。

解:(1) 建立不带 SCHEMABINDING 子句的男生视图"V 男生"

```
USE JXDB
IF EXISTS(SELECT name FROM sysobjects WHERE name='V男生')
   DROP  VIEW  V男生
GO
CREATE VIEW  V男生        —建立视图
AS
SELECT  *
FROM   学生
WHERE  性别='男'
WITH CHECK OPTION
```

命令已成功完成。

（2）删除学生表中的"相片"列；

```
GO
ALTER TABLE 学生 DROP COLUMN 相片   —删除学生表中的相片列
```

命令已成功完成。

（3）查询视图"V 男生"。

```
GO
SELECT  *  FROM  V男生           —查询视图
```

运行结果显示如下出错信息：

消息 4502,级别 16,状态 1,第 1 行

为视图或函数'V 男生'指定的列名比其定义中的列多。

此例说明,因为建立视图"V 男生"时未进行模式绑定,当底层对象学生表更改后,导致视图"V 男生"无法使用,成为"孤立"视图。

【例 6.20】 （1）建立 4 年制专业视图,并对该视图进行模式绑定。

（2）对视图"V4 年制专业"的底层对象"专业"表作如下修改:删除"层次"列,对结果进行分析。

```
USE JXDB
IF EXISTS(SELECT name FROM sysobjects WHERE name='V4年制专业')
   DROP  VIEW  V4年制专业
GO
CREATE  VIEW  V4年制专业
WITH  SCHEMABINDING
AS
SELECT 专业号,专业名,学制,层次,院系    —用 * 则出错
FROM   dbo.专业                    —无 dbo.则出错
WHERE 学制='4年'
```

（2）对视图"V4 年制专业"的底层对象"专业"表作如下修改:删除"层次"列

```
GO
ALTER TABLE 专业 DROP COLUMN 层次
```

执行以上语句显示如下出错信息：

消息 5074,级别 16,状态 1,第 1 行

对象'V4 年制专业' 依赖于列'层次'。

消息 4922,级别 16,状态 9,第 1 行

由于一个或多个对象访问此列,ALTER TABLE DROP COLUMN 层次失败。

对"专业"表的修改被拒绝执行。因为建立视图"V4 年制专业"时进行了模式绑定,除非先删除视图"V4 年制专业",否则对底层对象"专业"表无法更改。

建立模式绑定视图具有以下意义:

(1) 可以防止更改底层对象时使视图"孤立"。

若建立的视图未进行模式绑定,则当该视图的底层对象被更改时,该视图可能成为"孤立"视图。"孤立"视图无法使用,必须删除以免浪费存储空间。

若建立的视图进行了模式绑定,则更改该视图底层对象的操作将被拒绝执行,除非先删除该视图。这样可以防止更改底层对象时使视图"孤立"。

(2) 若要在视图上创建索引,则必须使用 SCHEMABINDING 选项来创建视图。

(3) 若要创建一个模式绑定的自定义函数(在一些实例中,用户自定义函数必须是模式绑定的)来引用视图,则视图也必须是模式绑定的。

6.2.5　行列子集视图

从单个基本表中选取若干行和若干列且保留了键的视图称为行列子集视图。

1. 数据源自单表的视图

【例 6.21】　建立 130102 班 1985 年以后(含 1985 年)出生的学生视图,含学号、姓名、性别、生日等列,并要求透过该视图进行的数据更新操作只涉及 130102 班 1985 年以后出生的学生。

```
USE JXDB
IF EXISTS(SELECT name FROM sysobjects
          WHERE name='V130102 班 1985 年后出生的学生')
   DROP VIEW V130102 班 1985 年后出生的学生
GO
CREATE VIEW V130102 班 1985 年后出生的学生
AS
SELECT 学号,姓名,性别,生日                      —行列子集视图
FROM 学生
WHERE 班号='130102'  AND YEAR(生日)>=1985
WITH CHECK OPTION
GO
```

2. 数据源自单表但条件需参照其他表的视图

【例 6.22】　建立"计算机科学与技术学院"学生视图。

```
USE JXDB
IF EXISTS(SELECT name FROM sysobjects WHERE name='V 计科院学生')
   DROP  VIEW  V 计科院学生        —若"V 计科院学生"视图已存在,则删除
```

```
GO
CREATE   VIEW   V 计科院学生
AS
SELECT 学生.*
FROM 学生 JOIN 班级 ON 学生.班号= 班级.班号
            JOIN 专业 ON 专业.专业号= 班级.专业号
            JOIN 部门 ON 部门.部门号=专业.院系
WHERE 部门名='计算机科学与技术学院'
WITH CHECK OPTION
```

3. 数据源自基表但条件需参照其他视图的视图

【例 6.23】　建立"计算机科学与技术学院"学生成绩视图。

```
USE JXDB
IF EXISTS(SELECT name FROM sysobjects WHERE name='V 计科院学生成绩')
    DROP   VIEW   V 计科院学生成绩
GO
CREATE   VIEW   V 计科院学生成绩
AS
SELECT   选修.*
FROM     选修 JOIN V 计科院学生 ON 选修.学号=V 计科院学生.学号
WITH CHECK OPTION
```

4. 数据源自视图但条件需参照基表的视图

【例 6.24】　建立"计算机科学与技术学院"学生中选修了课程的学生视图。

```
IF EXISTS(SELECT name FROM sysobjects WHERE name='V 计科院选课学生')
    DROP   VIEW   V 计科院选课学生
GO
CREATE   VIEW   V 计科院选课学生                 ——基于视图的视图
AS
SELECT   *
FROM   V 计科院学生
WHERE EXISTS
    (SELECT   *
     FROM    选修
     WHERE   V 计科院学生.学号=选修.学号)
```

6.2.6　多表视图

1. 数据源自多个基表的视图

【例 6.25】　(1)建立教学部门专业设置及分班情况视图。包括以下字段:部门号、部门名、专业号、专业名、班级和人数。(2)查询该视图。

```
USE JXDB
```

```
    IF EXISTS(SELECT name FROM sysobjects WHERE name='V院系专业班级')
       DROP  VIEW  V院系专业班级
    GO
    CREATE  VIEW  V院系专业班级     —基于多个基表的视图
    AS
    SELECT 部门号,部门名,专业.专业号,专业名,班号,人数
    FROM 部门 JOIN  专业 ON 部门.部门号=专业.院系
            JOIN  班级 ON 班级.专业号=专业.专业号
    GO
    SELECT *
    FROM  V院系专业班级
    ORDER BY 部门号
```

【**例 6.26**】 建立学生选课成绩视图。包括以下字段:学号、姓名、课号、课名和成绩。

```
    USE JXDB
    IF EXISTS(SELECT name FROM sysobjects WHERE name= 'V学生选课成绩')
       DROP  VIEW  V学生选课成绩
    GO
    CREATE  VIEW  V学生选课成绩
    AS
    SELECT 学生.学号,姓名,选修.课号,课名,成绩
    FROM 学生 JOIN 选修 ON 学生.学号=选修.学号
            JOIN 课程 ON 课程.课号=选修.课号
```

2. 数据源自多个视图的视图

【**例 6.27**】 建立"计算机科学与技术学院"学生补考名单视图。包括以下字段:学号、姓名、课号、课名和成绩。

```
    USE JXDB
    IF EXISTS(SELECT name FROM sysobjects WHERE name='V计科院补考名单')
       DROP  VIEW  V计科院补考名单
    GO
    CREATE  VIEW  V计科院补考名单
    AS
    SELECT  V学生选课成绩.*
    FROM    V学生选课成绩 JOIN  V计科院学生 ON
            V学生选课成绩.学号=V计科院学生.学号
    WHERE 成绩< 60
```

6.2.7 带表达式的视图

设置一些派生属性列,这些派生属性列由于在基本表中并不实际存在,所以也称为虚拟列。带虚拟列的视图也称为带表达式的视图。

带表达式的视图必须明确定义组成视图的各个属性列名。

【例 6.28】 （1）定义一个反映学生年龄的视图（将"生日"换为"年龄"）；（2）查询该视图。

```
USE JXDB
IF EXISTS(SELECT name FROM sysobjects WHERE name='V学生年龄')
   DROP VIEW  V学生年龄
GO
CREATE VIEW  V学生年龄
AS
SELECT 学号,姓名,性别,dbo.getflooryear(生日,getdate()) 年龄,身高,班号,相片
FROM 学生                                    —年龄为虚拟列
GO
SELECT  *  FROM V学生年龄
```

【例 6.29】 （1）定义一个根据学生表实际人数自动统计班级人数列的班级视图；（2）查询该视图。

```
USE JXDB
IF EXISTS(SELECT name FROM sysobjects WHERE name='V班级')
   DROP VIEW  V班级
GO
CREATE VIEW  V班级
AS
SELECT 班级.班号,班名,a.人数,专业号,班主任
FROM  班级 LEFT JOIN (SELECT 班号,COUNT(学号) 人数
                     FROM 学生
                     GROUP BY 班号) a
        ON 班级.班号=a.班号
GO
SELECT  *  FROM  V班级
```

【例 6.30】 （1）建立"高考"成绩表；（2）在"高考"成绩表中插入 2 条记录；（3）在高考成绩表的基础上建立含总分虚拟列的视图"V 高考"。（4）查询该视图。

```
USE JXDB
IF EXISTS(SELECT name FROM  sysobjects WHERE  name='高考')
     drop table 高考
GO
create table 高考                            —建立"高考"成绩表
  (考号 char(6) primary key,
   姓名 char(8),
   语文 decimal(5,1) check(语文 between 0 and 150),
   数学 decimal(5,1) check(数学 between 0 and 150),
   英语 decimal(5,1) check(英语 between 0 and 150),
   综合 decimal(5,1) check(综合 between 0 and 300))
GO
INSERT INTO 高考 VALUES('140001','陈述',96,120,98,250)
```

```
INSERT INTO 高考 VALUES('140002','李小白',106,110,126,230)
SELECT *  FROM 高考
IF EXISTS(SELECT name FROM  sysobjects  WHERE   name='V高考')
    drop view  V高考
GO
create view  V高考                 ─建立总分为虚拟列的视图
as  select 考号,姓名,语文,数学,英语,综合,总分= 语文+ 数学+ 英语+ 综合
    from 高考
GO
SELECT  *   FROM  V高考
```

6.2.8　分组视图

用带有集函数和 group by 子句的查询来定义视图,这种视图称为分组视图。

【例 6.31】 将学生的学号及其选课门数、平均成绩定义为一个视图。

```
USE JXDB
IF EXISTS  (SELECT name FROM   sysobjects
           WHERE   name='V学生选课门数与平均成绩')
drop  view  V学生选课门数与平均成绩
GO
CREATE  VIEW V学生选课门数与平均成绩
AS
SELECT 学号,COUNT(课号) 选课门数,AVG(成绩) 平均成绩
FROM  选修
GROUP BY 学号          ─分组视图
```

【例 6.32】 将学生的学号及其总学分定义为一个视图。

```
USE JXDB
IF OBJECT_ID ('dbo.V学生学分','V') IS NOT NULL
  drop  view  V学生学分
GO
CREATE  VIEW V学生学分
AS
SELECT 学号,SUM(学分) 总学分
FROM  选修  JOIN 课程 ON 选修.课号=课程.课号
GROUP BY 学号
```

6.2.9　修改视图 ALTER VIEW

修改视图 ALTER VIEW 语句的一般格式:

```
ALTER VIEW[schema_name .]view_name[(column[,…n])]
[WITH{[ENCRYPTION][SCHEMABINDING][VIEW_METADATA]}[,…n]]
AS select_statement
```

```
[WITH CHECK OPTION][;]
```

功能:修改先前创建的视图。其中包括索引视图。ALTER VIEW 不影响相关的存储过程或触发器,并且不会更改权限。

参数说明:

(1) schema_name:视图所属架构的名称。

(2) view_name:要更改的视图。

(3) Column:将成为指定视图的一部分的一个或多个列的名称(以逗号分隔)。

(4) ENCRYPTION:加密 sys. syscomments 中包含 ALTER VIEW 语句文本的项。

(5) SCHEMABINDING:将视图绑定到基础表的架构。如果指定了 SCHEMABINDING,则不能以可影响视图定义的方式来修改基表。必须首先修改或删除视图定义本身,然后才能删除要修改的表的相关性。使用 SCHEMABINDING 时,select_statement 必须包含所引用的表、视图或用户定义函数的两部分名称(schema. object)。所有被引用对象都必须在同一个数据库内。

不能删除参与使用 SCHEMABINDING 子句创建的视图的表或视图,除非该视图已被删除或更改,而不再具有架构绑定。否则,数据库引擎将引发错误。另外,如果对参与具有架构绑定的视图的表执行 ALTER TABLE 语句,而这些语句又会影响视图定义,则这些语句将会失败。

如果视图包含别名数据类型列,则无法指定 SCHEMABINDING。

(6) VIEW_METADATA:指定为引用视图的查询请求浏览模式的元数据时,SQL Server 实例将向 DB-Library、ODBC 和 OLE DB API 返回有关视图的元数据信息,而不返回基表的元数据信息。

使用 WITH VIEW_METADATA 创建视图时,如果该视图具有 INSERT 或 UPDATE INSTEAD OF 触发器,则视图的所有列(timestamp 除外)都可更新。

(7) AS select_statement:定义视图的 SELECT 语句。

(8) WITH CHECK OPTION:要求对该视图执行的所有数据修改语句都必须符合 select_statement 中所设置的条件。

ALTER VIEW 可应用于索引视图;但是,ALTER VIEW 会无条件地删除视图的所有索引。

【例 6.33】 (1)建立必修课程视图;(2)修改视图使其只包含学位课程。

解:(1)建立必修课程视图。

```
USE JXDB
IF OBJECT_ID ('dbo.V 必修课程','V') IS NOT NULL
    DROP  VIEW  V 必修课程
GO
CREATE VIEW  V 必修课程
AS
SELECT  *
FROM    课程
WHERE   类别 = '必修'
```

```
     GO
     SELECT  *   FROM  V 必修课程
```
（2）修改视图使其只包含学位课。
```
     USE JXDB
     GO
     ALTER  VIEW  V 必修课程
     AS
     SELECT  *
     FROM    课程
     WHERE   学位课否=1
     GO
     SELECT  *   FROM  V 必修课程
```

6.2.10　删除视图 DROP VIEW

删除视图语句 DROP VIEW 的一般格式：

DROP VIEW［schema_name .］view_name［ … ,n］［;］

功能：从系统目录中删除一个或多个指定视图的定义和有关视图的其他信息。还将删除视图的所有权限。可对索引视图执行 DROP VIEW。

参数说明：

（1）schema_name：视图所属架构的名称。

（2）view_name：要删除的视图的名称。

说明：

（1）删除视图时，由该视图导出的其他视图定义仍在数据字典中，但已不能使用，必须显式删除。

（2）删除基表时，由该基表导出的所有视图定义都必须显式删除。

（3）对索引视图执行 DROP VIEW 时，将自动删除视图上的所有索引。若要显示视图上的所有索引，请使用 sp_helpindex。

【例 6.34】　删除"V 必修课程"和"V 学生学分"两个视图。
```
     USE JXDB
     IF OBJECT_ID ('dbo.V 必修课程','V') IS NOT NULL    AND
        OBJECT_ID ('dbo.V 学生学分','V') IS NOT NULL
     DROP VIEWV 必修课程,V 学生学分
```

6.3　视图数据查询、更新及用途

本节介绍查询视图数据的方法，透过视图更新基表数据的方法，以及视图的各种用途。

6.3.1　视图查询

从用户角度查询视图与查询基本表相同。DBMS 实现视图查询的方法分为视图实体化

法和视图消解法两种。

1. 视图实体化法(view materialization)

首先进行有效性检查,检查所查询的视图是否存在,如果存在执行视图定义,将视图临时实体化,生成临时表。查询视图转换为查询临时表,查询完毕删除被实体化的视图(临时表)。

2. 视图消解法(view resolution)

进行有效性检查,检查查询的表、视图等是否存在。如果存在,则从数据字典中取出视图的定义,把视图定义中的子查询与用户的查询结合起来,转换成等价的对基本表的查询,执行修正后的查询。

【例 6.35】 查询身高 170 以上的女生。

```
USE JXDB
SELECT  *  FROM V女生  WHERE 身高> = 170
```

用视图消解法转换成等价的对基本表的查询,换成后的查询语句如下:

```
SELECT*
FROM    学生
WHERE   身高>=170 AND  性别='女'
```

【例 6.36】 查询"计算机科学与技术学院"学号为偶数的学生选课成绩,包括学号、姓名、课号和成绩。

```
USE JXDB
SELECT   x.学号,姓名,课号,成绩
FROM     V计科院学生 x  JOIN 选修 ON  x.学号=选修.学号
WHERE    RIGHT(x.学号,1) IN ('0','2','4','6','8')
```

视图消解法的局限:有些情况下,视图消解法不能生成正确查询。采用视图消解法的DBMS 会限制这类查询。若视图消解后含有语法错误,应直接对基本表进行查询。

6.3.2　视图数据更新

可以通过视图修改基表中的数据,与使用 UPDATE、INSERT 和 DELETE 语句在表中修改数据的方法一样。DBMS 实现视图更新的方法有两种:视图实体化法和视图消解法。指定WITH CHECK OPTION 子句后,DBMS 在更新视图时会进行检查,防止用户通过视图对不属于视图范围内的基本表数据进行更新。

1. 更新视图数据举例

【例 6.37】 将女生视图"V 女生"中学号为 130001 的学生身高由原来的 160 改为 165。

```
UPDATE   V女生
SET      身高=165
WHERE    学号='130001'
```

视图消解后转换为对基本表的修改:

```
UPDATE   学生
SET      身高=165
WHERE    性别='女' AND 学号='130001'
```

【例 6.38】 向女生视图"V 女生"中插入一个新的学生记录:130008,赵新,女

```
USE JXDB
INSERT  INTO  V女生 VALUES('130008','赵新','女','1992-10-12',158,'130101',NULL)
```

视图消解后转换为对基本表的插入：

```
INSERT  INTO学生 VALUES('130008','赵新','女','1992-10-12',158,'130101',NULL)
```

【例 6.39】　删除女生视图"V 女生"中学号为 130008 的记录。

```
DELETE
FROM V 女生
WHERE 学号='130008'
```

视图消解后转换为对基本表中数据的删除：

```
DELETE
FROM学生
WHERE 性别= '女' AND 学号= '130008'
```

因为"V 女生"是行列子集视图，所以以上更新操作成功。

2. 可更新的视图

更新视图数据是有限制的，只有满足下列条件，才能通过视图更新基表的数据：

（1）任何修改（包括 UPDATE、INSERT 和 DELETE 语句）都只能引用一个基表的列。

（2）视图中被修改的列必须直接引用表列中的基础数据，不能通过任何其他方式对这些列进行派生。方式如下。

① 聚合函数：AVG、COUNT、SUM、MIN、MAX、GROUPING、STDEV、STDEVP、VAR 和 VARP。

② 计算。不能从使用其他列的表达式中计算该列。使用集合运算符 UNION、UNION ALL、CROSSJOIN、EXCEPT 和 INTERSECT 形成的列将计入计算结果，且不可更新。

（3）被修改的列不受 GROUP BY、HAVING 或 DISTINCT 子句的影响。

（4）TOP 在视图的 select_statement 中的任何位置都不会与 WITH CHECK OPTION 子句一起使用。

上述限制适用于视图的 FROM 子句中的任何子查询，就像其应用于视图本身一样。通常情况下，数据库引擎必须能够明确跟踪从视图定义到一个基表的修改。

6.3.3　视图的作用

视图的用途很广，下面介绍视图的几种主要用途。

1. 视图能够简化用户的操作

当视图中的数据不是直接来自基本表时，定义视图能够简化用户的操作。例如，基于多张表连接形成的视图，基于复杂嵌套查询的视图，含导出属性的视图。

2. 视图使用户能以多种角度看待同一数据

视图机制能使不同用户以不同方式看待同一数据，适应数据库共享的需要。

3. 视图对重构数据库提供了一定程度的逻辑独立性

SQL Server 数据库系统具有外模式、模式和内模式三级模式结构，视图属于外模式。以下举例说明：视图对重构数据库提供了一定程度的逻辑独立性。

【例 6.40】 已知学生关系：学生（学号，姓名，性别，生日，身高，班号，相片）

把学生关系"垂直"地分成两个基本表：

学生 1（学号，姓名，性别，班号）、学生 2（学号，生日，身高，相片）

通过建立以下"学生"视图：

```
CREATE VIEW 学生 (学号,姓名,性别,生日,身高,班号,相片)
AS
SELECT 学生 1.学号,姓名,性别,生日,身高,班号,相片
FROM 学生 1,学生 2
WHERE 学生 1.学号=学生 2.学号
WITH CHECK OPTION
```

学生关系分成两个基本表"学生 1"和"学生 2"，数据库逻辑结构发生了改变，但用户的外模式"学生"视图保持不变，从而对原"学生"表的查询程序不必修改，这就是数据的逻辑独立性。

由于对视图的更新是有条件的，所以应用程序中修改数据的语句可能仍会因基本表结构的改变而改变。视图只能在一定程度上提供数据的逻辑独立性。

4. 视图能够对机密数据提供安全保护

对不同用户定义不同视图，使每个用户只能看到其有权看到的数据。

通过 WITH CHECK OPTION 对关键数据定义操作时间限制。

【例 6.41】（1）建立"计算机科学与技术学院"学生成绩视图"V 计科院学生成绩"。并要求透过该视图进行的更新操作只涉及该院学生成绩，同时对该视图的任何操作只能在工作时间（星期一至星期五 9:00 至 17:00）进行。

（2）在工作时间以外对视图"V 计科院学生成绩"执行查询，观察结果。

（3）在工作时间以外对视图"V 计科院学生成绩"执行插入，观察结果。

解：（1）按要求建立视图"V 计科院学生成绩"

```
USE JXDB
IF OBJECT_ID ('dbo.V 计科院学生成绩','V') IS NOT NULL
    DROP  VIEW  V 计科院学生成绩
GO
CREATE  VIEW  V 计科院学生成绩
AS
SELECT  选修.*
FROM    选修  JOIN 学生 ON 选修.学号= 学生.学号
              JOIN 班级 ON 学生.班号=班级.班号
              JOIN 专业 ON 专业.专业号=班级.专业号
              JOIN 部门 ON 部门.部门号=专业.院系
WHERE 部门名='计算机科学与技术学院' AND
    datepart(hour,GETDATE())    BETWEEN 9 AND 17 AND —9:00 至:00
    datepart(weekday,GETDATE()) BETWEEN 2 AND 6        —星期一至星期五
WITH CHECK OPTION
```

（2）在工作时间以外对视图"V 计科院学生成绩"执行查询，观察结果。

```
GO
SELECT *   FROM V 计科院学生成绩
SELECT GETDATE()时间,datename(weekday,GETDATE()) 星期
```

运行结果：

学号　　课号　成绩
⋯⋯⋯　⋯⋯⋯　⋯⋯⋯

(0 行受影响)

时间　　　　　　　　　　　　星期
⋯⋯⋯⋯⋯⋯⋯⋯⋯⋯⋯⋯⋯⋯⋯⋯⋯⋯⋯⋯⋯⋯

2014-03-22 13:07:42.827 星期六

(1 行受影响)

运行结果说明：若在工作时间以外对视图"V 计科院学生成绩"执行查询操作，则结果为空集。

(3) 在工作时间以外对视图"V 计科院学生成绩"插入一条记录('130001','5',75)，观察结果。

```
GO
USE JXDB
INSERT INTO V 计科院学生成绩 VALUES('130001','5',75)
```

运行结果：

消息 550,级别 16,状态 1,第 2 行

试图进行的插入或更新已失败，原因是目标视图或者目标视图所跨越的某一视图指定了 WITH CHECK OPTION，而该操作的一个或多个结果行又不符合 CHECK OPTION 约束。

语句已终止。

运行结果说明：若在工作时间以外对"V 计科院学生成绩"执行更新操作，则拒绝执行。

5. 视图能够节省存储空间

利用视图可降低数据库中数据的冗余，从而节省存储空间。若计算列不必在基本表中存储，则可通过视图实现。

6.4　使用界面方法建立与编辑视图

本节介绍使用界面方法建立、修改与删除视图的方法。

1. 使用界面方法建立视图

【例 6.42】　将各部门的部门号、部门名，以及该部门教工的总工资定义为一个视图。

(1) 启动 SQL Server Management Studio，展开"数据库"，展开"JXDB"，右击"视图"，单击"新建视图"，打开视图设计器(也称查询设计器)窗口，如图 6-2 所示。视图设计器由顶行视图工具按钮(如图 6-3 所示)和视图设计区域组成。视图设计区域自上而下又由关系图窗格、条件窗格、SQL 窗格和结果窗格等 4 个窗格组成。

(2) 视图工具共有 9 个按钮，按从左至右顺序编号，其功能如表 6-1 所示。

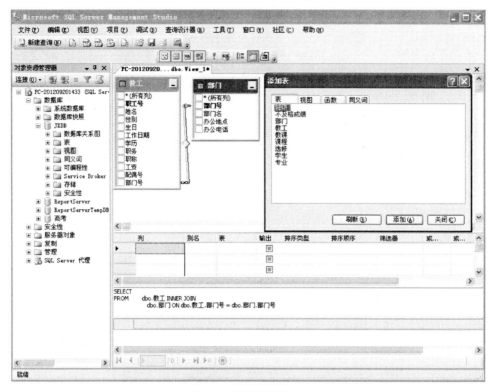

图 6-2　视图设计窗口

图 6-3　视图工具按钮

表 6-1　视图工具按钮功能

序号	按钮	功能
1		关系图窗格是否显示开关按钮
2		条件窗格是否显示开关按钮
3		SQL 窗格是否显示开关按钮
4		结果窗格是否显示开关按钮
5		执行 SQL
6		验证 SQL 句法
7		添加分组依据
8		添加表
9		添加新派生表

（3）单击"添加表"按钮，打开"添加表"窗口，将建立视图的数据源"教工"表和"部门"表依次添加到关系图窗格，此时在 SQL 窗格中将自动生成建立视图的最基本的查询语句，如图 6-4

所示。单击添加表窗口中的"关闭"按钮,关闭"添加表"窗口。

（4）选定教工表中的"部门号"复选框,部门表中的"部门名"复选框,教工表中的"工资"复选框;单击"添加分组依据"按钮,单击工资行分组依据列右侧中的下拉列表,选择聚集函数,此处选择 sum;在工资行别名列中输入"工资合计";单击部门号行排序类型列右侧中的下拉列表,选择升序。

（5）单击"执行 SQL"按钮,运行结果显示于结果窗格。

图 6-4　视图设计窗口

（6）单击"保存"按钮,打开"选择名称"窗口,输入视图名"V 部门工资",单击"确定"按钮。

（7）关闭"视图设计器"窗口。

2. 使用界面方法修改视图

（1）启动 SQL Server Management Studio,展开"数据库",展开"JXDB",展开"视图",右击要修改的视图,选择"设计"命令,打开"视图设计器"窗口。

（2）对视图进行修改。修改完毕,单击"保存"按钮,最后关闭"视图设计器"窗口。

3. 使用界面方法删除视图

右击要删除的视图,选择"删除"命令,打开"删除对象"窗口。单击"确定"按钮。

第 7 章　存　储　过　程

存储过程是预先编译和优化存储于数据库中的子程序,是 SQL Server 数据库中的重要对象。存储过程是已保存的 T-SQL 语句集合,或对 Microsoft . NET Framework 公共语言运行时(CLR)方法的引用,可接收并返回用户提供的参数。可以创建永久使用的存储过程,或在一个会话(局部临时过程)中临时使用,或在所有会话(全局临时过程)中临时使用。

本章介绍创建、调用、修改与删除存储过程的 T-SQL 语句,基本存储过程的建立与调用,以及各类存储过程的建立与调用方法等内容。

7.1　创建、调用、修改与删除存储过程语句

与存储过程相关 T-SQL 语句共有 4 个,它们分别是:创建存储过程语句 CREATE PROCEDURE,调用存储过程语句 EXECUTE,修改存储过程语句 ALTER PROCEDURE,以及删除存储过程语句 DROP PROCEDURE。本节介绍以上 4 个语句的一般格式、功能及参数说明。

7.1.1　建立存储过程语句 CREATE PROCEDURE

1. 建立存储过程语句

建立存储过程语句 CREATE PROCEDURE 格式如下:

```
CREATE{PROC|PROCEDURE}[schema_name.]procedure_name
    [{@parameter[type_schema_name.]data_type}[= default]
        [VARYING][OUT|OUTPUT][READONLY]
    ][,…n]
[WITH{[ENCRYPTION]|[RECOMPILE]|[ENCRYPTION,RECOMPILE]}
|[EXECUTE AS Clause]]
[FOR REPLICATION]
AS{< sql_statement> [;][…n]}[;]
```

功能:执行该语句时,将指定的存储过程名这一数据库对象,经预先编译优化后,存储在活动数据库中,供用户调用。

参数说明:

(1) schema_name:过程所属架构的名称。

(2) procedure_name:新存储过程的名称。建议不在过程名称中使用前缀 sp_。此前缀由 SQL Server 使用,以指定系统存储过程。可在 procedure_name 前面使用一个数字符号(♯)(♯ procedure_name)来创建局部临时过程,使用两个数字符号(♯♯ procedure_name)来创建全局临时过程。

(3) @parameter:存储过程中的参数。在 CREATE PROCEDURE 语句中可以声明一个

或多个参数。除非定义了参数的默认值或者将参数设置为等于另一个参数,否则用户必须在调用过程时为每个声明的参数提供值。存储过程最多可以有 2100 个参数。如果过程包含表值参数,并且该参数在调用中缺失,则传入空表默认值。

通过将 at 符号(@)用做第一个字符来指定参数名称。参数名称必须符合有关标识符的规则。每个过程的参数仅用于该过程本身;其他过程中可以使用相同的参数名称。默认情况下,参数只能代替常量表达式,而不能代替表名、列名或其他数据库对象的名称。

(4)[type_schema_name.]data_type:参数以及所属架构的数据类型。所有数据类型都可以用做存储过程的参数。可以使用用户定义表类型来声明表值参数作为 Transact-SQL 存储过程的参数。只能将表值参数指定为输入参数,这些参数必须带有 READONLY 关键字。cursor 数据类型只能用于 OUTPUT 参数。如果指定了 cursor 数据类型,则还必须指定 VARYING 和 OUTPUT 关键字。可以为 cursor 数据类型指定多个输出参数。

如果未指定 type_schema_name,则 SQL Server 数据库引擎将按以下顺序引用 type_name:SQL Server 系统数据类型,当前数据库中当前用户的默认架构,当前数据库中的 dbo 架构。

VARYING:指定作为输出参数支持的结果集。该参数由存储过程动态构造,其内容可能发生改变。仅适用于 cursor 参数。

(5)default:指定输入参数的默认值。如果定义了 default 值,则无需指定此参数的值即可执行过程。默认值必须是常量或 NULL。如果过程使用带 LIKE 关键字的参数,则可包含下列通配符:%、_、[]和[^]。

注意:只有 CLR 过程的默认值记录在 sys.parameters.default 列中。对于 Transact-SQL 过程参数,该列将为 NULL。

(6)OUTPUT:指示参数是输出参数。此选项的值可以返回给调用 EXECUTE 的语句。使用 OUTPUT 参数将值返回给过程的调用方。除非是 CLR 过程,否则 text、ntext 和 image 参数不能用做 OUTPUT 参数。使用 OUTPUT 关键字的输出参数可以为游标占位符,CLR 过程除外。不能将用户定义表类型指定为存储过程的 OUTPUT 参数。

(7)READONLY:指示不能在过程的主体中更新或修改参数。如果参数类型为用户定义的表类型,则必须指定 READONLY。

(8)RECOMPILE:调用存储过程时编译。指示数据库引擎不缓存该过程的计划,该过程在运行时编译。

(9)ENCRYPTION:存储过程文本加密。指示 SQL Server 将 CREATE PROCEDURE 语句的原始文本转换为模糊格式。模糊代码的输出在 SQL Server 的任何目录视图中都不能直接显示。对系统表或数据库文件没有访问权限的用户不能检索模糊文本。但是,通过 DAC 端口访问系统表的特权用户或直接访问数据文件的特权用户可以使用此文本。此外,能够向服务器进程附加调试器的用户可在运行时从内存中检索已解密的过程。

(10)FOR REPLICATION:指定不能在订阅服务器上执行为复制创建的存储过程。使用 FOR REPLICATION 选项创建的存储过程可用做存储过程筛选,且只能在复制过程中执行。如果指定了 FOR REPLICATION,则无法声明参数。对于使用 FOR REPLICATION 创建的过程,忽略 RECOMPILE 选项。

(11)<sql_statement>:要包含在过程中的一个或多个 Transact-SQL 语句。

可以在存储过程中指定除了 SET SHOWPLAN_TEXT 和 SET SHOWPLAN_ALL 以外的任何 SET 语句。这些语句在批处理中必须唯一。选择的 SET 选项在存储过程执行过程中有效,之后恢复为原来的设置。

7.1.2　调用存储过程语句 EXECUTE

1. EXECUTE 语句格式及其意义

调用存储过程语句 EXECUTE 格式:

```
Execute a stored procedure or function
[{EXEC|EXECUTE}]
    {[@return_status= ]|
     [[@parameter= ]{value  |@variable[OUTPUT]|[DEFAULT]}][,…n]
     [WITH RECOMPILE]
    }[;]
```

功能:执行 T-SQL 批中的命令字符串、字符串或执行下列模块之一:系统存储过程、用户定义存储过程、标量值用户定义函数或扩展存储过程。

参数:

(1) @return_status:可选的整型变量,存储模块的返回状态。这个变量在用于 EXECUTE 语句前,必须已经在批处理、存储过程或函数中声明。

在用于调用标量值用户定义函数时,@return_status 变量可以为任意标量数据类型。

(2) @parameter:参数名称前必须加上符号(@)。在与 @parameter_name＝value 格式一起使用时,参数名和常量不必按它们在模块中定义的顺序提供。但是,如果对任何参数使用了 @parameter_name＝value 格式,则对所有后续参数都必须使用此格式。

默认情况下,参数可为空值。

(3) value:传递给模块或传递命令的参数值。如果参数名称没有指定,参数值必须以在模块中定义的顺序提供。

如果参数值是一个对象名、字符串或由数据库名称或架构名称限定,则整个名称必须用单引号括起来。如果参数值是一个关键字,则该关键字必须用双引号括起来。

如果在模块中定义了默认值,用户执行该模块时可以不必指定参数。

默认值也可以为 NULL。通常,模块定义会指定当参数值为 NULL 时应该执行的操作。

(4) @variable:是用来存储参数或返回参数的变量。

(5) OUTPUT:指定模块或命令字符串返回一个参数。该模块或命令字符串中的匹配参数也必须已使用关键字 OUTPUT 创建。使用游标变量作为参数时使用该关键字。

如果正在使用 OUTPUT 参数,并且使用的目的是在执行调用的批处理或模块内的其他语句中使用其返回值,则此参数的值必须作为变量传递,如 @parameter＝@variable。如果一个参数在模块中没有定义为 OUTPUT 参数,则不能通过对该参数指定 OUTPUT 执行模块。不能使用 OUTPUT 将常量传递给模块;返回参数需要变量名称。在执行过程之前,必须声明变量的数据类型并赋值。

当对远程存储过程使用 EXECUTE 或对链接服务器执行传递命令时,OUTPUT 参数不能是任何大型对象(LOB)数据类型。

返回参数可以是大型对象(LOB)数据类型之外的任意数据类型。

(6) DEFAULT:根据模块的定义,提供参数的默认值。当模块需要的参数值没有定义默认值并且缺少参数或指定了 DEFAULT 关键字时,会出现错误。

(7) WITH RECOMPILE:执行模块后,强制编译、使用和放弃新计划。如果该模块存在现有查询计划,则该计划将保留在缓存中。

如果所提供的参数为非典型参数或者数据有很大的改变,则使用该选项。该选项不能用于扩展存储过程。建议尽量少使用该选项,因为它消耗较多系统资源。

(8) [N]'tsql_string':常量字符串。tsql_string 可以是任意 nvarchar 或 varchar 数据类型。如果包含 N,则字符串将解释为 nvarchar 数据类型。

(9) [N]'command_string':常量字符串,包含要传递给链接服务器的命令。如果包含 N,则字符串将解释为 nvarchar 数据类型。

说明:

(1) 可以使用 value 或 @parameter_name＝value 来提供参数。参数不是事务的一部分,如果在以后将回滚的事务中更改了参数,则此参数的值不会恢复为其以前的值。返回给调用方的值总是模块返回时的值。

(2) 当使用游标变量时,如果执行的过程传递一个分配有游标的游标变量,那么就会出错。

(3) 当执行存储过程时,如果语句是批处理中的第一个语句,则不一定要指定 EXECUTE 关键字。

(4) SQL Server 系统存储过程以字符 sp_开头。这些存储过程物理上存储在资源数据库中,但逻辑上出现在每个系统数据库和用户定义数据库的 sys 架构中。在批处理或模块(如用户定义存储过程或函数)中执行系统存储过程时,建议使用 sys 架构名称限定存储过程名称。

SQL Server 系统扩展存储过程以字符 xp_开头,这些存储过程包含在 master 数据库的 dbo 架构中。在批处理或模块(如用户定义存储过程或函数)内执行系统扩展存储过程时,建议使用 master.dbo 限定存储过程名称。

在批处理或模块(如用户定义存储过程或函数)内执行用户定义存储过程时,建议使用架构名限定存储过程名称。建议不要使用与系统存储过程相同的名称命名用户定义存储过程。

(5) 使用带字符串的 EXECUTE 命令

在 SQL Server 的早期版本中,字符串限制为 8 000 字节。这要求连接长字符串,以便动态执行。在 SQL Server 中,可以指定 varchar(max) 和 nvarchar(max) 数据类型,它们允许字符串使用多达 2 GB 数据。

数据库上下文的更改只在 EXECUTE 语句结束前有效。例如,运行下面这条语句中的 EXEC 之后,数据库上下文将为 master。

```
USE master;
EXEC ('USE JXDB; SELECT *  FROM 部门;');
```

2. EXECUTE 语句的使用

1) 使用带变量的 EXECUTE 'tsql_string' 语句

下面的示例说明了 EXECUTE 如何处理动态生成的包含变量的字符串。

【例 7.1】 创建 tables_cursor 游标以保存 JXDB 数据库中所有用户定义表的列表,然后使用该列表重新生成对所有表的全部索引。

```
USE JXDB
DECLARE tables_cursor CURSOR
  FOR
  SELECT s.name,t.name     一模式名与表名
  FROM sys.objects AS t   JOIN sys.schemas AS s ON s.schema_id=t.schema_id
  WHERE t.type='U';
OPEN tables_cursor;
DECLARE @schemaname sysname;
DECLARE @tablename sysname;
FETCH NEXT FROM tables_cursor INTO @schemaname,@tablename;
WHILE (@@FETCH_STATUS <>-1)
BEGIN;
EXECUTE('ALTER INDEX ALL ON '+@schemaname+'.'+@tablename+' REBUILD')
FETCH NEXT FROM tables_cursor INTO @schemaname,@tablename
END;
PRINT 'The indexes on all tables have been rebuilt.';
CLOSE tables_cursor;
DEALLOCATE tables_cursor;
```

2）使用带存储过程变量的 EXECUTE 语句

【例 7.2】 创建一个代表存储过程名称的变量。使用 EXECUTE 语句调用该过程名变量。

```
DECLARE @proc_name varchar(30);
SET @proc_name='sys.sp_who';
EXEC @proc_name;
```

7.1.3　修改存储过程语句 ALTER PROCEDURE

修改存储过程语句 ALTER PROCEDURE 格式：

```
ALTER{PROC|PROCEDURE}[schema_name.]procedure_name
    [{@parameter[type_schema_name.]data_type}
    [VARYING][=default][[OUT[PUT]
    ][,…n]
[WITH   [ENCRYPTION][RECOMPILE][EXECUTE_AS_Clause][,…n]]
[FOR REPLICATION]
AS
    {[BEGIN]statements[…n][END]}
```

功能：修改先前通过执行 CREATE PROCEDURE 语句创建的过程。ALTER PROCEDURE 不会更改权限，也不影响相关的存储过程或触发器。

参数同 CREATE PROCEDURE 语句。

7.1.4　删除存储过程语句 DROP PROCEDURE

删除存储过程语句 DROP PROCEDURE 语句格式：

```
DROP{PROC|PROCEDURE}{[schema_name.]procedure}[,…n]
```

功能:从当前数据库中删除一个或多个存储过程或过程组。

参数说明:

(1) schema_name:过程所属架构的名称。不能指定服务器名称或数据库名称。

(2) procedure_name:要删除的存储过程或存储过程组的名称。

若要查看过程名称的列表,请使用 sys. objects 目录视图。若要显示过程定义,请使用 sys. objects 目录视图。若要显示过程定义,请使用 sys. sql_modules 目录视图。删除某个存储过程时,也将从 sys. objects 和 sys. sql_modules 目录视图中删除有关该过程的信息。

7.2 基本存储过程的建立与调用

存储过程是使用 T-SQL 语句编写的子程序。子程序可以有 $n(n \geqslant 0)$ 个参数,用于向子程序传递数据的参数称为输入参数,用于向调用程序返回结果的参数称为输出参数。本节通过实例介绍各种参数存储过程的建立与调用方法,以及文本加密子句 WITH ENCRYPTION 和重新编译子句 WITH RECOMPILE 的用法。

7.2.1 无参存储过程

1. 使用存储过程建立数据库

【例 7.3】 编写存储过程,建立"高考"数据库。

分析:此存储过程不使用任何参数。

```
USE master
IF EXISTS(SELECT  name  FROM  sysobjects
        WHERE  name='P_建立高考数据库')
    DROP PROCEDURE P_建立高考数据库
GO
CREATE PROCEDURE P_建立高考数据库      —无参存储过程
AS
IF DB_ID(N'高考') IS NOT NULL
DROP DATABASE 高考                    —若数据库"高考"已存在,则删除
CREATE DATABASE 高考                  —建立数据库"高考"
ON
PRIMARY                              —主文件组
(NAME=高考_Data,                     —主数据文件
    FILENAME='F:\SQL2008DB\高考_Data.mdf',
    SIZE=3MB,
    MAXSIZE=UNLIMITED,
    FILEGROWTH=10% )
LOG ON
(NAME=高考_log,                       —日志文件
    FILENAME='F:\SQL 日志文件\高考_log.ldf',
```

```
        SIZE=2MB,
        MAXSIZE=20MB,
        FILEGROWTH=10%)
```

运行以上程序在 master 数据库中创建了存储过程"P_建立高考数据库"。

存储过程"P_建立高考数据库"的调用方法如下。

方法 1：

```
USE master
EXECUTE dbo.P_建立高考数据库
```

方法 2：

```
USE master
EXEC dbo.P_建立高考数据库
```

方法 3：

```
P_建立高考数据库
```

执行以上语句便在文件夹"F:\SQL2008DB"中建立了"高考_Data"主数据文件，在文件夹 "F:\SQL 日志文件"中建立了"高考_log"日志文件。

2. 使用存储过程建立表

【例 7.4】 编写存储过程，在"高考"数据库中建立"高考成绩"表。

```
USE 高考
IF EXISTS(SELECT  name  FROM  sys.objects
          WHERE  name='P_建立高考成绩表')
     DROP PROCEDURE P_建立高考成绩表
GO
CREATE PROCEDURE P_建立高考成绩表    —无参存储过程
AS
IF EXISTS(SELECT name FROM  sysobjects WHERE  name='高考成绩')
        DROP TABLE 高考成绩
—建立"高考成绩"表结构
CREATE TABLE 高考成绩
   (考号 char(6) primary key,
    姓名 char(8),
    语文 decimal(5,1) check(语文 between 0 and 150),
    数学 decimal(5,1) check(数学 between 0 and 150),
    英语 decimal(5,1) check(英语 between 0 and 150),
    综合 decimal(5,1) check(综合 between 0 and 300))
```

运行以上程序在"高考"数据库中创建了存储过程"P_建立高考成绩表"。

建立高考成绩表存储过程的调用：

```
USE 高考
EXECUTE P_建立高考成绩表
```

执行以上语句便在"高考"数据库中建立了"高考成绩"表结构。

3. 使用存储过程建立查询

【例 7.5】 建立存储过程，查询计算机科学与技术学院学生。

```
USE JXDB
IF EXISTS(SELECT  name  FROM  sys.objects
        WHERE  name='P_计科院学生')
    DROP PROCEDURE P_计科院学生
GO
CREATE PROCEDURE P_计科院学生     ——无参存储过程
AS
SELECT 学生.*
FROM 学生 JOIN 班级 ON 学生.班号=班级.班号
        JOIN 专业 ON 专业.专业号=班级.专业号
        JOIN 部门 ON 部门.部门号=专业.院系
    WHERE 部门名='计算机科学与技术学院'
```

无参存储过程调用：

```
USE JXDB
EXECUTE P_计科院学生
```

7.2.2　精确匹配值输入参数

【例 7.6】　建立存储过程，按部门名查询该院学生。

分析："部门名"就是存储过程调用时要提供的参数，应为存储过程的输入参数。此存储过程接收与传递精确匹配值的参数。

```
USE JXDB
IF EXISTS(SELECT  name  FROM  sys.objects WHERE  name='P_某院学生')
    DROP PROCEDURE P_某院学生
GO
CREATE PROCEDURE P_某院学生 @x char(20)   ——@x 为输入参数
AS
    SELECT 学生.*
FROM 学生 JOIN 班级 ON 学生.班号=班级.班号
        JOIN 专业 ON 专业.专业号=班级.专业号
        JOIN 部门 ON 部门.部门号=专业.院系
    WHERE 部门名=@x
```

调用有参存储过程"P_某院学生"，查询：计算机科学与技术学院学生。

方法 1：

```
EXECUTE P_某院学生 '计算机科学与技术学院'
```

方法 2：

```
EXEC P_某院学生 @x='计算机科学与技术学院'
```

方法 3：

```
P_某院学生 '计算机科学与技术学院'
```

【例 7.7】　编写存储过程，查询某专业某年级可授予学士学位学生名单。学士学位授予条件为：(1)修满相应专业所规定的学分(应修学分＝必修课总学分＋1)；

(2)所有学位课程全部及格且平均成绩在 75 分以上。

分析："专业"与"年级"是调用存储过程时要提供的两个输入参数。

```
USE JXDB
IF EXISTS(SELECT  name  FROM  sys.objects
          WHERE  name='P_某专业某年级学士学位')
    DROP PROCEDURE P_某专业某年级学士学位
GO
CREATE PROCEDURE P_某专业某年级学士学位
   @zy CHAR(3)= '001',@ng CHAR(2)= '13'     —@zy 专业号,@ng 年级
AS
DECLARE @zxf INT,@学位课门数 INT              —@zxf 应修学分,
DECLARE @zyname CHAR(16)                     —@zyname 专业名
SET NOCOUNT ON
SELECT  @zyname= 专业名  FROM 专业  WHERE 专业号=@zy
SELECT @zxf=SUM(学分)+1 FROM 课程 WHERE 类别='必修'—应修学分=必修课学分+1
IF exists (SELECT name FROM sys.objects
             WHERE name='某专业某年级学位成绩' and type='U')
    DROP table 某专业某年级学位成绩
—查询某专业某年级学生及格课程成绩
SELECT 学生.学号,姓名,专业名,班级.班号,选修.课号,课名,成绩,学分,学位课否
INTO 某专业某年级学位成绩
FROM 专业 INNER JOIN 班级 ON  专业.专业号=班级.专业号
            INNER JOIN 学生 ON  学生.班号=班级.班号
            INNER JOIN 选修 ON  选修.学号=学生.学号
            INNER JOIN 课程 ON  课程.课号=选修.课号
WHERE 专业.专业号=@zy AND LEFT(学生.学号,2)=@ng AND 成绩>=60
SELECT @学位课门数=COUNT(*) FROM 课程 WHERE 学位课否=1
PRINT '20'+@ng+'级'+RTRIM(@zyname)+'专业可授予学士学位名单'
PRINT  ''
—查询选满学位课且平均成绩在 75 分以上,总学分达到规定要求的学生
SELECT t1.学号,t2.姓名,总学分,学位课平均成绩
FROM (SELECT 学号,AVG(成绩) 学位课平均成绩
        FROM 某专业某年级学位成绩
        WHERE 学位课否=1
        GROUP BY 学号
        HAVING COUNT(课号)=@学位课门数 AND AVG(成绩)>=75) t1
        INNER JOIN
      (SELECT 学号,姓名,SUM(学分) 总学分
       FROM 某专业某年级学位成绩
       GROUP BY 学号,姓名
       HAVING SUM(学分)>=@zxf) t2
       ON t1.学号=t2.学号
ORDER BY 学位课平均成绩 DESC
DROP table 某专业某年级学位成绩
```

运行结果：

命令已成功完成。

运行以上程序，在 JXDB 数据库中建立存储过程"P_某专业某年级学士学位"。

存储过程"P_某专业某年级学士学位"的调用：

```
USE JXDB
EXECUTE P_某专业某年级学士学位 '001','13'
```

7.2.3　通配符输入参数

【例7.8】　编写存储过程，按姓名模糊查询（姓名含通配符）某学生成绩。包括学号、姓名、课号、课名和成绩。

```
USE JXDB
IF EXISTS(SELECT  name  FROM  sys.objects
        WHERE  name='P_按姓名模糊查询成绩')
    DROP PROCEDURE P_按姓名模糊查询成绩
GO
CREATE PROCEDURE P_按姓名模糊查询成绩
        @name varchar(8)    —此处输入参数类型不能为 char(8)
    AS
SELECT 学生.学号,姓名,课程.课号,课名,成绩
FROM 学生 INNER JOIN 选修 ON  学生.学号=选修.学号
            INNER JOIN 课程 ON  选修.课号=课程.课号
WHERE 学生.姓名 LIKE  @name
```

调用通配符输入参数存储过程"P_按姓名模糊查询成绩"，①查询所有姓李的学生成绩；②查询所有姓名中含有"马"字的学生成绩。

```
EXECUTE P_按姓名模糊查询成绩 '李%'
EXECUTE P_按姓名模糊查询成绩 '%马%'
```

7.2.4　输出参数 OUTPUT

【例7.9】　按学号统计该学生的学分和修课门数。

分析："学号"应为输入参数，"学分"和"修课门数"为两个输出参数。

```
USE JXDB
IF EXISTS(SELECT  name  FROM  sys.objects
        WHERE  name='P_某学生学分和修课门数')
    DROP PROCEDURE P_某学生学分和修课门数
GO
CREATE PROCEDURE P_某学生学分和修课门数
      @no varchar(6),@total INT OUTPUT,@total1 INT OUTPUT
with encryption
AS
SELECT @total=SUM(学分)
FROM 学生  INNER JOIN 选修 ON 学生.学号=选修.学号
```

```
                    INNER JOIN 课程 ON 课程.课号=选修.课号
    WHERE 学生.学号=@no    and 选修.成绩>=60
    GROUP BY 选修.学号
    SELECT @total1=COUNT(课程.课号)
    FROM 学生   INNER JOIN 选修 ON 学生.学号=选修.学号
    INNER JOIN 课程 ON 课程.课号=选修.课号
    WHERE 学生.学号=@no
    GROUP BY 选修.学号
```

调用带有输入输出参数的存储过程"P_某学生学分及修课门数",查询学生'130001'的学分和修课门数：

```
    DECLARE @t INT,@t1 INT
    EXECUTE P_某学生学分和修课门数 '130001',@t OUTPUT,@t1 OUTPUT
    SELECT  '130001'学号,@t 学分,@t1 修课门数
```

7.2.5　游标类型输出参数 CURSOR VARYING OUTPUT

　　OUTPUT 游标参数用来将存储过程的局部游标传递回调用批处理、存储过程或触发器。

　　Transact-SQL 存储过程只能将 cursor 数据类型用于 OUTPUT 参数。如果为某个参数指定了 cursor 数据类型，则还需要 VARYING 和 OUTPUT 参数。如果为某个参数指定了 VARYING 关键字，则数据类型必须是 cursor，并且必须指定 OUTPUT 关键字。

　　【例 7.10】　编写子程序，将学生'130001'的学号、姓名、课号、成绩等字段存入游标变量。

　　分析：创建一个带有游标类型输出参数的存储过程，在存储过程中声明并打开该游标。

```
    USE JXDB
    IF OBJECT_ID('P_游标输出参数','P')  IS  NOT  NULL
        DROP PROCEDURE P_游标输出参数
    GO
    CREATE PROCEDURE P_游标输出参数
        @s_cursor CURSOR VARYING OUTPUT                        —游标输出参数
    AS
    SET @s_cursor=CURSOR FORWARD_ONLY STATIC FOR              —给游标变量赋值
      SELECT 选修.学号,姓名,课号,成绩
      FROM 选修 INNER JOIN 学生 ON 选修.学号=学生.学号
      WHERE 选修.学号='130001'
    OPEN @s_cursor                                            —打开游标
```

　　【例 7.11】　编写并运行以下批处理程序：声明一个局部游标变量，执行上述存储过程以将游标赋值给局部变量，然后从该游标提取行。

```
    USE JXDB
    DECLARE @MyCursor  CURSOR
    SET NOCOUNT ON
    EXEC P_游标输出参数 @s_cursor=@MyCursor OUTPUT
                            —调用带游标输出参数的存储过程
    WHILE (@@FETCH_STATUS=0)
    BEGIN
```

```
FETCH NEXT FROM @MyCursor
END
CLOSE @MyCursor
DEALLOCATE @MyCursor
```

7.2.6 查看存储过程文本

查看存储过程的定义文本的方法有多种。

【例 7.12】 查看未加密存储过程"P_某院学生"的文本。

方法 1:调用系统存储过程"sp_helptext"查看存储过程文本

```
USE JXDB
EXEC sp_helptext P_某院学生
```

方法 2:查看系统视图 sys. syscomments 的 text 列

```
SELECT syscomments.text
FROM syscomments INNER JOIN sysobjects
                ON syscomments.id=sysobjects.id
WHERE sysobjects.name=' P_某院学生'
```

方法 3:查看系统视图 sys. sql_modules 的 definition 列

```
USE JXDB
SELECT definition
FROM sys.sql_modules
WHERE object_id= OBJECT_ID('dbo.P_某院学生');
```

【例 7.13】 查看数据库 JXDB 中所有用户自义存储过程的定义。

```
USE JXDB
SELECT definition
FROM sys.sql_modules JOIN sys.objects
    ON sys.sql_modules.object_id=sys.objects.object_id
    AND TYPE='P';
```

若要显示有关存储过程中定义的参数的信息,则请使用该过程所在的数据库中的 sys. parameters 目录视图。

7.2.7 文本加密 ENCRYPTION

建立文本加密存储过程。

【例 7.14】 建立加密存储过程。查询某学期不及格名单,包括学期、学号、课号、课名和成绩。

```
USE JXDB
IF OBJECT_ID('P_某学期不及格名单','P')  IS  NOT  NULL
    DROP PROCEDURE P_某学期不及格名单
GO
CREATE PROCEDURE P_某学期不及格名单
@x INT                  —输入参数存储过程
WITH  ENCRYPTION
AS
```

```
SELECT  开课学期,选修.学号,选修.课号,课名,成绩
FROM    选修 JOIN 课程 ON 选修.课号=课程.课号
WHERE   开课学期=@x AND 成绩<60
```
存储过程调用:
```
USE JXDB
EXECUTEP_某学期不及格名单 1
```
查看加密存储过程"P_某学期不及格名单"的文本:
```
USE JXDB
EXEC sp_helptext P_某学期不及格名单
```
运行结果:
```
对象'P_某学期不及格名单' 的文本已加密。
```

7.2.8　重新编译 RECOMPILE

如果为过程提供的参数不是典型的参数,并且新的执行计划不应被缓存或存储在内存中,则 WITH RECOMPILE 子句会很有用。

【例 7.15】　编写存储过程,按课名查询该课程的选修情况,包括学号、课号、课名和成绩。
```
USE JXDB
IF EXISTS(SELECT  name  FROM  sys.objects
        WHERE  name='P_按课名查询选修情况')
    DROP PROCEDURE P_按课名查询选修情况
GO
CREATE PROCEDURE P_按课名查询选修情况
        @cname varchar(16)     —输入参数
WITH   RECOMPILE
AS
SELECT 学号,课程.课号,课名,成绩
FROM 课程 INNER JOIN 选修 ON  课程.课号=选修.课号
WHERE 课名=@cname
```
存储过程调用:
```
USE JXDB
EXECUTE P_按课名查询选修情况 '数据库'
```

7.2.9　返回结果添加至表中 INSERT…EXECUTE

【例 7.16】　建立存储过程查询不及格成绩。
```
USE JXDB
IF EXISTS(SELECT  name  FROM  sys.objects
        WHERE  name='P_不及格成绩')
    DROP PROCEDURE P_不及格成绩
GO
CREATE PROCEDURE P_不及格成绩     —无参存储过程
AS
SELECT *  FROM 选修 WHERE 成绩<60
```

【例 7.17】 将成绩表结构复制到"不及格成绩"表,调用存储过程将其返回结果添加至该表中:

```
USE JXDB
if exists (select name from sysobjects where name='不及格成绩' and type='U')
        drop table 不及格成绩
SELECT    *                    ——成绩表结构复制到"不及格成绩"表
INTO 不及格成绩
FROM      选修
WHERE    NOT EXISTS           ——此处条件也可换为:成绩<0
        (SELECT   *  FROM   选修)
INSERT 不及格成绩  EXECUTE   P_不及格成绩
```
查询"不及格成绩"表:
```
USE JXDB
SELECT  *   FROM      不及格成绩
```

7.2.10 存储过程的返回值

存储过程执行完后都会返回一个整数值以表示其执行状态。如果执行成功则返回 0,否则返回 −1 至 −99 之间的一个整数。若要查看存储过程的执行状态,应先声明一个整数类型的局部变量,并以 EXECUTE @return_status=procedure_name 的形式执行存储过程。

【例 7.18】 调用存储过程"P_某院学生",输出存储过程执行完后的状态值。
```
USE JXDB
DECLARE @return_status INT
EXECUTE  @return_status=P_某院学生 '计算机科学与技术学院'
SELECT  @return_status 存储过程执行状态
```
运行结果首先输出调用存储过程"P_某院学生"的结果,然后输出以下信息:
```
存储过程执行状态
............
0
```
可以自行在存储过程中使用 RETURN <表达式>将一个整数返回给调用程序、批处理、存储过程或触发器。RETURN <表达式>会无条件地终止一个查询、存储过程或批处理,位于 RETURN <表达式>之后的程序代码不会被执行。

【例 7.19】 建立存储过程。若某课程有人选修则返回 1,否则返回 0。
分析:"课号"为输入参数。
```
USE JXDB
IF OBJECT_ID('P_返回值','P') IS NOT NULL
    DROP PROCEDURE P_返回值
GO
CREATE  PROCEDURE   P_返回值
  @cno  char(3)        ——@cno 为课号输入参数
AS
IF EXISTS(SELECT 课号 FROM 选修  WHERE 课号=@cno)
```

```
        RETURN 1
    ELSE
        RETURN 0
```

存储过程的调用：

```
USE JXDB
DECLARE @return_value  INT,@return_value1  INT
EXECUTE @return_value=P_返回值  '1'
EXECUTE @return_value1=P_返回值  '7'
SELECT  @return_value 返回值1,@return_value1 返回值2
```

运行结果：

```
返回值1    返回值2
...............    ...............

1          0
```

【例 7.20】 创建一个存储过程，该过程将等待可变的时间段，然后将经过的小时、分钟和秒数信息返回给用户。

　　　　分析：对 WAITFOR DELAY 使用局部变量，即等待时间段作为输入参数。

```
USE JXDB
IF OBJECT_ID('dbo.TimeDelay_hh_mm_ss','P') IS NOT NULL
    DROP PROCEDURE dbo.TimeDelay_hh_mm_ss;
GO
CREATE PROCEDURE dbo.TimeDelay_hh_mm_ss(@DelayLength char(8)='00:00:00')
AS
DECLARE @ReturnInfo varchar(255)
IF ISDATE('2000-01-01'+@DelayLength+'.000')=0
BEGIN
  SELECT @ReturnInfo='Invalid time '+@DelayLength+',hh:mm:ss,submitted.'
PRINT @ReturnInfo
  RETURN(1)
END
BEGIN
WAITFOR DELAY @DelayLength
SELECT @ReturnInfo='A total time of '+@DelayLength+',
        hh:mm:ss,has elapsed! Your time is up.'
PRINT @ReturnInfo
END
```

调用存储过程 TimeDelay_hh_mm_ss：

```
EXEC TimeDelay_hh_mm_ss '00:00:10'
EXEC TimeDelay_hh_mm_ss '00:00:70'
```

运行结果：

```
A total time of 00:00:10,
        hh:mm:ss,has elapsed. Your time is up.
Invalid time 00:00:70,hh:mm:ss,submitted.
```

7.3 各类存储过程的建立与调用

本节介绍存储过程的嵌套调用、递归存储过程、自定义系统存储过程、临时存储过程、自动执行存储过程的建立与调用方法，以及存储过程的设计规则。

7.3.1 嵌套存储过程

存储过程可以被嵌套。这表示一个存储过程可以调用另一个存储过程。在被调用过程开始运行时，嵌套级将增加，在被调用过程运行结束后，嵌套级将减少。存储过程最多可以嵌套32级。超过32级，会导致整个调用链失败。当前的嵌套级别存储在@@NESTLEVEL 系统函数中。

【例 7.21】 建立存储过程，依次查询各院学生。

```
USE JXDB
IF EXISTS(SELECT  name  FROM  sys.objects
        WHERE  name='P_各院学生')
    DROP PROCEDURE P_各院学生
GO
CREATE PROCEDURE P_各院学生                —无参存储过程
AS
BEGIN
DECLARE @i int,@n int,@dn char(20)        —@dn 为部门名
DECLARE @deptTableVar TABLE               —临时表变量
        (no int identity(1,1) not null,
        dept char(20))
INSERT @deptTableVar(Dept)
    SELECT DISTINCT 部门名 FROM 部门 WHERE right(部门名,2)='学院'
SELECT @n=COUNT(*) FROM @deptTableVar      —全校学院总数
SET @i=1
WHILE @I<=@n
  BEGIN
  SELECT @dn=dept FROM @deptTableVar WHERE no=@i
  PRINT rtrim(@dn)+'学生'
  EXECUTE P_某院学生 @dn                    —嵌套调用存储过程"P_某院学生"
  SET @i=@i+1
  END
END
```

无参嵌套存储过程的调用：

```
SET NOCOUNT ON
USE JXDB
EXECUTE P_各院学生
```

注意：此处设置为"以文本方式显示结果"运行效果较好。

7.3.2　递归存储过程

直接或间接地调用自身的存储过程称为递归存储过程。

【例 7.22】 编写递归存储过程计算阶乘:y=x!。

```
USE JXDB
IF EXISTS(SELECT  name  FROM  sys.objects
        WHERE  name='P_factor')
    DROP PROCEDURE P_factor
GO
CREATE PROCEDURE P_factor          ─递归存储过程
      @x  INT,@y  INT  OUTPUT     ─@x 为输入参数,@y 为输出参数
AS
DECLARE @n INT,@f INT
IF @x!=1
    BEGIN
      SELECT @n=@x-1
      EXECUTE P_factor @n,@f OUTPUT
      SELECT @y=@x*@f
    END
ELSE
    SELECT @y=1
```

调用带有输入输出参数的递归存储过程“P_factor”,求 5!:

```
DECLARE @x1 INT,@y1 INT
SELECT @x1= 5
If @x1< 0
    PRINT '负数无阶乘!'
ELSE
BEGIN
  EXECUTE P_factor  @x1,@y1 OUTPUT
  PRINT  ltrim(str(@x1))+'! ='+ltrim(str(@y1))
END
```

运行结果:

```
5! =120
```

7.3.3　自定义系统存储过程

若创建的存储过程名以 sp_作前缀,则该过程为自定义系统存储过程。

【例 7.23】 建立一个用户定义的系统存储过程。查询某表的所有索引,包括表名和索引名。

分析:“表名”为输入参数。

```
USE master
IF OBJECT_ID('sp_某表所有索引','P') IS NOT NULL
    DROP PROCEDURE sp_某表所有索引
GO
```

```
CREATE PROCEDURE sp_某表所有索引 @table varchar(30)
AS
SELECT  sysobjects.name 表名,sysindexes.name 索引名
FROM sysindexes INNER JOIN sysobjects  ON sysindexes.id=sysobjects.id
WHERE sysobjects.name=@table
```
用户定义的系统存储过程的调用：
```
USE JXDB
EXECUTE sp_某表所有索引 部门
```
运行结果：
```
表名    索引名
......
部门   PK__部门__A2AF73BD73852659
部门   UQ__部门__A2AF73A276619304
```

7.3.4　临时存储过程

数据库引擎支持局部和全局两种临时存储过程，以一个≠开头的存储过程名称为局部临时存储过程，以两个≠≠开头的存储过程名称为全局临时存储过程。局部临时过程只对创建该过程的连接可见。全局临时过程则可由所有连接使用。局部临时过程在当前会话结束时将被自动删除。全局临时过程在使用该过程的最后一个会话结束时被删除。

【例 7.24】 建立临时存储过程。删除某学生的所有选课记录。
```
USE tempdb
IF OBJECT_ID('##P_临时存储过程','P') IS NOT NULL
    DROP PROCEDURE ##P_临时存储过程
USE JXDB
GO
CREATE  PROCEDURE  ##P_临时存储过程
  @no  char(6)                —@no 为学号输入参数
AS
  DELETE FROM 选修 WHERE 学号=@no
命令已成功完成。
```
在数据库 tempdb 中可查到存储过程"≠≠P_临时存储过程"
调用存储过程"≠≠P_临时存储过程"，删除 130003 学生的所有选课记录：
```
USE tempdb
EXECUTE  ##P_临时存储过程 '130003'
```
查看调用存储过程"≠≠P_临时存储过程"后"选修"表中的数据：
```
USE JXDB
SELECT *  FROM 选修
```

7.3.5　自动执行存储过程

SQL Server 启动时可以自动执行一个或多个存储过程。这些存储过程必须由系统管理员在 master 数据库中创建，并以 sysadmin 固定服务器角色作为后台进程执行。这些过程不

能有任何输入或输出参数。

1. 设置自动执行的存储过程语句

将存储过程设置为自动执行的语句格式：

```
sp_procoption[@ProcName=]'procedure',[@OptionName=]'option'
              ,[@OptionValue=]'value'
```

功能：将指定的存储过程设置为自动执行的存储过程。在每次启动 SQL Server 实例时运行。

参数说明：

〔@ProcName＝〕'procedure '：为其设置选项的过程的名称。procedure 的数据类型为 nvarchar(776)，无默认值。

〔@OptionName＝〕'option '：要设置的选项的名称。option 的唯一值为 startup。

〔@OptionValue＝〕'value '：指示是将选项设置为开启（true 或 on）还是关闭（false 或 off）。value 的数据类型为 varchar(12)，无默认值。

返回代码值：0（成功）或错误号（失败）。

备注：启动过程必须位于 master 数据库中，并且不能包含 INPUT 或 OUTPUT 参数。启动时恢复了 master 数据库后，即开始执行存储过程。

权限：要求具有 sysadmin 固定服务器角色的成员身份。

2. 设置自动执行的存储过程示例

【例 7.25】 建立存储过程并将其设置为自动执行。

```
USE master
IF EXISTS(SELECT  name  FROM  sys.objects
          WHERE  name='P_自动执行')
   DROP PROCEDURE P_自动执行
GO
CREATE PROCEDURE P_自动执行
AS
SET NOCOUNT ON
将存储过程"P_自动执行"设定成自动执行
USE master
EXECUTE  sp_procoption  'P_自动执行','startup','true'
```

重启 SQL Server 2008，存储过程"P_自动执行"将会自动执行。

7.3.6　存储过程设计规则

1. 存储过程基本知识

SQL Server 中的存储过程与其他编程语言中的过程类似，原因是存储过程可以：

（1）接受输入参数并以输出参数的格式向调用过程或批处理返回多个值。

（2）包含用于在数据库中执行操作（包括调用其他过程）的编程语句。

（3）向调用过程或批处理返回状态值，以指明成功或失败（以及失败的原因）。

（4）可以使用 EXECUTE 语句来运行存储过程。存储过程与函数不同，因为存储过程不返回取代其名称的值，也不能直接在表达式中使用。

在 SQL Server 中使用存储过程而不使用存储在客户端计算机本地的 Transact-SQL 程序的好处包括：

（1）存储过程已在服务器注册。

（2）存储过程具有安全特性（如权限）和所有权链接，以及可以附加到它们的证书。用户可以被授予权限来执行存储过程而不必直接对存储过程中引用的对象具有权限。存储过程可以强制应用程序的安全性。

（3）参数化存储过程有助于保护应用程序不受 SQL Injection 攻击。

（4）存储过程允许模块化程序设计。

（5）存储过程一旦创建，以后即可在程序中调用任意多次。这可以改进应用程序的可维护性，并允许应用程序统一访问数据库。

（6）存储过程是命名代码，允许延迟绑定。

（7）存储过程可以减少网络通信流量。

一个需要数百行 T-SQL 代码的操作可以通过一条执行过程代码的语句来执行，而不需要在网络中发送数百行代码。

2. 存储过程的设计规则

几乎所有可以写成批处理的 Transact-SQL 代码都可以用来创建存储过程。

存储过程的设计规则包括以下内容：

（1）CREATE PROCEDURE 定义自身可以包括任意数量和类型的 SQL 语句，但以下语句除外。不能在存储过程的任何位置使用这些语句。

表 7-1

CREATE AGGREGATE	CREATE RULE
CREATE DEFAULT	CREATE SCHEMA
CREATE 或 ALTER FUNCTION	CREATE 或 ALTER TRIGGER
CREATE 或 ALTER PROCEDURE	CREATE 或 ALTER VIEW
SET PARSEONLY	SET SHOWPLAN_ALL
SET SHOWPLAN_TEXT	SET SHOWPLAN_XML
USE database_name	

（2）其他数据库对象均可在存储过程中创建。可以引用在同一存储过程中创建的对象，只要引用时已经创建了该对象即可。

（3）可以在存储过程内引用临时表。如果在存储过程内创建本地临时表，则临时表仅为该存储过程而存在；退出该存储过程后，临时表将消失。

（4）如果执行的存储过程将调用另一个存储过程，则被调用的存储过程可以访问由第一个存储过程创建的所有对象，包括临时表在内。

（5）如果执行对远程 SQL Server 实例进行更改的远程存储过程，则不能回滚这些更改。远程存储过程不参与事务处理。

（6）存储过程中的参数的最大数目为 2100。

（7）存储过程中的局部变量的最大数目仅受可用内存的限制。

（8）根据可用内存的不同，存储过程最大可达 128 MB。

第8章 自定义函数

与其他编程语言中的函数类似,SQL Server 用户自定义函数是接受参数、执行操作(如复杂计算)并将操作结果以值的形式返回的子程序。返回值可以是单个标量值或结果集。

根据函数返回值的不同,函数可分为标量函数与表值函数。返回一个表达式值的函数称为标量函数(Scalar Functions),返回值为表的函数称为表值函数(Table-Valued Functions)。表值函数根据函数定义中函数体的结构不同又分为内嵌表值函数与多语句表值函数。返回由一个 SELECT 语句得到的结果表值的函数称为内嵌表值函数(Inline Table-Valued Functions)。由函数体中多条 T_SQL 语句生成若干行数据插入表变量中,返回该表值的函数称为多语句表值函数(Multistatement Table-valued Functions)。综上所述,自定义函数分为标量函数、内嵌表值函数和多语句表值函数三种类型。

本章介绍标量函数、内嵌表值函数和多语句表值函数的建立与使用方法。

8.1 标 量 函 数

标量函数常用于根据多个输入(0 个或多个自变量)计算出一个值(函数返回值)的情况。本节介绍标量函数的建立与使用方法。

8.1.1 标量函数定义语句与调用方式

1. 标量函数定义语句

定义标量函数的语句格式如下:

```
CREATE FUNCTION[schema_name.]function_name
([{@parameter_name[AS][type_schema_name.]parameter_data_type
    [=default][READONLY]} [,…n] ])
    RETURNS return_data_type
    [WITH{[ENCRYPTION]|[SCHEMABINDING]
            |[RETURNS NULL ON NULL INPUT|CALLED ON NULL INPUT]
            |[EXECUTE_AS_Clause]
        }[,…n]]
    [AS]
    BEGIN
      function_body
      RETURN scalar_expression
    END[;]
```

功能:在数据库中创建所指定的自定义标量函数。

参数说明:

(1) schema_name:用户定义函数所属的架构的名称。

（2）function_name：用户定义函数的名称。函数名称必须符合有关标识符的规则，并且在数据库中，以及对其架构是唯一的。

注意：即使未指定参数，函数名称后也需要加上括号。

（3）@parameter_name：用户定义函数中的参数。可声明一个或多个参数。

一个函数最多可以有 2100 个参数。执行函数时，如果未定义参数的默认值，则用户必须提供每个已声明参数的值。

通过将 at 符号（@）用做第一个字符来指定参数名称。参数名称必须符合有关标识符的规则。参数是对应于函数的局部参数；其他函数中可使用相同的参数名称。参数只能代替常量，而不能代替表名、列名或其他数据库对象的名称。

注意：在传递存储过程或用户定义函数中的参数时，或在声明和设置批语句中的变量时，不会遵守 ANSI_WARNINGS。例如，如果将变量定义为 char(3) 类型，然后将其值设置为多于三个字符，则数据将截断为定义大小，并且 INSERT 或 UPDATE 语句可以成功执行。

（4）[type_schema_name.]parameter_data_type：参数的数据类型及其所属的架构，后者为可选项。对于 Transact-SQL 函数，允许使用除 timestamp 数据类型之外的所有数据类型（包括 CLR 用户定义类型和用户定义表类型）。不能将非标量类型 cursor 和 table 指定为 Transact-SQL 函数或 CLR 函数中的参数数据类型。

如果未指定 type_schema_name，则数据库引擎将按以下顺序查找 scalar_parameter_data_type：

包含 SQL Server 系统数据类型名称的架构。

当前数据库中当前用户的默认架构。

当前数据库中的 dbo 架构。

（5）[=default]：参数的默认值。如果定义了 default 值，则无需指定此参数的值即可执行函数。

如果函数的参数有默认值，则当调用该函数以检索默认值时，必须指定关键字 DEFAULT。此行为与在存储过程中使用具有默认值的参数不同，在后一种情况下，不提供参数同样意味着使用默认值。

（6）READONLY：指示不能在函数定义中更新或修改参数。如果参数类型为用户定义的表类型，则应指定 READONLY。

（7）return_data_type：标量用户定义函数的返回值。对于 T-SQL 函数，可以使用除 timestamp 数据类型之外的所有数据类型（包括 CLR 用户定义类型）。不能将非标量类型 cursor 和 table 指定为 Transact-SQL 函数或 CLR 函数中的返回数据类型。

（8）function_body：指定一系列定义函数值的 Transact-SQL 语句，这些语句在一起使用不会产生负面影响（如修改表）。function_body 仅用于标量函数和多语句表值函数。

在标量函数中，function_body 是一系列 T-SQL 语句，这些语句一起使用的计算结果为标量值。

（9）scalar_expression：指定标量函数返回的标量值。

（10）ENCRYPTION：指示数据库引擎会将 CREATE FUNCTION 语句的原始文本转换为模糊格式。模糊代码的输出在任何目录视图中都不能直接显示。对系统表或数据库文件没有访问权限的用户不能检索模糊文本。但是，可以通过 DAC 端口访问系统表的特权用户或直接访问数据文件的特权用户可以使用此文本。此外,能够向服务器进程附加调试器的用户可在运行时从内存中检索原始过程。

使用此选项可防止将函数作为 SQL Server 复制的一部分发布。不能为 CLR 函数指定此选项。

(11) SCHEMABINDING:指定将函数绑定到其引用的数据库对象。如果其他架构绑定对象也在引用该函数,则此条件将防止对其进行更改。

只有删除该函数才会删除该函数与其引用对象的绑定。

在未指定 SCHEMABINDING 选项的情况下,才能使用 ALTER 语句修改函数。

只有满足以下条件时,函数才能绑定到架构:

① 函数是一个 Transact-SQL 函数。

② 该函数引用的用户定义函数和视图也绑定到架构。

③ 该函数引用的对象是用由两部分组成的名称引用的。

④ 该函数及其引用的对象属于同一数据库。

⑤ 执行 CREATE FUNCTION 语句的用户对该函数引用的数据库对象具有 REFERENCES 权限。

⑥ 不能为 CLR 函数或引用别名数据类型的函数指定 SCHEMABINDING。

(12) RETURNS NULL ON NULL INPUT|CALLED ON NULL INPUT:

指定标量值函数的 OnNULLCall 属性。如果未指定,则默认为 CALLED ON NULL INPUT。这意味着即使传递的参数为 NULL,也将执行函数体。

(13) EXECUTE AS 子句:指定用于执行用户定义函数的安全上下文。所以,可以控制 SQL Server 使用哪一个用户账户来验证针对该函数引用的任何数据库对象的权限。

注意:不能为内联用户定义函数指定 EXECUTE AS。

2. 标量函数的调用方式

标量函数的调用方式有两种。

方式 1:以表达式的方式调用。

方式 2:使用 EXECUTE 语句把函数当成存储过程执行。

当调用自定义标量函数时,必须提供至少由两部分组成的名称(所有者名.函数名),实参可为已赋值的局部变量或表达式。

用户定义函数可以嵌套;也就是说,用户定义函数可相互调用。当被调用函数开始执行时,嵌套级别将增加;被调用函数执行结束后,嵌套级别将减少。用户定义函数的嵌套级别最多可达 32 级。如果超出最大嵌套级别数,整个调用函数链将失败。

8.1.2　标量函数的建立与调用

【例 8.1】　编写函数,求圆面积。

分析:自变量为半径,返回值为面积。

```
USE JXDB
IF OBJECT_ID('area','FN') IS  NOT  NULL
    DROP FUNCTION area
GO
```

```
CREATE FUNCTION area(@r FLOAT) RETURNS FLOAT
AS
BEGIN
RETURN PI()*@r*@r
END
```

方式 1:以表达式的方式调用。调用函数 area(@r)求圆面积。

```
DECLARE @r1 FLOAT=2
SELECT @r1 半径,dbo.area(2) 圆面积
```

运行结果:

半径	圆面积
2	12.5663706143592

方式 2:使用 EXECUTE 语句把函数当成存储过程执行。

```
USE JXDB
DECLARE @s FLOAT=NULL
DECLARE @r1 FLOAT=2
EXEC @s=dbo.area  @r1
SELECT @r1 半径,@s 圆面积
```

【例 8.2】　编写递归函数,求 $f(x)=x!$。

```
USE JXDB
IF OBJECT_ID('factor','FN') IS  NOT  NULL
    DROP FUNCTION factor
GO
CREATE FUNCTION factor(@x INT) RETURNS INT
AS
BEGIN
DECLARE @f INT
IF  @x<0 SET  @f=-1
ELSE IF @x=0 OR @x=1 SET  @f=1
    ELSE SET  @f=@x*dbo.factor(@x-1)
RETURN(@f)
END
```

阶乘函数调用:

```
DECLARE @n INT=4
PRINT  ltrim(str(@n))+'!='+ltrim(str(dbo.factor(@n)))
```

运行结果:

```
4!=24
```

【例 8.3】　在数据库 JXDB 中创建自定义函数 getflooryear:求两日期之间的最大整年数。

分析:应设 2 个自变量@date1 与@date2,分别表示 2 个日期,且约定@date1<@date2,返回值为两日期之间的最大整年数。

```
USE JXDB
IF OBJECT_ID('getflooryear','FN') IS  NOT  NULL
    DROP FUNCTION getflooryear
```

```
GO
CREATE FUNCTION getflooryear(@date1 date,@date2 date)
RETURNS TINYINT WITH  ENCRYPTION
AS
BEGIN
DECLARE @y1 SMALLINT,  @m1 TINYINT,  @d1 TINYINT,
        @y2 SMALLINT,  @m2 TINYINT,  @d2 TINYINT,  @flooryear TINYINT
SELECT  @y1=YEAR(@date1),@m1=MONTH(@date1),@d1=DAY(@date1)
SELECT  @y2=YEAR(@date2),@m2=MONTH(@date2),@d2=DAY(@date2)
SELECT  @flooryear=@y2-@y1
IF (@m2<@m1) OR (@m2=@m1) AND (@d2<@d1)
   SELECT @flooryear=@flooryear-1
RETURN   @flooryear
END
```

【例 8.4】 调用自定义函数 getflooryear 将"学生"表中的"生日"换算为年龄,查询 130101 班学生的学号、姓名、性别、年龄和班号

```
SELECT 学号,姓名,性别,年龄=dbo.getflooryear(生日,getdate()),班号
FROM 学生
WHERE 班号='130101'
```

【例 8.5】 编写纳税函数。纳税规定如下:4000≤月薪<6000 元,纳税 3%;6000≤月薪<8000 元,纳税 5%;8000≤月薪<10000 元,纳税 7%;10000≤月薪,纳税 10%。

分析:自变量为月薪,返回值为纳税。

```
USE JXDB
IF OBJECT_ID('F_Tax','FN') IS  NOT  NULL
    DROP FUNCTION F_Tax
GO
CREATE FUNCTION F_Tax(@x MONEY) RETURNS MONEY
AS
BEGIN
DECLARE @tax MONEY
SET  @tax=@x* CASE
              WHEN @x>=10000 THEN 0.1
              WHEN @x>=8000  THEN 0.07
              WHEN @x>=6000  THEN 0.05
              WHEN @x>=4000  THEN 0.03
              ELSE 0.0
           END
RETURN  @tax
END
```

调用函数 F_Tax:

```
DECLARE @gz MONEY=4600
SELECT @gz 工资,dbo.F_Tax(@gz) 税款
```

【例 8.6】 编写函数：求某班某课程的平均成绩。

分析：应设 2 个自变量：班号@bno 与课号@cno，返回值为平均成绩。

```
USE JXDB
IF OBJECT_ID('F_mbmkAvgscore','FN') IS  NOT  NULL
    DROP FUNCTION F_mbmkAvgscore
GO
CREATE FUNCTION F_mbmkAvgscore(@bno CHAR(6),@cno CHAR(2))
RETURNS DECIMAL(5,1)
AS
BEGIN
DECLARE @aver DECIMAL(5,1)
SELECT  @aver=
    (SELECT AVG(成绩)
      FROM  选修 INNER JOIN 学生 ON 选修.学号=学生.学号
      WHERE  班号=@bno AND 课号=@cno )
RETURN  @aver
END
```

以下用 2 种方法调用函数 F_mbmkAvgscore。

方法 1：以表达式的方式调用

```
SELECT '130101' 班号,'2' 课号,dbo.F_mbmkAvgscore('130101','2') 平均成绩
```

方法 2：使用 EXECUTE 语句调用

```
DECLARE @y DECIMAL(5,1)
EXECUTE @y=dbo.F_mbmkAvgscore '130101','2'
SELECT '130101' 班号,'2' 课号,@y 平均成绩
```

8.2　内嵌表值函数

内嵌表值函数常用于根据多个输入（0 个或多个自变量），返回由一个 SELECT 语句得到的结果表值的情况。本节介绍内嵌表值函数的建立与使用方法。

8.2.1　内嵌表值函数定义语句与调用方式

1. 内嵌表值函数定义语句

定义内嵌表值函数的语句格式如下：

```
CREATE FUNCTION[schema_name.]function_name
([{@parameter_name[AS][type_schema_name.]parameter_data_type
  [=default][READONLY]}  [,…n]])
RETURNS TABLE
  [WITH {[ENCRYPTION]|[SCHEMABINDING]
        |[RETURNS NULL ON NULL INPUT|CALLED ON NULL INPUT]
        |[EXECUTE_AS_Clause]
      }[,…n]]
```

```
    [AS]
    RETURN[(|]select_stmt[)][;]
```

功能:在数据库中创建所指定的自定义内嵌表值函数。

参数说明:

select_stmt:定义内嵌表值函数返回值的单个 SELECT 语句。

2. 内嵌表值函数的调用方式

内嵌表值函数只能通过 SELECT 语句的 FROM 子句调用,也就是在可以使用表名或视图名的地方调用。

8.2.2　内嵌表值函数的建立与调用

【例 8.7】 编写函数:求某部门工龄 20 年以上教工的职工号、姓名、性别、年龄、工龄、工资、税款和部门名。

分析:自变量为部门号,返回值为某部门 20 年以上工龄教工信息表。

```
USE JXDB
IF OBJECT_ID('F_teacherView','IF') IS NOT NULL
    DROP FUNCTION F_teacherView
GO
CREATE FUNCTION F_teacherView(@mno CHAR(2))
RETURNS TABLE  WITH  ENCRYPTION
AS RETURN
(SELECT 职工号,姓名,性别,年龄=dbo.getflooryear(生日,getdate()),
        工龄=dbo.getflooryear(工作日期,getdate()),工资,
        税款=dbo.F_Tax(工资),部门名
    FROM 教工 INNER JOIN 部门 ON 教工.部门号= 部门.部门号
    WHERE 部门.部门号=@mno AND dbo.getflooryear(工作日期,getdate())>=20
)
```

调用函数 F_teacherView,查询'01' 部门教工的相关信息(内嵌表值):

```
SELECT *  FROM dbo.F_teacherView('01')
```

职工号	姓名	性别	年龄	工龄	工资	税款	部门名
81001	王中华	男	53	30	3800.00	114.00	计算机科学与技术学院
81002	陈小兰	女	53	30	3600.00	108.00	计算机科学与技术学院

【例 8.8】 编写函数:求某班各门课程成绩分别取得第一名的学生名单。包括班号、学号、姓名、课名和最高分。

分析:自变量为班号,返回值为某班各门课程成绩分别第一名的学生名单表。

```
USE JXDB
IF OBJECT_ID('F_maxscoreView','IF') IS NOT NULL
    DROP FUNCTION F_maxscoreView
GO
CREATE FUNCTION F_maxscoreView(@bno CHAR(6))
RETURNS TABLE  WITH  ENCRYPTION
AS RETURN
```

```
    (SELECT 班号,sc1.课号,课名,sc1.学号 班级单科第一名学号,姓名,sc1.成绩 最高分
    FROM    选修 sc1 INNER JOIN 学生 ON sc1.学号=学生.学号
                        INNER JOIN 课程 ON sc1.课号=课程.课号
    WHERE   班号=@bno AND 成绩=
            (SELECT MAX(成绩)
            FROM    选修 sc2 INNER JOIN 学生 s ON sc2.学号=s.学号
            WHERE sc1.课号=sc2.课号 AND s.班号=@bno
            )
    )
```

调用函数 F_maxscoreView,查询'130102'班每门课程分别取得第一名的学生名单(内嵌表值函数的调用),并按课号升序排列。

```
    USE JXDB
    SELECT *  FROM dbo.F_maxscoreView('130102') ORDER BY 课号
```

8.3　多语句表值函数

多语句表值函数常用于根据多个输入(0 个或多个自变量),需要由多条 T_SQL 语句生成若干行数据插入返回表变量中的情况。本节介绍多语句表值函数的建立与使用方法。

8.3.1　多语句表值函数定义语句与调用方式

1. 多语句表值函数定义语句

定义多语句表值函数的语句格式如下:

```
    CREATE FUNCTION[schema_name.]function_name
    ([{@parameter_name[AS][type_schema_name.]parameter_data_type
        [=default][READONLY]}[,…n]])
    RETURNS @return_variable TABLE
    ({<column_definition> <column_constraint>
        |<computed_column_definition>}
      [<table_constraint>][,…n]
    )
    [WITH{[ENCRYPTION]|[SCHEMABINDING]
            |[RETURNS NULL ON NULL INPUT|CALLED ON NULL INPUT]
            |[EXECUTE_AS_Clause]
            }[,…n]]
      [AS]
      BEGIN
        function_body
        RETURN
      END[;]
```

功能:在当前数据库中创建所指定的多语句表值函数。

参数说明:

(1) @return_variable　TABLE:声明@return_variable 是 TABLE 变量,即结果表为临时表变量,用于存储和汇总应作为函数值返回的行。

(2) ＜column_definition＞:列定义。声明表中包含的列定义。

(3) ＜column_constraint＞:表中列约束。

(4) ＜computed_column_definition＞:表中计算列定义。

(5) ＜table_constraint＞:表约束。

(6) function_body:是一系列 T-SQL 语句,这些语句将填充函数值返回的临时表变量 @return_variable。

2. 多语句表值函数的调用方式

多语句表值函数的调用与内嵌表值函数的调用方法相同。也是在 SELECT 语句的 FROM 子句中调用。

8.3.2　多语句表值函数的建立与调用

【例 8.9】　编写函数:求某班每个学生的班号、学号、姓名、及格课程门数、不及格课程门数、总学分。

分析:自变量为班号,返回值为某班每个学生相关统计数据表,该表无法用一条 SELECT 语句得到,因而需编写多语句表值函数以完成题目所规定的功能。

```
USE JXDB
IF OBJECT_ID('F_creditSum','TF') IS  NOT  NULL
    DROP FUNCTION F_creditSum
GO
CREATE FUNCTION F_creditSum(@bno CHAR(6))
RETURNS @resultTable TABLE(班号 CHAR(6),学号 CHAR(6),姓名 CHAR(8),
                           及格门数 INT,不及格门数 INT,总学分 INT)
WITH  ENCRYPTION
AS
BEGIN
DECLARE @n INT,@i INT,@sno CHAR(6),@ms1 INT,@ms2 INT,@credit INT,@name CHAR(8)
DECLARE @snoTable TABLE(编号 INT IDENTITY(1,1) NOT NULL,
                        学号 CHAR(6),姓名 CHAR(8))
INSERT @snoTable SELECT 学号,姓名 FROM 学生 WHERE 班号=@bno
SELECT @n=count(*) FROM @snoTable
SET @i=1
WHILE @i<=@n
  BEGIN
   SELECT @sno=学号,@name=姓名
     FROM @snoTable WHERE 编号=@i            ─取出第 i 个学生的学号
   SELECT @ms1=COUNT(课程.课号),@credit=SUM(学分)
     FROM  选修 INNER JOIN 课程 ON 选修.课号=课程.课号
     WHERE 选修.学号=@sno AND 选修.成绩>=60
   SELECT @ms2=COUNT(课号)
```

```
   FROM 选修 WHERE 学号=@sno AND 成绩<60
   IF @credit IS NULL SET @credit=0
   INSERT INTO @resultTable VALUES(@bno,@sno,@name,@ms1,@ms2,@credit)
   SET @i=@i+1
  END
 RETURN
 END
```

多语句表值函数的调用:查询'130101'班每个学生的班号、学号、姓名、及格课程门数、不及格课程门数、总学分。

```
SELECT * FROM dbo.F_creditSum('130101')
```

班号	学号	姓名	及格门数	不及格门数	总学分
130101	130001	王小艳	7	0	24
130101	130004	李明	0	0	0

【例 8.10】　编写函数:求每门课成绩最高(或最低)的前 n 名。

分析:该函数应有 2 个自变量,@maxOrmin 表示最高或最低,取值为{'max','min'};@topN 表示 n。函数返回值为表。该表无法用一条 SELECT 语句得到,因而需编写多语句表值函数以完成题目所规定的功能。

```
USE JXDB
IF OBJECT_ID('F_gradeMaxOrMin','TF') IS  NOT  NULL
    DROP FUNCTION F_gradeMaxOrMin
GO
CREATE FUNCTION F_gradeMaxOrMin(@maxOrmin CHAR(3)='max',@topN INT=3)
RETURNS @resultTable TABLE(课号 CHAR(2),学号 CHAR(6),成绩 DECIMAL(5,1))
WITH  ENCRYPTION
AS
BEGIN
DECLARE @n INT,@i INT,@cno CHAR(2),@startNo INT
DECLARE @cnoTable TABLE(编号 INT IDENTITY(1,1) NOT NULL,
                        课号 CHAR(2))
INSERT @cnoTable SELECT DISTINCT 课号 FROM 选修
SELECT @n=count(*) FROM @cnoTable
DECLARE @cnoAll TABLE(编号 INT IDENTITY(1,1) NOT NULL,
                      课号 CHAR(2),学号 CHAR(6),成绩 DECIMAL(5,1))
SET @i=1
WHILE @i<=@n
  BEGIN
   SELECT @cno=课号 FROM @cnoTable WHERE 编号=@i 一取出第 i 门课课号
   IF @maxOrmin='max'
    INSERT @cnoAll SELECT 课号,学号,成绩 FROM 选修
              WHERE 课号=@cno ORDER BY 成绩 DESC
   ELSE
    INSERT @cnoAll SELECT 课号,学号,成绩 FROM 选修
              WHERE 课号=@cno ORDER BY 成绩 ASC
```

```
    SET @startNo=@@ROWCOUNT                    —插入语句所影响的行数
    DELETE @cnoAll WHERE 编号>@topN            —删除多余的行
    INSERT @resultTable
          SELECT 课号,学号,成绩 FROM @cnoAll   —前 n 名插入结果表
    DELETE @cnoAll                             —删除临时表所有行
    SET @topN=@topN+@startNo
    SET @i=@i+1
  END
  RETURN
  END
```

调用多语句表值函数 F_gradeMaxOrMin:查询每门课成绩最高的前 2 名。

```
    SELECT a.课号,课名,a.学号,姓名,成绩
    FROM dbo.F_gradeMaxOrMin('max',2) a
         INNER JOIN 课程 ON a.课号=课程.课号
         INNER JOIN 学生 ON a.学号=学生.学号
    ORDER BY 课号,成绩 DESC
```

8.3.3　自定义函数的查看

查看自定义函数的定义文本的方法有多种。

【例 8.11】　查看数据库 JXDB 中未加密自定义函数"area"的文本。

方法 1:调用系统存储过程"sp_helptext"查看自定义函数文本

```
    USE JXDB
    EXEC sp_helptext area
```

方法 2:查看系统视图 sys. syscomments 的 text 列

```
    SELECT syscomments.text
    FROM syscomments INNER JOIN sysobjects
                     ON syscomments.id=sysobjects.id
    WHERE sysobjects.name='area'
```

方法 3:查看系统视图 sys. sql_modules 的 definition 列

```
    USE JXDB
    SELECT definition
    FROM sys.sql_modules
    WHERE object_id=OBJECT_ID('dbo.area');
```

若要显示 T-SQL 用户定义函数的定义,可使用函数所在数据库中的 sys. sql_modules 系统视图。

【例 8.12】　查看数据库 JXDB 中所有自定义函数的定义文本和类型。

分析:数据库 JXDB 中的系统视图 sys. sql_modules 含有对象的定义文本列 definition,系统视图 sys. objects 中含有对象的类型列 type,通过对以上两个系统视图进行连接,查询满足条件 type IN ('FN','IF','TF')的 definition 和 type 两列可实现题目的要求。'FN'、'IF'、'TF'分别表示标量函数、内嵌表值函数和多语句表值函数。

```
    USE JXDB
```

```
SELECT definition,type
FROM sys.sql_modules AS m   JOIN sys.objects AS o ON m.object_id= o.object_id
    AND type IN ('FN','IF','TF')
```

8.3.4 自定义函数的修改、删除与优点

1. 修改自定义函数语句 ALTER FUNCTION

修改自定义函数语句格式只要将建立自定义函数语句中的 CREATE 改为 ALTER 即可,其余部分两者基本相同。

ALTER FUNCTION 语句的功能是更改先前通过执行 CREATE FUNCTION 语句创建的现有函数。

不能用 ALTER FUNCTION 将标量值函数更改为表值函数,反之亦然。同样,也不能用 ALTER FUNCTION 将内嵌表值函数更改为多语句表值函数,反之亦然。不能使用 ALTER FUNCTION 将 T-SQL 函数更改为 CLR 函数,反之亦然。

2. 删除自定义函数语句 DROP FUNCTION

删除自定义函数语句格式:

```
DROP FUNCTION{[schema_name.]function_name}[,…n]
```

功能:从当前数据库中删除一个或多个用户定义函数。

参数说明:

(1) schema_name:用户定义函数所属的架构的名称。

(2) function_name:要删除的用户定义函数的名称。

【例 8.13】 同时删除以下 3 个自定义函数:标量函数 area、内嵌表值函数 F_maxscoreView 和多语句表值函数 F_gradeMaxOrMin。只有当 3 个函数同时存在时才能删除。3 个中只要有 1 个不存在,则不予删除。

```
USE JXDB
IF OBJECT_ID ('dbo.area','FN') IS NOT NULL   AND
   OBJECT_ID ('dbo.F_maxscoreView','IF') IS NOT NULL AND
   OBJECT_ID ('dbo.F_gradeMaxOrMin','TF') IS NOT NULL
DROP FUNCTION area,F_maxscoreView,F_gradeMaxOrMin
```

3. 自定义函数的优点

在 SQL Server 中使用用户定义函数有以下优点:

(1) 允许模块化程序设计。只需创建一次函数并将其存储在数据库中,以后便可以在程序中调用任意次。用户定义函数可以独立于程序源代码进行修改。

(2) 执行速度更快。与存储过程相似,Transact-SQL 用户定义函数通过缓存计划并在重复执行时重用它来降低 Transact-SQL 代码的编译开销。这意味着每次使用用户定义函数时均无需重新解析和重新优化,从而缩短了执行时间。

(3) 与用于计算任务、字符串操作和业务逻辑的 Transact-SQL 函数相比,CLR 函数具有显著的性能优势。Transact-SQL 函数更适用于数据访问密集型逻辑。

(4) 减少网络流量。基于某种无法用单一标量的表达式表示的复杂约束来过滤数据的操作,可以表示为函数。然后,此函数便可以在 WHERE 子句中调用,以减少发送至客户端的数字或行数。

第9章 触 发 器

触发器是数据库服务器中发生事件时自动执行的特种存储过程。如果用户要通过数据操作语言(DML)事件编辑数据,则执行 DML 触发器。DML 事件是针对表或视图的 INSERT、UPDATE 或 DELETE 语句。DDL 触发器用于响应各种数据定义语言(DDL)事件。这些事件主要对应于 Transact-SQL CREATE、ALTER 和 DROP 语句,以及执行类似 DDL 操作的某些系统存储过程。登录触发器在遇到 LOGON 事件时触发。LOGON 事件是在建立用户会话时引发的。

本章介绍创建、修改与删除触发器的 T-SQL 语句,创建 DML FOR 触发器,使用 DML 触发器实现参照完整性约束,以及 DML INSTEAD OF 触发器、DDL 触发器和 LOGON 触发器的创建与使用方法等内容。

9.1 创建、修改和删除触发器语句

本节介绍建立 DML 触发器 CREATE TRIGGER、修改触发器 ALTER TRIGGER、删除触发器 DROP TRIGGER 语句的格式、功能、参数说明和使用注意事项。

9.1.1 建立触发器语句 CREATE TRIGGER

1. 创建 DML 触发器语句

创建 DML 触发器语句格式如下:

```
CREATE TRIGGER[schema_name .]trigger_name
ON{table|view}
[WITH{[ENCRYPTION][EXECUTE AS Clause]}[,…n]]
{FOR|AFTER|INSTEAD OF}
{[INSERT][,][UPDATE][,][DELETE]}
  [NOT FOR REPLICATION]
AS{sql_statement  [;][,…n]
    |EXTERNAL NAME < assembly_name.class_name.method_name[;]> }
```

功能:创建 DML 触发器。

参数说明:

(1) schema_name:DML 触发器所属架构的名称。DML 触发器的作用域是为其创建该触发器的表或视图的架构。对于 DDL 或登录触发器,无法指定 schema_name。

(2) trigger_name:触发器的名称。trigger_name 必须遵循标识符规则,但 trigger_name 不能以♯或♯♯开头。

(3) table|view:对其执行 DML 触发器的表或视图,有时称为触发器表或触发器视图。可以根据需要指定表或视图的完全限定名称。视图只能被 INSTEAD OF 触发器引用。不能

对局部或全局临时表定义 DML 触发器。

（4）WITH ENCRYPTION：对 CREATE TRIGGER 语句的文本进行模糊处理。使用 WITH ENCRYPTION 可以防止将触发器作为 SQL Server 复制的一部分发布。不能为 CLR 触发器指定 WITH ENCRYPTION。

（5）EXECUTE AS：指定用于执行该触发器的安全上下文。允许控制 SQL Server 实例用于验证被触发器引用的任意数据库对象的权限的用户账户。

（6）FOR｜AFTER：AFTER 指定 DML 触发器仅在触发 SQL 语句中指定的所有操作都已成功执行时才被触发。所有的引用级联操作和约束检查也必须在激发此触发器之前成功完成。如果仅指定 FOR 关键字，则 AFTER 为默认值。不能对视图定义 AFTER 触发器。

（7）INSTEAD OF：指定执行 DML 触发器而不是触发 SQL 语句，因此，其优先级高于触发语句的操作。不能为 DDL 或登录触发器指定 INSTEAD OF。

（8）｛[INSERT][，][UPDATE][DELETE][，]｝：指定数据修改语句，这些语句可在 DML 触发器对此表或视图进行尝试时激活该触发器。必须至少指定一个选项。在触发器定义中允许使用上述选项的任意顺序组合。

（9）NOT FOR REPLICATION：指示当复制代理修改涉及触发器的表时，不应执行触发器。

（10）sql_statement：触发条件和操作。触发器条件指定其他标准，用于确定尝试的 DML、DDL 或 logon 事件是否导致执行触发器操作。

触发器可以包含任意数量和种类的 T-SQL 语句，但也有例外。触发器的用途是根据数据修改或定义语句来检查或更改数据；它不应向用户返回数据。触发器中的 T-SQL 语句常常包含控制流语言。

DML 触发器使用 deleted 和 inserted 逻辑（概念）表。它们在结构上类似于定义了触发器的表，即对其尝试执行了用户操作的表。在 deleted 和 inserted 表保存了可能会被用户更改的行的旧值或新值。

AFTER 和 INSTEAD OF 触发器均支持 inserted 和 deleted 表中的 varchar(MAX)、nvarchar(MAX)和 varbinary(MAX)数据。

2. DML 触发器几点说明

（1）如果触发器表存在约束，则在 INSTEAD OF 触发器执行之后和 AFTER 触发器执行之前检查这些约束。如果违反了约束，则将回滚 INSTEAD OF 触发器操作，并且不激活 AFTER 触发器。

（2）可以使用 sp_settriggerorder 来指定要对表执行的第一个和最后一个 AFTER 触发器。对于一个表，只能为每个 INSERT、UPDATE 和 DELETE 操作指定一个第一个和最后一个 AFTER 触发器。如果在同一个表上还有其他 AFTER 触发器，这些触发器将随机执行。如果 ALTER TRIGGER 语句更改了第一个或最后一个触发器，将删除所修改触发器上设置的第一个或最后一个属性，并且必须使用 sp_settriggerorder 重置顺序值。

（3）只有在成功执行触发 SQL 语句之后，才会执行 FTER 触发器。判断执行成功的标准是：执行了所有与已更新对象或已删除对象相关联的引用级联操作和约束检查。

3. 触发器限制

（1）CREATE TRIGGER 必须是批处理中的第一条语句，并且只能应用于一个表。

（2）触发器只能在当前的数据库中创建，但是可以引用当前数据库的外部对象。

（3）如果指定了触发器架构名称来限定触发器，则将以相同的方式限定表名称。

（4）在同一条 CREATE TRIGGER 语句中，可以为多种用户操作（如 INSERT 和 UPDATE）定义相同的触发器操作。

（5）如果一个表的外键包含对定义的 DELETE/UPDATE 操作的级联，则不能为表上定义 INSTEAD OF DELETE/UPDATE 触发器。

（6）在触发器内可以指定任意的 SET 语句。选择的 SET 选项在触发器执行期间保持有效，然后恢复为原来的设置。

（7）如果触发了一个触发器，结果将返回执行调用的应用程序，就像使用存储过程一样。若要避免由于触发器触发而向应用程序返回结果，则请不要包含返回结果的 SELECT 语句，也不要包含在触发器中执行变量赋值的语句。包含向用户返回结果的 SELECT 语句或进行变量赋值的语句的触发器需要特殊处理；这些返回的结果必须写入允许修改触发器表的每个应用程序中。如果必须在触发器中进行变量赋值，则应该在触发器的开头使用 SET NOCOUNT 语句以避免返回任何结果集。

（8）虽然 TRUNCATE TABLE 语句实际上就是 DELETE 语句，但是它不会激活触发器，因为该操作不记录各个行删除。然而，仅那些具有执行 TRUNCATE TABLE 语句的权限的用户才需要考虑是否无意中因为此方式而导致没有使用 DELETE 触发器。

（9）无论有日志记录还是无日志记录，WRITETEXT 语句都不触发触发器。

（10）在 DML 触发器中不允许使用表 9-1 所示 T-SQL 语句。

表 9-1　不允许使用的 T-SQL 语句

CREATE DATABASE	ALTER DATABASE	DROP DATABASE
LOAD DATABASE	LOAD LOG	RECONFIGURE
RESTORE DATABASE	RESTORE LOG	

另外，如果对作为触发操作目标的表或视图使用 DML 触发器，则不允许在该触发器的主体中使用表 9-2 所示 T-SQL 语句。

表 9-2　不允许在触发器主体中使用的 T-SQL 语句

CREATE INDEX 包括 CREATE SPATIAL INDEX 　和 CREATE XML INDEX	ALTER INDEX	DROP INDEX
DBCC DBREINDEX	ALTER PARTITION FUNCTION	DROP TABLE
用于执行以下操作的 ALTER TABLE： 　添加、修改或删除列。切换分区	添加或删除 PRIMARY KEY 或 UNIQUE 　约束	

（11）因为 SQL Server 不支持针对系统表的用户定义的触发器，所以建议不要为系统表创建用户定义触发器。

（12）SQL Server 允许为每个 DML、DDL 或 LOGON 事件创建多个触发器。例如，如果为已经有了 UPDATE 触发器的表执行 CREATE TRIGGER FOR UPDATE，则将再创建一个 UPDATE 触发器。在 SQL Server 早期版本中，对于每个表，每个 INSERT、UPDATE 或

DELETE 数据修改事件只允许有一个触发器。

(13) 权限:若要创建 DML 触发器,则需要对要创建触发器的表或视图具有 ALTER 权限。

9.1.2 修改触发器语句 ALTER TRIGGER

修改触发器语句格式:

```
ALTER TRIGGER schema_name.trigger_name
ON (table|view )
[WITH < [ENCRYPTION] [< EXECUTE AS Clause> ]> [,…n]]
(FOR|AFTER|INSTEAD OF )
{[DELETE] [,] [INSERT] [;] [UPDATE]}
[NOT FOR REPLICATION]
AS{sql_statement[;] […n]
    | EXTERNAL NAME < assembly_name.class_name.method_name> [;]}
```

功能:修改 CREATE TRIGGER 语句以前创建的 DML 触发器的定义。

参数含义与 CREATE TRIGGER 语句相同。

注意:如果触发器是使用 WITH ENCRYPTION 创建的,则要使该选项保持启用,必须在 ALTER TRIGGER 语句中再次指定。

以下示例创建一个 DML 触发器,然后使用 ALTER TRIGGER 对该触发器进行修改。

【例 9.1】 不许更新"选修"表,即不许对"选修"表进行插入、修改和删除操作。

```
use JXDB
if exists (select name from sysobjects
     where name='T 不许更新选修表' and type='TR')
drop trigger   T 不许更新选修表
go
create trigger   T 不许更新选修表   on 选修
with encryption
for insert,update,delete
as
raiserror('不许更新"选修"表中的数据!',16,1)
rollback transaction
```

运行以上程序建立触发器:T 不许更新选修表。

执行以下删除语句激活触发器:

```
use JXDB
delete from 选修   where 学号='130002' and 课号='7'
```

运行结果:

消息 50000,级别 16,状态 1,过程 T 不许更新选修表,第 5 行

不许更新"选修"表中的数据!

消息 3609,级别 16,状态 1,第 2 行

事务在触发器中结束。批处理已中止。

【例 9.2】 修改触发器"T 不许更新选修表",不许对"选修"表进行修改和插入操作。

```
use JXDB
go
ALTER trigger   T不许更新选修表   on 选修
with encryption
for update,insert
as
raiserror('不许更新"选修"表中的数据!',16,1)
rollback transaction
```

命令已成功完成。

执行以下删除语句不再激活触发器：

```
use JXDB
delete from 选修   where 学号='130002' and 课号='7'
```

9.1.3　删除触发器语句 DROP TRIGGER

删除 DML、DDL 或 LOGON 触发器语句格式：

```
DROP TRIGGER schema_name.trigger_name[,…n][;]
```

功能：从当前数据库中删除一个或多个 DML 触发器。

```
DROP TRIGGER trigger_name[,…n]ON{DATABASE|ALL SERVER}[;]
```

功能：从当前数据库中删除一个或多个 DDL 触发器。

```
DROP TRIGGER trigger_name[,…n]ON ALL SERVER
```

功能：从当前数据库中删除一个或多个 LOGON 登录触发器。

参数说明：

（1）schema_name：DML 触发器所属架构的名称。DML 触发器的作用域是为其创建该触发器的表或视图的架构。对于 DDL 或登录触发器，无法指定 schema_name。

（2）trigger_name：要删除的触发器的名称。若要查看当前创建的触发器的列表，请使用 sys. server_assembly_modules 或 sys. server_triggers。

（3）DATABASE：指示 DDL 触发器的作用域应用于当前数据库。如果在创建或修改触发器时也指定了 DATABASE，则必须指定 DATABASE。

（4）ALL SERVER：指示 DDL 触发器的作用域应用于当前服务器。如果在创建或修改触发器时也指定了 ALL SERVER，则必须指定 ALL SERVER。ALL SERVER 也适用于登录触发器。

备注：

（1）可以通过删除 DML 触发器或删除触发器表来删除 DML 触发器。删除表时，将同时删除与表关联的所有触发器。

（2）删除触发器时，将从 sys. objects、sys. triggers 和 sys. sql_modules 目录视图中删除有关该触发器的信息。

（3）仅当所有触发器均使用相同的 ON 子句创建时，才能使用一个 DROP TRIGGER 语句删除多个 DDL 触发器。

（4）若要重命名触发器，则可使用 DROP TRIGGER 和 CREATE TRIGGER。若要更改触发器的定义，则可使用 ALTER TRIGGER。

（5）使用 sp_helptext 和 sys.sql_modules 可查看触发器文本的详细信息，使用 sys. triggers 和 sys.server_triggers 查看现有触发器列表的详细信息。

（6）权限：若要删除 DML 触发器，则要求对要定义触发器的表或视图具有 ALTER 权限；若要删除定义了服务器范围（ON ALL SERVER）的 DDL 触发器或删除登录触发器，则需要对服务器拥有 CONTROL SERVER 权限；若要删除定义了数据库范围（ON DATABASE）的 DDL 触发器，则要求在当前数据库中具有 ALTER ANY DATABASE DDL TRIGGER 权限。

9.2　创建 DML FOR 触发器

SQL Server 通过 CREATE TABLE 和 ALTER TABLE 语句来提供声明性引用完整性（DRI）约束。但是，DRI 不提供跨数据库引用完整性。引用完整性是指有关表的主键和外键之间的关系的规则。若要强制实现引用完整性，则请在 ALTER TABLE 和 CREATE TABLE 中使用 PRIMARY KEY 和 FOREIGN KEY 约束。

DML 触发器经常用于强制执行业务规则和数据完整性。本节通过典型应用实例创建各种 DML FOR 触发器，以实现引用完整性无法实现的完整性约束条件。

9.2.1　INSERTED 和 DELETED 表的使用

触发器运行时 SQL Server 会在内存中自动创建两个临时表：deleted 表和 inserted 表，他们用于在触发器内部测试某些数据更新的情况及设置触发器操作的条件。用户不能直接对 deleted 表和 inserted 表中的数据进行更新。

deleted 逻辑表：用于保存已从触发器表中删除的数据记录，当删除触发器表中的数据记录时，DELETE 触发器触发执行，被删除的记录存放到 deleted 表中。

inserted 逻辑表：用于保存插入触发器表中的数据记录，当向触发器表中插入数据时，INSERT 触发器触发执行，新的记录插入触发器表同时记录到 inserted 表中。

执行 update 修改触发器表中的数据时，先从表中删除旧行存放到 deleted 表中，再插入新行到触发器表并复制到 inserted 表中。

【例 9.3】　在"选修"表上创建一个触发器，当更新数据时显示 deleted 表和 inserted 表中的内容。

```
USE JXDB
IF OBJECT_ID('TR_showDI','TR') IS  NOT  NULL
    DROP TRIGGER TR_showDI
GO
CREATE TRIGGER TR_showDI ON 选修
FOR INSERT,UPDATE,DELETE
AS
PRINT 'deleted表'
SELECT *  FROM deleted  ORDER BY 学号,课号
PRINT 'inserted表'
SELECT *  FROM inserted  ORDER BY 学号,课号
```

运行以上程序建立触发器 TR_showDI。

（1）执行以下修改语句激活触发器：

```
USE JXDB
UPDATE 选修 SET 成绩=99 WHERE 课号='3'
```

运行结果：

```
deleted 表
学号    课号    成绩
........  ........  ........
130001 3     78.0
130002 3     80.0
inserted 表
学号    课号    成绩
........  ........  ........
130001 3     99.0
130002 3     99.0
```

运行结果表明：deleted 表中存储的内容为执行 UPDATE 语句之前满足 WHERE 条件的记录；inserted 表中存储的内容为执行 UPDATE 语句之后满足 WHERE 条件的记录。

（2）执行以下插入语句激活触发器：

```
USE JXDB
insert into 选修 values('130002','6',77);
```

运行结果：

```
deleted 表
学号      课号    成绩
........    ........  ........
(0 行受影响)
inserted 表
学号      课号    成绩
........    ........  ........
130002   6     77.0
(1 行受影响)
```

运行结果表明：执行插入操作时，deleted 表中存储的内容为空集；inserted 表中存储的内容为执行 INSERT 语句向表中插入的记录。

（3）执行以下删除语句激活触发器：

```
USE JXDB
DELETE  FROM 选修  WHERE 学号='130002' AND 课号='6'
```

运行结果：

```
deleted 表
学号      课号    成绩
........    ........  ........
130002   6     77.0
inserted 表
学号      课号    成绩
........    ........  ........
```

```
(0 行受影响)
(1 行受影响)
```

运行结果表明：执行删除操作时，deleted 表中存储的内容为执行 DELETE 语句删除表中的记录；inserted 表中存储的内容为空集。

以下示例使用包含提醒消息的 DML 触发器。

【例 9.4】 身高只能增。

分析：修改之后的身高不得小于修改之前的身高。否则 DML 触发器将向客户端显示一条消息，并回滚该修改语句。

解法 1：

```
USE JXDB
IF OBJECT_ID('T身高只能增','TR') IS  NOT  NULL
    DROP TRIGGER T 身高只能增
GO
CREATE TRIGGER T 身高只能增 ON 学生
AFTER UPDATE
AS
IF (SELECT 身高 from inserted)<(SELECT 身高 from deleted)
  BEGIN
    raiserror('身高只能增,更改失败!',16,1)    —提醒消息
    ROLLBACK  transaction
  END
```

命令已成功完成。

执行以下修改语句激活触发器：

```
USE JXDB
UPDATE 学生 SET 身高=160 WHERE 学号='130005'
```

运行结果：

```
(1 行受影响)
(1 行受影响)
消息 50000,级别 16,状态 1,过程 T 身高只能增,第 6 行
身高只能增,更改失败!
消息 3609,级别 16,状态 1,第 2 行
事务在触发器中结束。批处理已中止。
```

解法 2：

```
USE JXDB
if exists (select name from sysobjects where name='T身高只能增' and type='TR')
        drop trigger T 身高只能增
go
create trigger T 身高只能增 on 学生
for update
as
DECLARE @更改前身高 decimal(5,1),@更改后身高 decimal(5,1)
SELECT  @更改前身高=身高 from deleted
```

```
SELECT  @更改后身高=身高 from inserted
IF(@更改后身高<(@更改前身高))
   BEGIN
   ROLLBACK  transaction
   raiserror('身高只能增,更改失败!',16,1)
   END
ELSE
   raiserror('身高更改成功!',16,1)
PRINT '更改前身高='+CONVERT(varchar(6),@更改前身高)
PRINT '更改后身高='+CONVERT(varchar(6),@更改后身高)
```
命令已成功完成。

执行以下修改语句激活触发器:
```
USE JXDB
UPDATE 学生 SET 身高=160 WHERE 学号='130005'
```
运行结果:

(1 行受影响)

(1 行受影响)

消息 50000,级别 16,状态 1,过程 T 身高只能增,第 10 行

身高只能增,更改失败!

更改前身高=173.0

更改后身高=160.0

消息 3609,级别 16,状态 1,第 2 行

事务在触发器中结束。批处理已中止。

9.2.2　检查特定字段是否已被修改

在实际应用中,往往需要根据对特定列的 UPDATE 或 INSERT 修改来执行某些操作。可设计一个触发器,在触发器的主体中使用 UPDATE()或 COLUMNS_UPDATED 来达到此目的。UPDATE( )可以测试对某个列的 UPDATE 或 INSERT 尝试。COLUMNS_ UPDATED 可以测试对多个列执行的 UPDATE 或 INSERT 操作,并返回一个位模式,指示插入或更新的列。

可使用以下函数检查特定字段是否已被修改:

IF UPDATE(column)

如果 column 列的内容已被修改,则 UPDATE(column)函数将返回 TRUE,否则返回 FALSE。

【例 9.5】　教授及具有博士学历的副教授,工资不得低于 5000 元,若低于 5000,则自动改为 5000。
```
USE JXDB
IF OBJECT_ID('T 双高人员最低工资','TR') IS  NOT  NULL
        DROP TRIGGERT 双高人员最低工资
GO
CREATE TRIGGERT 双高人员最低工资 ON 教工
```

```
FOR INSERT,UPDATE
AS
IF UPDATE(工资)        —如果修改了"工资"列
BEGIN
  UPDATE 教工   SET   工资=5000
  WHERE   职工号 IN
    (SELECT 职工号
     FROM inserted
     WHERE(职称='教授' or 学历='博士' and 职称='副教授') and 工资<5000
    )
  PRINT '教授及具有博士学历的副教授工资不得低于 5000 元,否则自动改为 5000!'
END
SELECT a.职工号,a.姓名,a.学历,a.职称,a.工资 原工资,
        b.工资 欲改工资,c.工资 改后工资
FROM deleted a INNER JOIN inserted b ON a.职工号=b.职工号
                INNER JOIN 教工 c        ON b.职工号=c.职工号
ORDER By a.职工号
```

命令已成功完成。

执行以下修改语句激活触发器"T 双高人员最低工资"。

```
SET  NOCOUNT  ON
UPDATE 教工 SET 工资=工资-1000
        WHERE 职工号 IN ('81001','81002','83001')
```

运行结果:

教授及具有博士学历的副教授工资不得低于 5000 元,否则自动改为 5000!

职工号	姓名	学历	职称	原工资	欲改工资	改后工资
81001	王中华	博士	教授	6100.00	5100.00	5100.00
81002	陈小兰	博士	副教授	5600.00	4600.00	5000.00
83001	李平	专科	NULL	3200.00	2200.00	2200.00

显示触发器文本:

```
USE JXDB
EXEC sp_helptext T 双高人员最低工资
```

9.2.3　检查某些字段是否已被修改

当对数据库表或视图中某些字段进行 update 或 insert 操作时,需要满足现实中规定的约束条件,则可在触发器体中使用 COLUMNS_UPDATED()函数进行检测,然后进行相应的操作处理,以满足用户的完整性约束要求。

1. 系统函数 COLUMNS_UPDATED()的格式及功能

格式:COLUMNS_UPDATED()

功能:返回 varbinary 位模式,它指示表或视图中修改或插入了哪些列。

对进行修改或插入操作的表(或视图)中的字段逆序排列,即最左边的字段排在最右边,每

一个字段对应一个二进制位,若该字段被检测修改了哪些字段,则对应位的值为1,否则对应位的值为0。

在 INSERT 操作中 COLUMNS_UPDATED 将对所有列返回1(即 TRUE),因为这些列插入了显式值或隐式(NULL)值。

如果创建了触发器的表或视图包含以下八列,则 COLUMNS_UPDATED 返回1个字节,否则返回多个字节。

例如,学生表结构为:学生(学号,姓名,性别,生日,身高,班号,相片),按自右至左排列,如表 9-3 所示。

表 9-3　学生表字段自右至左排列表

序号	7	6	5	4	3	2	1
字段名	相片	班号	身高	生日	性别	姓名	学号
修改字段	0	1	0	0	1	1	0
十进制数		32			4	2	

若修改了第 $i(i=1,2,\cdots,7)$ 个字段的值,则函数 COLUMNS_UPDATED() 返回二进制数字串:第 i 个字段对应位的值为1,其余位为0,对应的十进制数为 2^{i-1}。

例如,若修改了"姓名"字段的值,则函数 COLUMNS_UPDATED() 返回值为 $2^{2-1}=2$;

若修改了"性别"字段的值,则函数 COLUMNS_UPDATED() 返回值为 $2^{3-1}=4$;

若修改了"班号"字段的值,则函数 COLUMNS_UPDATED() 返回值为 $2^{6-1}=32$;

若修改了"姓名"、"性别"、"班号"等字段的值,则函数 COLUMNS_UPDATED() 返回值为 $2^{2-1}+2^{3-1}+2^{6-1}=2+4+32=38$

2. COLUMNS_UPDATED()函数的使用方法

如何检测修改了哪些字段?

例如,当 COLUMNS_UPDATED()&38=0 时,第 2、3、6 这 3 个字段一定均未修改。因此想要检测第 2、3、6 这 3 个字段是否有其中一个被修改,应该使用以下条件:

IF COLUMNS_UPDATED()&38>0

想要检测第 2、3、6 这 3 个字段是否全部被修改,应该使用以下条件:

IF COLUMNS_UPDATED()&38=38

在触发器中检测修改或插入操作的表(或视图)中的字段一般方法如下:

```
I FCOLUMNS_UPDATED()&< 欲修改字段二进制数对应的十进制数 x>0
    <语句>
```

3. 使用 COLUMNS_UPDATED 测试表的前八列

【例 9.6】　不许更改学生的姓名、性别和班号。

分析:因为学生表字段顺序为:1学号,2姓名,3性别,4生日,5身高,6班号,7相片。所以 column_bitmask 参数的取值为 POWER(2,2-1)+ POWER(2,3-1)+ POWER(2,6-1)=2+4+32=38。

```
USE JXDB
```

```
IF OBJECT_ID('T不许更改236','TR') IS  NOT  NULL
    DROP TRIGGER T不许更改236
GO
CREATE TRIGGERT不许更改236 ON 学生
FOR UPDATE
AS
IF (COLUMNS_UPDATED()&38)>0
    BEGIN
      RAISERROR('不许修改姓名、性别和班号!',16,1)
      ROLLBACK TRANSACTION
    END
```

运行以上程序建立触发器:T不许更改2、3、6。

执行以下修改语句激活触发器:

```
USE JXDB
UPDATE 学生 SET 班号='130102'  WHERE 学号='130001'
```

运行结果:

消息 50000,级别 16,状态 1,过程 T不许更改,第 6 行

不许修改姓名、性别和班号!

消息 3609,级别 16,状态 1,第 2 行

事务在触发器中结束。批处理已中止。

4. 使用 COLUMNS_UPDATED 测试表中八个以上的列

若要对影响表中前八列以外的列的更新进行测试,则请使用 SUBSTRING 函数测试 COLUMNS_UPDATED 返回的更正位。

【例 9.7】　不许更改教工的姓名、性别和配偶号。

教工表字段按字节排列表如表 9-4 所示。

分析:教工(职工号,姓名,性别,生日,工作日期,学历,职务,职称,工资,配偶号,部门号)

表 9-4　教工表字段按字节排列表

位	8	7	6	5	4	3	2	1
高 8 位(第 1 个字节)	职称	职务	学历	工作日期	生日	性别	姓名	职工号
低 8 位(第 2 个字节)						部门号	配偶号	工资

```
USE JXDB
IF OBJECT_ID('T不许更改23a','TR') IS  NOT  NULL
    DROP TRIGGERT不许更改23a
GO
CREATE TRIGGER T不许更改23a ON 教工
FOR UPDATE
AS
IF ((SUBSTRING(COLUMNS_UPDATED(),1,1)&6)>0)OR
    (SUBSTRING(COLUMNS_UPDATED(),2,1)&2>0)
  BEGIN
```

```
    RAISERROR('不许修改姓名、性别和配偶号!',16,1)
    ROLLBACK TRANSACTION
  END
```

运行以上程序建立触发器：T 不许更改 2、3、a。

执行以下修改语句激活触发器：

```
USE JXDB
UPDATE 教工 SET 配偶号='83001'  WHERE 职工号='08001'
```

运行结果：

消息 50000,级别 16,状态 1,过程 T 不许更改 a,第 7 行

不许修改姓名、性别和配偶号!

消息 3609,级别 16,状态 1,第 2 行

事务在触发器中结束。批处理已中止。

9.2.4 统计约束

某些数据依赖对表中数据的统计结果,这种数据之间的依赖关系称为统计约束。

【例 9.8】 部门负责人的工资不得高于本部门职工平均工资的 4 倍,不得低于本部门职工平均工资的 1.2 倍。

分析:经过查询"教工"表可知,职务为"处长"或"院长"的教工即部门负责人。

```
USE JXDB
IF OBJECT_ID('V领导工资','TR') IS  NOT  NULL
    DROP TRIGGER V领导工资
GO
create trigger V领导工资 on 教工
for insert,update
as
if update(工资) and
   (select 职务 from inserted) in('处长','院长')
  begin
  declare @avgl smallmoney,@la smallmoney
  select @la=工资 from inserted              —负责人更新后的工资
  select @avgl=avg(工资)                     —本部门职工平均工资
    from 教工
    where 部门号=(select 部门号 from inserted)   —负责人所在部门
      and 职工号<>(select 职工号 from inserted) —负责人本人除外
    group by 部门号                           —按部门分组求工资的平均值
  if @la<1.2* @avgl
    begin
    raiserror('部门负责人的工资不能低于本部门职工平均工资的 1.2 倍!',16,1)
    update 教工
    set 工资=1.2* @avgl
    where 职工号=(select 职工号 from inserted)
  end
```

```
      else
       if @la>4* @avgl
        begin
         raiserror('部门负责人的工资不能高于本部门职工平均工资的 4 倍!',16,1)
         update 教工
          set 工资=4* @avgl
          where 职工号=(select 职工号 from inserted)
        end
      end
```

命令已成功完成。

执行以下插入语句激活触发器：

```
insert into 教工 values('90004','李文秀','女','1968-7-1','1990-9-1',
                       '硕士','处长',NULL,1500,null,'03')
```

运行结果：

```
消息 50000,级别 16,状态 1,过程 V 领导工资,第 16 行
部门负责人的工资不能低于本部门职工平均工资的 1.2 倍!
(1 行受影响)
(1 行受影响)
```

查阅教工表数据内容：

```
SELECT *  FROM 教工
```

由于 CHECK 约束只能引用定义了列级或表级约束的列,表间的任何约束都必须定义为触发器。

【例 9.9】 班级表中的人数必须与学生表中对应班级实际人数一致,默认值为 0。

分析：每当对学生表插入了记录时,班级表中某班的人数就应增加；删除了学生表中的记录,班级表中某班的人数就应减少,修改了学生表中的班号,班级表中有的班人数要减少,有的班人数要增加。

```
USE JXDB
IF OBJECT_ID('T 自动填写班级人数','TR') IS  NOT  NULL
    DROP TRIGGER T 自动填写班级人数
GO
CREATE TRIGGER T 自动填写班级人数 on 学生
FOR INSERT,UPDATE,DELETE
AS
DECLARE @x INT,@y INT
SELECT @x=COUNT(*) FROM INSERTED
SELECT @y=COUNT(*) FROM DELETED
UPDATE 班级 SET 人数=人数+@x
        FROM INSERTED WHERE 班级.班号=INSERTED.班号
UPDATE 班级 SET 人数=人数-@y
    FROM DELETED WHERE 班级.班号=DELETED.班号
```

命令已成功完成。

执行以下插入语句激活触发器：

```
USE JXDB
INSERT INTO 学生 VALUES('130006','李小明','男','1988-08-26',175,'130101',null);
```
运行结果：
　(1 行受影响)
　(0 行受影响)
　(1 行受影响)

查阅学生和班级表：
```
SELECT  *  FROM 学生
SELECT  *  FROM 班级
```
执行以下删除语句激活触发器：
```
USE JXDB
DELETE  FROM 学生 WHERE 学号='130006'
```
运行结果：
　(0 行受影响)
　(1 行受影响)
　(1 行受影响)

查阅学生和班级表：
```
SELECT  *  FROM 学生
SELECT  *  FROM 班级
```
执行以下修改语句激活触发器：
```
USE JXDB
UPDATE 学生 SET 班号='130201'  WHERE 学号='130006'
```
运行结果：
　(1 行受影响)
　(1 行受影响)
　(1 行受影响)

查阅学生和班级表：
```
SELECT  *  FROM 学生
SELECT  *  FROM 班级
```

9.2.5　函数依赖约束

所有函数依赖(X→Y)完整性约束条件下均可使用触发器实现。

【例 9.10】　我国婚姻法规定:实行一夫一妻制,即:配偶号→职工号

分析：
```
USE JXDB
IF OBJECT_ID('T 一夫一妻制','TR') IS  NOT  NULL
    DROP TRIGGER T 一夫一妻制
GO
CREATE TRIGGER T 一夫一妻制  ON 教工
FOR INSERT,UPDATE
AS
```

```
IF EXISTS
  (SELECT *
   FROM INSERTED a,教工   b
   WHERE a.配偶号=b.配偶号   AND a.职工号<>b.职工号)
BEGIN
   RAISERROR('违背函数依赖:配偶号→职工号!',16,1)
ROLLBACK TRANSACTION
END
```

运行以上程序建立触发器:T 一夫一妻制

执行以下修改语句激活触发器:

```
USE JXDB
UPDATE 教工 SET 配偶号='81002'  WHERE 职工号='83001'
```

运行结果:

消息 50000,级别 16,状态 1,过程 T 一夫一妻制,第 9 行

违背函数依赖:配偶号→职工号!

消息 3609,级别 16,状态 1,第 2 行

事务在触发器中结束。批处理已中止。

9.2.6　嵌套与递归触发器

当一个触发器被激活执行时又自动激活了另一个触发器被执行,触发器的这种调用方式称为嵌套触发器。当一个触发器被激活执行时又自动直接或间接地激活了该触发器执行,触发器的这种调用方式称为递归触发器。

1. 嵌套触发器

触发器最多可以嵌套 32 级。如果一个触发器更改了包含另一个触发器的表,则第二个触发器将被触发,然后该触发器又可以调用第三个触发器,以此类推。如果链中任意一个触发器引发了无限循环,则会超出嵌套级限制,从而导致取消触发器。若要禁用嵌套触发器,则请用 sp_configure 将 nested triggers 选项设置为 0(关闭)。默认配置允许嵌套触发器。如果关闭嵌套触发器,则不论使用 ALTER DATABASE 设置的 RECURSIVE_TRIGGERS 设置如何,都将同时禁用递归触发器。

【例 9.11】　删除"专业"表中的某专业,则自动级联删除该专业的所有学生。

分析:编写如下 2 个级联删除触发器可实现上述功能:

T 级联删除班级触发器:删除"专业"表中的某专业,级联删除该专业的所有"班级";

T 级联删除学生触发器:删除"班级"表中的某班级,级联删除该班级的所有"学生"。

```
USE JXDB
IF OBJECT_ID('T级联删除班级','TR') IS NOT  NULL
    DROP TRIGGERT 级联删除班级
GO
CREATE TRIGGERT 级联删除班级 ON 专业
FOR DELETE
AS
```

```
IF @@rowcount=0  RETURN    —若删除行数为 0,则结束
DELETE
FROM 班级
WHERE 专业号=(SELECT  专业号
              FROM  deleted
              WHERE  专业号=班级.专业号)
命令已成功完成。
USE JXDB
IF OBJECT_ID('T 级联删除学生','TR') IS NOT  NULL
    DROP TRIGGERT 级联删除学生
GO
CREATE TRIGGERT 级联删除学生 ON 班级
FOR DELETE
AS
IF @@rowcount=0  RETURN   —若删除行数为 0,则结束
DELETE
FROM 学生
WHERE 学号 IN(SELECT  学号
              FROM  deleted
              WHERE  班号=学生.班号)
```

命令已成功完成。

执行以下删除语句嵌套激活触发器:

```
USE JXDB
DELETE  FROM 专业  WHERE 专业号='031'
```

当删除"专业"表中的某专业时,自动调用"T 级联删除班级"触发器删除了"班级"表中该专业所有班级,此时又自动调用"T 级联删除学生"触发器删除了"学生"表中该班级的所有学生。

2. 递归触发器简介

如果使用 ALTER DATABASE 启动了 RECURSIVE_TRIGGERS 设置,则 SQL Server 还允许递归调用触发器。

递归触发器可以采用下列递归类型。

间接递归:在间接递归中,一个应用程序更新了表 T1。这触发了触发器 TR1,从而更新了表 T2。在这种情况下,将触发触发器 T2,从而更新 T1。

直接递归:在直接递归中,应用程序更新了表 T1。这触发了触发器 TR1,从而更新了表 T1。由于表 T1 被更新,将再次触发触发器 TR1,以此类推。

以下示例同时使用了间接和直接触发器递归。假设对表 T1 定义了两个更新触发器 TR1 和 TR2。触发器 TR1 以递归方式更新表 T1。UPDATE 语句各执行 TR1 和 TR2 一次。另外,执行 TR1 将触发执行 TR1(递归)和 TR2。指定触发器的 inserted 和 deleted 表包含仅与调用触发器的 UPDATE 语句对应的行。

注意:仅当使用 ALTER DATABASE 启用了 RECURSIVE_TRIGGERS 设置时,才能发生前述行为。执行为特定事件定义的多个触发器时,并没有确定的执行顺序。每个触发器都

应是自包含的。

　　禁用 RECURSIVE_TRIGGERS 的设置只能阻止直接递归。若要同时禁用间接递归,则请使用 sp_configure 将 nested triggers 服务器选项设置为 0。

　　如果任一触发器执行了 ROLLBACK TRANSACTION 语句,则无论嵌套级是多少,都不会再执行其他触发器。

9.3　使用 DML 触发器实现参照完整性约束

　　当在参照表中插入记录或修改外键值时,若被参照表中找不到与外键值对应的主键值,则在被参照表中插入主键值等于该外键值的记录,这种操作称为递归插入。递归插入必须使用 DML 触发器。

　　当参照表与被参照表为同一表时,引用完整性只能采用拒绝(NO ACTION)策略处理违约,若需要采用级联(CASCADE)策略或设置为空值策略处理违约,则必须使用 DML 触发器。

　　本节通过实例介绍使用 DML 触发器实现各种参照完整性约束的方法。

9.3.1　实施参照完整性

　　使用 DML 触发器可实现引用完整性。

　　【例 9.12】　对"选修"表使用 DML 触发器实施参照完整性约束。即实现以下功能:

　　当对"选修"表进行 INSERT 或 UPDATE 操作时,若"选修"表中的外键学号值在父表"学生"表中对应主键学号的值不存在,或者,若"选修"表中的外键课号值在父表"课程"表中对应主键课号的值不存在,则对子表"选修"表拒绝执行 INSERT 或 UPDATE 操作。

```
USE JXDB
IF EXISTS (SELECT NAME FROM SYSOBJECTS
          WHERE NAME='T 选修表参照完整性' and type='TR')
DROP TRIGGER T 选修表参照完整性
GO
CREATE TRIGGER T 选修表参照完整性 on 选修
FOR INSERT,UPDATE
AS
IF EXISTS
  (SELECT*
   FROM INSERTAED A
   WHERE A.学号 NOT IN (SELECT B.学号  FROM 学生 B) OR
        A.课号 NOT IN (SELECT C.课号  FROM 课程 C))
BEGIN
RAISERROR('违背参照完整性约束!',16,1)
ROLLBACK TRANSACTION
  AND
命令已成功完成。
```

禁用以下 2 个引用完整性约束：

```
ALTER TABLE 选修   NOCHECK   CONSTRAINT FK__选修__课号__66603565
ALTER TABLE 选修   NOCHECK   CONSTRAINT FK__选修__学号__656C112C
```

命令已成功完成。

执行以下插入语句激活触发器：

```
USE JXDB
insert into 选修 values('130010','9',60)
```

运行结果：

消息 50000,级别 16,状态 1,过程 T 选修表参照完整性,第 10 行

违背参照完整性约束！

消息 3609,级别 16,状态 1,第 2 行

事务在触发器中结束。批处理已中止。

9.3.2   递归插入

【例 9.13】   在建立教工表时,将配偶号定义为外键,对其实施了参照完整性约束,约束名为"FK_教工_配偶号"。现要求建立递归插入触发器实现以下功能：对教工表进行 insert 或 update 操作时,配偶号应参照职工号,若以配偶号为主键的职工不存在,则进行递归插入。职工号为配偶号,性别与该职工相异,配偶号为职工号,其余为空值。

```
USE JXDB
IF OBJECT_ID('T 递归插入配偶号','TR') IS  NOT  NULL
    DROP TRIGGER T 递归插入配偶号
GO
CREATE TRIGGER T 递归插入配偶号 ON 教工
FOR INSERT,UPDATE
AS
IF NOT EXISTS
(SELECT *
 FROM INSERTED a
 WHERE a.配偶号 IN(SELECT b.职工号  FROM 教工 b))
INSERT
INTO 教工(职工号,性别,配偶号)
SELECT b.配偶号,CASE a.性别 when '男' then '女'
                      when '女' then '男'  END,  a.职工号
FROM DELETED a INNER JOIN INSERTED b ON a.职工号=b.职工号
IF EXISTS  (SELECT *  FROM INSERTED )
INSERT
INTO 教工(职工号,性别,配偶号)
SELECT 配偶号,CASE 性别 when '男' then '女'
                 when '女' then '男'  END,职工号
FROM INSERTED
RAISERROR('递归插入成功!',16,1)
```

命令已成功完成。

执行以下修改语句激活触发器：

```
USE JXDB
UPDATE 教工 SET 配偶号='90002'  WHERE 职工号='90001'
```

运行结果：

消息 547,级别 16,状态 0,第 2 行

UPDATE 语句与 FOREIGN KEY SAME TABLE 约束"FK_教工_配偶号"冲突。该冲突发生于数据库"JXDB",表"dbo.教工",column '职工号'。

语句已终止。

此例说明,因为已将教工表中的配偶号定义为外键,对其实施了参照完整性约束。尽管再建立了"T 递归插入配偶号"触发器,但该触发器不会起作用。要想递归插入触发器起作用,必须先删除或禁用对配偶号的外键约束定义:"FK_教工_配偶号",这样对配偶号建立的触发器"T 递归插入配偶号"才能生效。

禁用引用完整性约束"FK_教工_配偶号"：

```
ALTER TABLE 选修  NOCHECK  CONSTRAINT FK_教工_配偶号
```

（1）执行以下修改语句激活触发器：

```
SET NOCOUNT ON
USE JXDB
UPDATE 教工 SET 配偶号='90002'  WHERE 职工号='90001'
```

运行结果：

消息 50000,级别 16,状态 1,过程 T 递归插入配偶号,第 13 行

递归插入成功!

（2）执行以下插入语句激活触发器：

```
USE JXDB
INSERT INTO 教工 VALUES('95003','汪丽','女','1968-11-1','1995-9-1',
                  '硕士',null,'讲师',2000,'95004','03');
```

运行结果：

(0 行受影响)

(1 行受影响)

消息 50000,级别 16,状态 1,过程 T 递归插入配偶号,第 20 行

递归插入成功!

(1 行受影响)

9.3.3 置空值删除

【例 9.14】 若删除教工表中某职工,则与其匹配的配偶号置空值。

分析：

```
USE JXDB
IF OBJECT_ID('TR_配偶号置空值删除','TR') IS  NOT  NULL
    DROP TRIGGER TR_配偶号置空值删除
GO
CREATE TRIGGER TR_配偶号置空值删除 ON 教工
FOR DELETE
```

```
AS
UPDATE 教工
   SET 配偶号=NULL
   WHERE 职工号=(SELECT 配偶号 FROM DELETED)
RAISERROR('删除某教工,对应配偶号置空值!',16,1)
```
命令已成功完成。

运行以上程序建立触发器:TR_配偶号置空值删除

【例 9.15】 删除教工表中某职工,激活触发器"TR_配偶号置空值删除",使与该职工匹配的配偶号置空值。

分析:因为教工表上已建有触发器"T递归插入配偶号",先禁用该触发器,再执行删除语句激活触发器:TR_配偶号置空值删除。最后可重启用触发器"T递归插入配偶号"。

```
USE JXDB
ALTER TABLE dbo.教工 DISABLE  TRIGGER  T递归插入配偶号
DELETE FROM 教工 WHERE 职工号='95004'
ALTER TABLE dbo.教工 ENABLE TRIGGER  T递归插入配偶号
```

运行结果:

(1行受影响)

消息 50000,级别 16,状态 1,过程 TR_配偶号置空值删除,第 7 行

删除某教工,对应配偶号置空值!

(1行受影响)

9.3.4　级联修改

【例 9.16】 若修改教工表中某职工号,则级联修改与其匹配的配偶号,级联修改班主任。

```
USE JXDB
IF OBJECT_ID('TR_级联修改配偶号班主任','TR') IS  NOT  NULL
    DROP TRIGGER TR_级联修改配偶号班主任
GO
CREATE TRIGGER TR_级联修改配偶号班主任 ON 教工
FOR UPDATE
AS
UPDATE   教工
   SET   配偶号=(SELECT 职工号 FROM INSERTED)
   WHERE 配偶号=(SELECT 职工号 FROM DELETED)
UPDATE   班级
   SET   班主任=(SELECT 职工号 FROM INSERTED)
   WHERE 班主任=(SELECT 职工号 FROM DELETED)
RAISERROR('修改教工表中某职工号,级联修改配偶号,级联修改班主任!',16,1)
```
命令已成功完成。

运行以上程序建立触发器:TR_级联修改配偶号班主任

删除外键约束:"FK_班级_班主任_1ED998B2"

执行以下修改语句激活触发器:

```
USE JXDB
UPDATE 教工 SET 职工号='81003'  WHERE 职工号='81002'
```

运行结果：

```
(1 行受影响)
(1 行受影响)
消息 50000,级别 16,状态 1,过程 TR_级联修改配偶号班主任,第 10 行
修改教工表中某职工号,级联修改配偶号,级联修改班主任!
(1 行受影响)
```

9.3.5　级联删除

【例 9.17】　对父表"学生"建立级联删除触发器：删除父表"学生"中某学生,对子表"选修"作级联删除。

```
USE JXDB
IF OBJECT_ID('T 删除某学生级联删除其选课记录','TR') IS NOT  NULL
    DROP TRIGGER T 删除某学生级联删除其选课记录
GO
CREATE TRIGGER T 删除某学生级联删除其选课记录 ON 教工
FOR DELETE
AS
IF @@rowcount=0  RETURN  —若删除行数为 0,则结束
DELETE
FROM  选修
WHERE  学号=(SELECT  学号
            FROM  deleted
            WHERE  学号=选修.学号)
```

命令已成功完成。

运行以上程序建立触发器：T 删除某学生级联删除其选课记录

执行以下删除语句激活触发器：

```
USE JXDB
DELETE  FROM 学生  WHERE 学号='130002'
```

经查看删除学生'130002',级联删除该生的所有选课成绩。

9.4　几种特殊的触发器

本节介绍 DMLINSTEAD OF 触发器、DDL 触发器和 LOGON 触发器的基本概念、激活事件创建与使用方法。

9.4.1　创建 DML INSTEAD OF 触发器

INSTEAD OF 触发器可定义于表或视图中,主要用途之一是让一个视图成为可更新的,也就是利用 INSTEAD OF 触发器去更新视图的源表或更新拥有下列字段的源表：计算字段、自动编号字段和 timestamp 字段。

创建 DMLINSTEAD OF 触发器应注意以下几点。

（1）对于 INSTEAD OF 触发器，不允许对具有指定级联操作 ON DELETE 的引用关系的表使用 DELETE 选项。同样，也不允许对具有指定级联操作 ON UPDATE 的引用关系的表使用 UPDATE 选项。

（2）对于表或视图，每个 INSERT、UPDATE 或 DELETE 语句最多可定义一个 INSTEAD OF 触发器。但是，可以为具有自己的 INSTEAD OF 触发器的多个视图定义视图。

（3）INSTEAD OF 触发器不可以用于使用 WITH CHECK OPTION 的可更新视图。如果将 INSTEAD OF 触发器添加到指定了 WITH CHECK OPTION 的可更新视图中，则 SQL Server 将引发错误。用户须用 ALTER VIEW 删除该选项后才能定义 INSTEAD OF 触发器。

（4）如果为表定义的 INSTEAD OF 触发器对表执行了一般会再次触发 INSTEAD OF 触发器的语句，该触发器不会被递归调用，而是像表中没有 INSTEAD OF 触发器一样处理该语句，并启动一系列约束操作和 AFTER 触发器执行。例如，如果触发器定义为表的 INSTEAD OF INSERT 触发器，并且触发器对同一个表执行 INSERT 语句，则由 INSTEAD OF 触发器执行的 INSERT 语句不会再次调用该触发器。触发器执行的 INSERT 将启动执行约束操作的进程，并触发为表定义的任一 AFTER INSERT 触发器。

（5）如果为视图定义的 INSTEAD OF 触发器对视图执行了一条通常会再次触发 INSTEAD OF 触发器的语句，该语句不会被递归调用，而是将该语句解析为对视图所依存的基本表进行的修改。在这种情况下，视图定义必须满足可更新视图的所有约束。

例如，如果触发器定义为视图的 INSTEAD OF UPDATE 触发器，并且触发器执行引用同一视图的 UPDATE 语句，则由 INSTEAD OF 触发器执行的 UPDATE 语句不会再次调用该触发器。对视图处理由该触发器执行的 UPDATE 语句时，就像该视图没有 INSTEAD OF 触发器一样。由 UPDATE 更改的列必须解析到一个基表。对基表的每次修改都将应用约束并触发为该表定义的 AFTER 触发器。

1. INSTEAD OF INSERT 触发器

【例 9.18】 （1）向含有"总分"虚拟计算列的视图"V 高考"插入记录，观察运行结果；

（2）为视图"V 高考"建立一个 INSTEAD OF INSERT 触发器；

（3）再向视图"V 高考"插入记录，查阅视图及表的数据内容。

INSERT INTO V 高考 VALUES('140003','张三',116,100,120,240,NULL)

消息 4406,级别 16,状态 1,第 1 行

对视图或函数'V 高考' 的更新或插入失败,因其包含派生域或常量域。

插入失败。以下为视图"V 高考"建立一个 INSTEAD OF INSERT 触发器。

```
USE JXDB
IF OBJECT_ID('T 透过视图插入源表','TR') IS  NOT  NULL
        DROP TRIGGER T 透过视图插入源表
GO
CREATE TRIGGER T 透过视图插入源表 ON V 高考
INSTEAD OF INSERT
```

```
AS
    INSERT 高考   SELECT 考号,姓名,语文,数学,英语,综合 FROM INSERTED
```
命令已成功完成。
```
    INSERT INTO  V 高考 VALUES('140003','张三',116,100,120,240,NULL)
```
查阅视图的数据内容：
```
SELECT  *  FROM  V 高考
```
查阅表的数据内容：
```
SELECT  *  FROM 高考
```

2. INSTEAD OF UPDATE 触发器

【例 9.19】 (1) 修改含计算列的"课程"表中的记录,观察运行结果;

(2) 为课程表建立视图"V 课程";

(3) 修改视图"V 课程"中的记录,观察运行结果;

(4) 为视图"V 课程"建立一个 INSTEAD OF UPDATE 触发器;

(5) 再修改视图"V 课程"中的记录,查阅视图及表的数据内容。
```
    USE JXDB
    UPDATE 课程 SET 学分=5 WHERE 课号='1'
```
运行结果：
```
    消息 271,级别 16,状态 1,第 2 行
    不能修改列"学分",因为它是计算列,或者是 UNION 运算符的结果。
    USE JXDB
    IF OBJECT_ID ('dbo.V 课程','V') IS NOT NULL
        DROP VIEW V 课程
    GO
    CREATE VIEW V 课程
    AS
    SELECT  *  FROM  课程
```
命令已成功完成。
```
    USE JXDB
    UPDATE V 课程 SET 学分=5 WHERE 课号='1'
```
运行结果：
```
    消息 271,级别 16,状态 1,第 2 行
    不能修改列"学分",因为它是计算列,或者是 UNION 运算符的结果。
    USE JXDB
    IF OBJECT_ID('T 透过视图修改源表','TR') IS  NOT  NULL
            DROP TRIGGER T 透过视图修改源表
    GO
    CREATE TRIGGER T 透过视图修改源表 ON V 课程
    INSTEAD OF UPDATE
    AS
    UPDATE 课程 SET 课时=INSERTED.学分* 18
    FROM INSERTED
```

```
WHERE 课程.课号=INSERTED.课号
```
命令已成功完成。
```
USE JXDB
UPDATE V课程 SET 学分=5 WHERE 课号='1'
```
查阅视图的数据内容:
```
SELECT  *  FROM  V课程
```
查阅表的数据内容:
```
SELECT  *  FROM 课程
```

3. INSTEAD OF DELETE 触发器

【例 9.20】 (1) 为视图"V 高考"建立一个 INSTEAD OF DELETE 触发器;
(2) 再删除视图"V 高考"中的记录,查阅视图及表的数据内容。
```
USE JXDB
IF OBJECT_ID('T透过视图删除源表数据','TR') IS  NOT  NULL
         DROP TRIGGER T透过视图删除源表数据
GO
CREATE TRIGGER T透过视图删除源表数据 ON V高考
INSTEAD OFDELETE
AS
DELETE 高考 FROM DELETED
WHERE 高考.考号=DELETED.考号
```
命令已成功完成。

查阅视图的数据内容:
```
USE JXDB
DELETE  FROM  V高考  WHERE 考号='140003'
```

9.4.2　数据定义触发器 DDL

DDL 触发器像 DML 触发器一样,在响应事件时执行存储过程。但与 DML 触发器不同的是,它们并不在响应对表或视图的 UPDATE、INSERT 或 DELETE 语句时执行存储过程。它们主要在响应数据定义语言(DDL)语句时执行存储过程。这些语句包括 CREATE、ALTER、DROP、GRANT、DENY、REVOKE 和 UPDATE STATISTICS 等语句。执行 DDL 式操作的系统存储过程也可以激发 DDL 触发器。

DDL 触发器可以用于在数据库中执行管理任务,例如,审核和规范数据库操作。

1. 创建 DDL 触发器语句

创建 DDL 触发器语句格式:
```
CREATE TRIGGER trigger_name
ON{ALL SERVER|DATABASE}
[WITH < [ENCRYPTION][EXECUTE AS Clause]>[,…n]]
{FOR|AFTER}{event_type|event_group}[,…n]
AS{sql_statement  [;][,…n]
   |EXTERNAL NAME <assembly_name.class_name.method_name>[;]}
```

功能:创建 DDL 触发器。

参数说明:

(1) DATABASE:将 DDL 触发器的作用域应用于当前数据库。如果指定了此参数,则只要当前数据库中出现 event_type 或 event_group,就会激发该触发器。

(2) ALL SERVER:将 DDL 或登录触发器的作用域应用于当前服务器。如果指定了此参数,则只要当前服务器中的任何位置上出现 event_type 或 event_group,就会激发该触发器。

(3) event_type:执行之后将导致激发 DDL 触发器的 T-SQL 语言事件的名称。DDL 事件中列出了 DDL 触发器的有效事件。

(4) event_group:预定义的 T-SQL 语言事件分组的名称。执行任何属于 event_group 的 T-SQL 语言事件之后,都将激发 DDL 触发器。DDL 事件组中列出了 DDL 触发器的有效事件组。

CREATE TRIGGER 运行完毕之后,event_group 还可通过将其涵盖的事件类型添加到 sys. trigger_events 目录视图中来作为宏使用。

几点说明:

(1) 测试 DDL 触发器,以确定它们对执行系统存储过程的响应。例如,CREATE TYPE 语句和 sp_addtype 存储过程都将激发针对 CREATE_TYPE 事件创建的 DDL 触发器。但是,sp_rename 存储过程不会激发任何 DDL 触发器。

(2) 对于影响局部或全局临时表和存储过程的事件,不会触发 DDL 触发器。

(3) 查询 DDL 触发器的元数据:与 DML 触发器不同,DDL 触发器的作用域不是架构。因此,不能将 OBJECT_ID、OBJECT_NAME、OBJECTPROPERTY 和 OBJECT PROPERTYEX 用于查询有关 DDL 触发器的元数据。请改用目录视图。

(4) DDL 触发器存储位置:具有服务器范围的 DDL 触发器显示在 SQL Server Management Studio 对象资源管理器中的“触发器”文件夹中。此文件夹位于“服务器对象”文件夹下。数据库范围的 DDL 触发器显示在“数据库触发器”文件夹中。此文件夹位于相应数据库的“可编程性”文件夹下。

(5) 权限:若要创建具有服务器范围的 DDL 触发器(ON ALL SERVER)或登录触发器,则需要对服务器拥有 CONTROL SERVER 权限。若要创建具有数据库范围的 DDL 触发器(ON DATABASE),则需要在当前数据库中有 ALTER ANY DATABASE DDL TRIGGER 权限。

2. 修改 DDL 触发器语句

修改 DDL 触发器语句格式:

```
ALTER TRIGGER trigger_name
ON{DATABASE|ALL SERVER}
[WITH < [ENCRYPTION][<EXECUTE AS Clause>]>[,…n]]
{FOR|AFTER}{event_type[,…n]|event_group}
AS{sql_statement[;]
    | EXTERNAL NAME <assembly_name.class_name.method_name>
[;]}
```

```
}
```
功能:修改 CREATE TRIGGER 语句以前创建的 DDL 触发器的定义。

3. 删除 DDL 触发器

因为 DDL 触发器不在架构范围内,所以不会在 sys. objects 目录视图中出现,无法使用
OBJECT_ID 函数来查询数据库中是否存在 DDL 触发器。必须使用相应的目录视图来查询
架构范围以外的对象。对于 DDL 触发器,可使用 sys. triggers。

4. 具有数据库范围的 DDL 触发器

【例 9.21】　使用 DDL 触发器阻止修改或删除 JXDB 数据库中的任何表。

```
USE JXDB
IF EXISTS (SELECT * FROM sys.triggers
    WHERE parent_class=0 AND name='T 不许修改删除任何表')
DROP TRIGGER   T 不许修改删除任何表   ON DATABASE
GO
CREATE TRIGGER   T 不许修改删除任何表
ON DATABASE
FOR DROP_TABLE,ALTER_TABLE
AS
RAISERROR ('不能修改或删除当前数据库 JXDB 中的任何表!',10,1)
ROLLBACK
```
命令已成功完成。

执行以下删除"选修"表语句激活触发器:T 不许修改删除任何表。

```
USE JXDB
DROP  TABLE   选修
```
运行结果:

不能修改或删除当前数据库 JXDB 中的任何表!

消息 3609,级别 16,状态 2,第 2 行

事务在触发器中结束。批处理已中止。

【例 9.22】　使用 DDL 触发器来防止从数据库中删除任何同义词。

```
USE JXDB
IF EXISTS (SELECT *  FROM sys.triggers
    WHERE parent_class=0 AND name='T 不许删除同义词')
DROP TRIGGER T 不许删除同义词   ON DATABASE
GO
CREATE TRIGGER T 不许删除同义词
ON DATABASE
FOR DROP_SYNONYM
AS
    RAISERROR ('不许从数据库中删除同义词!',10,1)
    ROLLBACK
DROP TRIGGERT 不许删除同义词 ON DATABASE
```
命令已成功完成。

重要提示：

（1）仅在运行触发 DDL 触发器的 DDL 语句后，DDL 触发器才会激发。DDL 触发器无法作为 INSTEAD OF 触发器使用。

（2）测试 DDL 触发器以确定它们是否响应运行的系统存储过程。例如，CREATE TYPE 语句和 sp_addtype 存储过程都将激发针对 CREATE_TYPE 事件创建的 DDL 触发器。

（3）DDL 触发器可用于管理任务，如审核和控制数据库操作。

如果要执行以下操作，则请使用 DDL 触发器。

（1）要防止对数据库架构进行某些更改。

（2）希望数据库中发生某种情况以响应数据库架构中的更改。

（3）要记录数据库架构中的更改或事件。

可以激发 DDL 触发器以响应在当前数据库或当前服务器中处理的 T-SQL 事件。触发器的作用域取决于事件。

若要获取 JXDB 数据库中提供的 DDL 触发器，则请在 SQL Server Management Studio 的对象资源管理器中打开位于 JXDB 数据库的"可编程性"文件夹中的"数据库触发器"文件夹。右键单击 ddlDatabaseTriggerLog 并选择"编写数据库触发器脚本为"，"CREATE 到"，"新查询编辑窗口"，打开触发器脚本编辑窗口。默认情况下，DDL 触发器 ddlDatabaseTriggerLog 处于禁用状态。

5. 具有服务器范围的 DDL 触发器

DDL 和登录触发器通过使用 EVENTDATA（T-SQL）函数来获取有关触发事件的信息。

【例 9.23】 在以下示例中，如果当前服务器实例上出现任何 CREATE DATABASE 事件，则使用 DDL 触发器输出一条消息，并使用 EVENTDATA 函数检索对应 T-SQL 语句的文本。

```
IF EXISTS (SELECT * FROM sys.server_triggers
     WHERE name='ddl_trig_database')
DROP TRIGGER ddl_trig_database  ON ALL SERVER;
GO
CREATE TRIGGER ddl_trig_database
ON ALL SERVER
FOR CREATE_DATABASE
AS
  PRINT 'Database Created.'
  SELECT EVENTDATA().value('(/EVENT_INSTANCE/TSQLCommand
                       /CommandText)[1]','nvarchar(max)')
```

命令已成功完成。

在当前服务器实例上的，展开"服务器对象"文件夹，展开"触发器"文件夹，可查看"ddl_trig_database"触发器。

执行以下建立数据库语句可激活触发器：ddl_trig_database

```
USE master
IF DB_ID(N'ST') IS NOT NULL   —若数据库 ST 已存在，
```

```
        DROP DATABASE ST              —则删除。
    CREATE DATABASE ST
    ON
        (NAME=ST_Data,                —主数据文件
         FILENAME='F:\SQL2008DB\ST_Data.mdf',
         SIZE=3MB,
         MAXSIZE=UNLIMITED)
    LOG ON
        (NAME=ST_log,                 —日志文件
         FILENAME='F:\SQL2008DB\ST_log.ldf',
         SIZE=1MB,
         MAXSIZE=UNLIMITED,
         FILEGROWTH=10%)
```

9.4.3 登录触发器 LOGON

登录触发器在遇到 LOGON 事件时触发。LOGON 事件是在建立用户会话时引发的。触发器可以由 T-SQL 语句直接创建,也可以由程序集方法创建,这些方法是在 Microsoft .NET Framework 公共语言运行时(CLR)中创建并上载到 SQL Server 实例的。SQL Server 允许为任何特定语句创建多个触发器。

1. 创建登录 LOGON 触发器语句

```
Trigger on a LOGON event (Logon Trigger)
CREATE TRIGGER trigger_name
ON ALL SERVER
[WITH < [ENCRYPTION][EXECUTE AS Clause]> [,…n]]
{FOR|AFTER}LOGON
AS{sql_statement  [;][,…n]
    | EXTERNAL NAME <assembly_name.class_name.method_name > [;]}
```

功能:创建登录触发器。

登录触发器始终不允许返回结果集,并且这种行为不可配置。如果登录触发器确实生成了结果集,则此触发器将无法执行,并且将拒绝触发此触发器的登录尝试。

2. 修改登录 LOGON 触发器语句

修改登录 LOGON 触发器语句格式:

```
ALTER TRIGGER trigger_name
ON ALL SERVER
[WITH < [ENCRYPTION][< EXECUTE AS Clause> ]> [,…n]]
{FOR|AFTER}LOGON
AS{sql_statement  [;][,…n]
    | EXTERNAL NAME < assembly_name.class_name.method_name> [;]}
```

功能:修改 CREATE TRIGGER 语句以前创建的登录触发器的定义。

【例 9.24】 创建登录触发器实现功能:拒绝作为 login_test 登录名的成员登录 SQL Server 的尝试(如果在此登录名下已运行三个用户会话)。

```
USE master
IF SUSER_ID(N'login_test') IS NOT NULL          —若登录账户 login_test 已存在，
   DROP LOGIN login_test                         —则删除。
CREATE LOGIN login_test WITH PASSWORD='123',
            CHECK_EXPIRATION=ON                   —创建登录 login_test
GO
GRANT VIEW SERVER STATE TO login_test            —给登录账户 login_test 授予权限
GO
CREATE TRIGGER connection_limit_trigger          —建立登录触发器
ON ALL SERVER WITH EXECUTE AS 'login_test'
FOR LOGON
AS
BEGIN
IF ORIGINAL_LOGIN()='login_test' AND
   (SELECT COUNT(*)
    FROM sys.dm_exec_sessions
    WHERE is_user_process=1 AND original_login_name='login_test') >3
    ROLLBACK
END
```

命令已成功完成。

【例 9.25】 查看导致触发器触发的事件。查询 sys. triggers 和 sys. trigger_events 目录视图，以确定是哪个 T-SQL 语言事件导致触发了触发器"T 不许更改 236"。

（1）执行以下修改语句激活触发器："T 不许更改 236"

```
USE JXDB
UPDATE 学生 SET 班号='130102'  WHERE 学号='130001'
```

（2）查看导致"T 不许更改 236"触发器触发的事件。

```
USE JXDB
SELECT a.object_id 触发器标识号,b.name 触发器名,a.type_desc 触发事件
FROM sys.trigger_events AS a JOIN sys.triggers AS b ON a.object_id=b.object_id
WHERE b.name='T 不许更改'
```

运行结果：

触发器标识号	触发器名	触发事件
66099276	T不许更改236	UPDATE

第10章 数据库安全性

数据库安全性是指保护数据库,防止因用户非法使用数据库造成数据泄露、更改或破坏。

数据库的一大特点是数据可以共享。数据库中数据的共享是在 DBMS 统一的严格的控制之下的共享。数据库安全最重要的一点就是确保只授权给有资格的用户访问数据库的权限。同时令所有未授权的人员无法接近数据。用户权限定义与合法权限检查机制组成 DBMS 的安全子系统。

本章介绍 SQL Server 数据库系统的安全保护措施。包括创建登录账户、创建数据库用户、权限、角色、架构、JXDB 数据库安全性规划设计与实现等内容。

10.1 创建登录账户

主体是可以请求 SQL Server 资源的实体。主体可按层次结构排列。主体的影响范围取决于主体定义的范围(Windows、服务器或数据库),以及主体是否不可分或是一个集合。例如,Windows 登录名就是一个不可分主体,而 Windows 组则是一个集合主体。每个主体都具有一个安全标识符(SID)。

主体分为以下三级:

(1) Windows 级别的主体包括:Windows 域登录名;Windows 本地登录名。

(2) SQL Server 服务器级的主体包括:SQL Server 登录名。

(3) 数据库级的主体包括:数据库用户;数据库角色;应用程序角色。

典型主体介绍如下:

sa 登录名是服务器级的主体。默认情况下,该登录名是在安装实例时创建的。sa 的默认数据库为 master。

public 数据库角色:每个数据库用户都属于 public 数据库角色。当尚未对某个用户授予或拒绝对安全对象的特定权限时,该用户将继承授予该安全对象的 public 角色的权限。

INFORMATION_SCHEMA 和 sys 实体:每个数据库都包含这两个实体,它们都作为用户出现在目录视图中。这两个实体是 SQL Server 所必需的。不能修改或删除它们。

登录账户是 SQL Server 服务器级的主体。本节介绍创建、修改、删除登录账户的语句格式和使用方法。

10.1.1 创建登录账户 CREATE LOGIN

1. 使用 CREATE LOGIN 创建登录账户

创建登录账户语句语法格式:

```
CREATE LOGIN loginName
{WITH < PASSWORD={'password'|hashed_password HASHED}[MUST_CHANGE]
    [,<SID=sid
```

```
            |DEFAULT_DATABASE=database
            |DEFAULT_LANGUAGE=language
            |CHECK_EXPIRATION={ON|OFF}
            |CHECK_POLICY={ON|OFF}
            |CREDENTIAL=credential_name>[,…]]>
     |FROM <WINDOWS[WITH<DEFAULT_DATABASE=database
                        |DEFAULT_LANGUAGE=language>[,…]]
        |CERTIFICATE certname
        |ASYMMETRIC KEY asym_key_name>}
```

功能：创建新的 SQL Server 登录名。

参数说明：

（1）loginName：指定创建的登录名。有四种类型的登录名：SQL Server 登录名、Windows 登录名、证书映射登录名和非对称密钥映射登录名。如果从 Windows 域账户映射 loginName，则 loginName 必须用方括号（[]）括起来。

（2）PASSWORD='password'：仅适用于 SQL Server 登录名。指定正在创建的登录名的密码。SQL Server 密码最多可包含 128 个字符，其中包括字母、符号和数字。使用的密码应尽可能长，尽可能复杂。

对于强密码有以下 9 个特征：长度至少有 8 个字符；密码中组合使用字母、数字和符号字符；字典中查不到；不是命令名；不是人名；不是用户名；不是计算机名；定期更改；与以前的密码明显不同。

（3）PASSWORD=hashed_password：仅适用于 HASHED 关键字。指定要创建的登录名的密码的哈希值。

（4）HASHED：仅适用于 SQL Server 登录名。指定在 PASSWORD 参数后输入的密码已经过哈希运算。如果未选择此选项，则在将作为密码输入的字符串存储到数据库之前，对其进行哈希运算。

（5）MUST_CHANGE：仅适用于 SQL Server 登录名。如果包括此选项，则 SQL Server 将在首次使用新登录名时提示用户输入新密码。

（6）CREDENTIAL=credential_name：将映射到新 SQL Server 登录名的凭据的名称。该凭据必须已存在于服务器中。当前此选项只将凭据链接到登录名。

（7）SID=sid：仅适用于 SQL Server 登录名。指定新 SQL Server 登录名的 GUID。如果未选择此选项，则 SQL Server 自动指派 GUID。

（8）DEFAULT_DATABASE=database：指定将指派给登录名的默认数据库。如果未包括此选项，则默认数据库将设置为 master。

（9）DEFAULT_LANGUAGE=language：指定将指派给登录名的默认语言。如果未包括此选项，则默认语言将设置为服务器的当前默认语言。即使将来服务器的默认语言发生更改，登录名的默认语言也仍保持不变。

（10）CHECK_EXPIRATION={ON|OFF}：仅适用于 SQL Server 登录名。指定是否对此登录账户强制实施密码过期策略。默认值为 OFF。

（11）CHECK_POLICY={ON|OFF}：仅适用于 SQL Server 登录名。指定应对此登录名强制实施运行 SQL Server 的计算机的 Windows 密码策略。默认值为 ON。

（12）WINDOWS：指定将登录名映射到 Windows 登录名。

（13）CERTIFICATE certname：指定将与此登录名关联的证书名称。此证书必须已存在于 master 数据库中。

（14）ASYMMETRIC KEY asym_key_name：指定将与此登录名关联的非对称密钥的名称。此密钥必须已存在于 master 数据库中。

备注：

（1）密码是区分大小写的。

（2）只有创建 SQL Server 登录名时，才支持对密码预先进行哈希运算。

（3）如果指定 MUST_CHANGE，则 CHECK_EXPIRATION 和 CHECK_POLICY 必须设置为 ON。否则，该语句将失败。

（4）不支持 CHECK_POLICY＝OFF 和 CHECK_EXPIRATION＝ON 的组合。如果 CHECK_POLICY 设置为 OFF，将对 lockout_time 进行重置，并将 CHECK_EXPIRATION 设置为 OFF。

（5）从证书或非对称密钥创建的登录名仅用于代码签名。不能用于连接到 SQL Server。仅当 master 中已存在证书或非对称密钥时，才能从证书或非对称密钥创建登录名。

（6）权限：需要对服务器拥有 ALTER ANY LOGIN 或 ALTER LOGIN 权限。如果使用 CREDENTIAL 选项，则还需要对此服务器的 ALTER ANY CREDENTIAL 权限。

2．安全函数

1）登录标识号函数

格式：SUSER_ID（['login']）

功能：返回用户的登录标识号。返回类型为 int。

参数：'login'：用户的登录名。login 的数据类型为 nchar。如果将 login 指定为 char，则 login 将隐式转换为 nchar。login 可以是有权限连接到 SQL Server 实例的任何 SQL Server 登录名或 Windows 用户或组。如果未指定 login，则返回当前用户的登录标识号。

以下语句返回 sa 登录名的登录标识号。

SELECT SUSER_ID('sa')

2）用户标识号函数

格式：USER_ID（['user']）

功能：返回数据库用户的标识号。

参数：'user'即要使用的用户名。user 的数据类型为 nchar。如果指定的是 char 类型的值，则将其隐式转换为 nchar。需要使用括号。

返回类型：int

注意：后续版本的 SQL Server 将删除该功能。改用 DATABASE_PRINCIPAL_ID。

备注：当省略 user 时，假定为当前用户。当在 EXECUTE AS 之后调用 USER_ID 时，USER_ID 将返回模拟上下文的 ID。

当未映射到特定数据库用户的 Windows 主体使用组成员身份访问数据库时，USER_ID 将返回 0(public 的 ID)。如果这样的主体在不指定架构的情况下创建对象，则 SQL Server 将创建映射到 Windows 主体的隐式用户和架构。在这些情况下创建的用户不能用来连接到数据库。映射到隐式用户的 Windows 主体调用 USER_ID 将返回该隐式用户的 ID。

USER_ID 可以在选择列表、WHERE 子句和任何允许使用表达式的地方使用。

下例返回 JXDB 用户 z1 的标识号。

```
USE JXDB
SELECT USER_ID('z1');
```

3) 用户标识号函数

格式:DATABASE_PRINCIPAL_ID (principal_name)

功能:返回当前数据库中的主体的 ID 号。

参数:principal_name:sysname 类型的表达式,表示数据库主体。

如果省略 principal_name,则返回当前用户的 ID。需要使用括号。

返回类型:int,出错时返回 NULL。

备注:可以在选择列表、WHERE 子句或表达式允许的任意位置使用 DATABASE_PRINCIPAL_ID。

(1) 检索当前用户的 ID。以下语句返回当前用户的数据库主体 ID。

```
SELECT DATABASE_PRINCIPAL_ID();
```

(2) 检索指定数据库主体的 ID。以下语句返回数据库角色 db_owner 的数据库主体 ID。

```
SELECT DATABASE_PRINCIPAL_ID('db_owner')
```

【例 10.1】 创建 SQL Server 登录账户 login1,密码为 123。

以 SQL Server 身份验证模式,登录名为:sa,密码为:8888,连接到服务器。

```
USE master
IF SUSER_ID('login1') IS NOT NULL          —若登录账户 login1 已存在
    DROP LOGIN login1                      —则删除
CREATE LOGIN login1 WITH  PASSWORD= '123   —创建登录账户 login1
```

命令已成功完成。

以登录名:login1,密码:123,连接到服务器。成功!

【例 10.2】 创建 SQL Server 登录账户 login2,密码为 123,默认数据库为 JXDB。

以'sa ','8888 '登录

```
USE master
IF SUSER_ID(N'login2 ') IS NOT NULL        —若登录账户 login1 已存在
    DROP LOGIN login2                      —则删除
CREATE LOGIN login2                        —创建登录账户 login1
    WITH  PASSWORD= '123',DEFAULT_DATABASE= JXDB
```

命令已成功完成。

以登录名:login2,密码:123,连接到服务器,结果如图 10-1 所示。

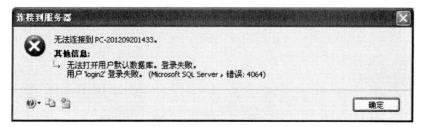

图 10-1　连接到服务器

3. 调用系统存储过程 sp_addlogin 创建登录账户

存储过程 sp_addlogin 语法：

```
sp_addlogin [@loginame=]'login'      [,[@passwd=]'password']
            [,[@defdb= ]'database']  [,[@deflanguage=]'language']
            [,[@sid=]sid]            [,[@encryptopt=]'encryption_option']
```

功能：创建新的 SQL Server 登录，该登录允许用户使用 SQL Server 身份验证连接到 SQL Server 实例。返回代码值：0（成功）或 1（失败）。

参数说明：

（1）[@loginame＝]'login'：登录的名称。login 的数据类型为 sysname，无默认值。

（2）[@passwd＝]'password'：登录的密码。password 的数据类型为 sysname，默认值为 NULL。安全说明：不要使用空密码。请使用强密码。

（3）[@defdb＝]'database'：登录的默认数据库（在登录后首先连接到该数据库）。database 的数据类型为 sysname，默认值为 master。

（4）[@deflanguage＝]'language'：登录的默认语言。language 的数据类型为 sysname，默认值为 NULL。如果未指定 language，则新登录的默认 language 将设置为服务器的当前默认语言。

（5）[@sid＝]'sid'：安全标识号（SID）。sid 的数据类型为 varbinary(16)，默认值为 NULL。如果 sid 为 NULL，则系统将为新登录生成 SID。不管是否使用 varbinary 数据类型，NULL 以外的值的长度都必须正好是 16 个字节，并且一定不能已经存在。指定 sid 非常有用，例如，若要编写脚本，或将 SQL Server 登录从一台服务器移动到另一台服务器，并且想让登录在不同服务器上使用相同的 SID，都需要指定它。

（6）[@encryptopt＝]'encryption_option'：指定是以明文形式，还是以明文密码的哈希运算结果来传递密码。

备注：

（1）SQL Server 登录名可以包含 1 到 128 个字符，其中包括字母、符号和数字。登录名不能包含反斜杠(\)；它可以是保留登录名，例如，sa 或 public，或已经存在；或者是 NULL 或空字符串 (")。

（2）如果提供默认数据库的名称，则不用执行 USE 语句就可以连接到指定的数据库。但是，除非数据库所有者授予（使用 sp_adduser 或 sp_addrolemember 或 sp_addrole）该数据库的访问权，否则不能使用默认的数据库。

（3）SID 号是一个 GUID，用于唯一地标识服务器中的登录名。

（4）更改服务器的默认语言将不会更改现有登录的默认语言。若要更改服务器的默认语言，则请使用 sp_configure。

如果在将登录名添加到 SQL Server 时已对密码进行了哈希运算，则使用 skip_encryption 来取消密码哈希运算将是有用的。如果 SQL Server 的早期版本对密码进行了哈希运算，则使用 skip_encryption_old。

不能在用户定义事务内执行 sp_addlogin。

表 10-1 显示了数个与 sp_addlogin 一起使用的存储过程。

表 10-1　与 sp_addlogin 一起使用的存储过程

存储过程	说明
sp_grantlogin	添加 Windows 用户或组
sp_password	更改用户密码
sp_defaultdb	更改用户的默认数据库
sp_defaultlanguage	更改用户的默认语言

权限:需要 ALTER ANY LOGIN 权限。

重要提示:后续版本的 SQL Server 将删除该功能。请避免在新的开发工作中使用该功能,并着手修改当前还在使用该功能的应用程序。请改用 CREATE LOGIN。

安全说明:请尽可能使用 Windows 身份验证。

【例 10.3】　创建以下 SQL Server 登录。

(1) 创建 SQL Server 登录账户 wang,密码 123,不指定默认数据库。

```
USE master
IF SUSER_ID(N'wang') IS NOT NULL      —若登录账户 wang 已存在
    DROP LOGIN wang                   —则删除
EXEC sp_addlogin 'wang','123'
```

命令已成功完成。

以登录名:wang,密码:123,连接到服务器。成功!

(2) 创建 SQL Server 登录账户 wang1,密码 123,默认数据库为 JXDB。

```
USE master
IF SUSER_ID(N'wang1') IS NOT NULL     —若登录账户 wang1 已存在
    DROP LOGIN wang1                  —则删除
EXEC sp_addlogin 'wang1','123','JXDB'
```

命令已成功完成。

(3) 创建 SQL Server 登录账户 wang2,密码 123,默认数据库为 JXDB,默认语言为 Bulgarian。

```
USE master
IF SUSER_ID(N'wang2') IS NOT NULL     —若登录账户 wang1 已存在
    DROP LOGIN wang2                  —则删除
EXEC sp_addlogin 'wang2','123','JXDB',N'Bulgarian'
```

命令已成功完成。

(4) 创建 SQL Server 登录账户 wang3,密码 B548bmM％f6,默认数据库为 JXDB,默认语言为 us_english,SID 为 0x0123456789ABCDEF0123456789ABCDEF。

```
USE master
IF SUSER_ID(N'wang3') IS NOT NULL     —若登录账户 wang1 已存在
    DROP LOGIN wang3                  —则删除
EXEC sp_addlogin 'wang3','B548bmM% f6','JXDB',us_english,
                0x0123456789ABCDEF0123456789ABCDEF
```

命令已成功完成。

10.1.2　更改登录账户属性 ALTER LOGIN

更改登录账户属性语句格式：

```
ALTER LOGIN login_name
  {ENABLE|DISABLE
   | WITH PASSWORD='password'|hashed_password HASHED
   [OLD_PASSWORD='oldpassword'|<password_option>[< password_option>]]
   | DEFAULT_DATABASE=database|DEFAULT_LANGUAGE=language
   |NAME=login_name
   |CHECK_POLICY={ON|OFF}  | CHECK_EXPIRATION= {ON|OFF}
   | CREDENTIAL= credential_name  | NO CREDENTIAL[,…]
   |ADD CREDENTIAL credential_name
   | DROP CREDENTIAL credential_name
   }
  <password_option>::=MUST_CHANGE|UNLOCK
```

功能：更改 SQL Server 登录账户的属性。

参数说明：

(1) login_name：指定正在更改的 SQL Server 登录的名称。

(2) ENABLE|DISABLE：启用或禁用此登录。

(3) PASSWORD='password'：仅适用于 SQL Server 登录账户。指定正在更改的登录的密码。密码是区分大小写的。

(4) PASSWORD=hashed_password：仅适用于 HASHED 关键字。指定正在创建的登录密码的哈希值。

(5) HASHED：仅适用于 SQL Server 登录名。指定在 PASSWORD 参数后输入的密码已经过哈希运算。如果未选择此选项，则在将密码存储到数据库之前，对其进行哈希运算。

(6) OLD_PASSWORD='oldpassword'：仅适用于 SQL Server 登录账户。要指派新密码的登录的当前密码。密码是区分大小写的。

(7) MUST_CHANGE：仅适用于 SQL Server 登录账户。如果包括此选项，则 SQL Server 将在首次使用已更改的登录时提示输入更新的密码。

(8) DEFAULT_DATABASE=database：指定将指派给登录的默认数据库。

(9) DEFAULT_LANGUAGE=language：指定将指派给登录的默认语言。

(10) NAME=login_name：重新命名的登录名。如果是 Windows 登录，则与新名称对应的 Windows 主体的 SID 必须匹配与 SQL Server 中的登录相关联的 SID。SQL Server 登录的新名称不能包含反斜杠字符（\）。

(11) CHECK_EXPIRATION={ON|OFF}：仅适用于 SQL Server 登录账户。指定是否对此登录账户强制实施密码过期策略。默认值为 OFF。

(12) CHECK_POLICY={ON|OFF}：仅适用于 SQL Server 登录账户。指定应对此登录名强制实施运行 SQL Server 的计算机的 Windows 密码策略。默认值为 ON。

(13) CREDENTIAL=credential_name：将映射到 SQL Server 登录的凭据的名称。该凭据必须已存在于服务器中。

（14）NO CREDENTIAL：删除登录到服务器凭据的当前所有映射。有关详细信息，请参阅凭据（数据库引擎）。

（15）UNLOCK：仅适用于 SQL Server 登录账户。指定应解锁被锁定的登录。

（16）ADD CREDENTIAL：将可扩展的密钥管理（EKM）提供程序凭据添加到登录名。

（17）DROP CREDENTIAL：删除登录名的可扩展密钥管理（EKM）提供程序凭据。

权限：需要 ALTER ANY LOGIN 权限。如果使用 CREDENTIAL 选项，则还需要 ALTER ANY CREDENTIAL 权限。

【例 10.4】　更改以下 SQL Server 登录。

（1）禁用登录名 wang。

以'sa','8888'登录。

```
USE master
ALTER LOGIN wang DISABLE
```

命令已成功完成。

以'wang','123'登录，结果如图 10-2 所示。

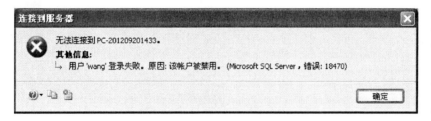

图 10-2　连接到服务器失败界面

（2）启用登录 wang。

```
USE master
ALTER LOGIN wang ENABLE
```

命令已成功完成。

再以'wang','123'登录，成功！

（3）将登录名 wang 的密码更改为强密码。

以'sa','8888'登录

```
ALTER LOGIN wang WITH PASSWORD= '< enterStrongPasswordHere> '
```

命令已成功完成。

（4）更改登录名称。将 wang 登录名称更改为 chen。

以'sa','8888'登录

```
ALTER LOGIN wang WITH NAME= chen
```

命令已成功完成。

再以'chen','123'登录，成功！

10.1.3　删除登录账户 DROP LOGIN

删除登录账户语句格式：

```
DROP LOGIN login_name
```

功能：删除 SQL Server 登录账户。

login_name：指定要删除的登录名。

不能删除正在登录的登录名，也不能删除拥有任何安全对象、服务器级对象或 SQL Server 代理作业的登录名。

可以删除数据库用户映射到的登录名，但是这会创建孤立用户。

权限：需要对服务器具有 ALTER ANY LOGIN 权限。

删除登录名 wang3：

```
DROP LOGIN wang3
```

10.2　创建用户

数据库用户是数据库级别上的主体。一个登录账户只能创建一个数据库用户，用户名与对应的登录名可以相同也可以不相同。

本节介绍创建、修改、删除数据库用户的语句格式和使用方法。

10.2.1　创建用户 CREATE USER

创建数据库时，该数据库默认包含 guest 用户。每个数据库用户都是 public 角色的成员。授予 guest 用户的权限由在数据库中没有用户账户的用户继承。不能删除 guest 用户，但可通过撤销该用户的 CONNECT 权限将其禁用。可以通过在 master 或 tempdb 以外的任何数据库中执行 REVOKE CONNECT FROM GUEST 来撤销 CONNECT 权限。

在 SQL Server 2008 中有两种创建用户的方法。

1. 使用 CREATE USER 创建用户

创建用户语句格式：

```
CREATE USER user_name
[{{FOR|FROM}{LOGIN login_name
            |CERTIFICATE cert_name|ASYMMETRIC KEY asym_key_name}
 |WITHOUT LOGIN]
 [WITH DEFAULT_SCHEMA= schema_name]
```

功能：向当前数据库添加用户。

参数说明：

（1）user_name：指定在此数据库中用于识别该用户的名称。

（2）LOGIN login_name：指定要创建数据库用户的 SQL Server 登录名。login_name 必须是服务器中有效的登录名。当此 SQL Server 登录名进入数据库时，它将获取正在创建的数据库用户的名称和 ID。若无 FOR LOGIN，则新的数据库用户将被映射到同名的 SQL Server 登录名。

（3）CERTIFICATE cert_name：指定要创建数据库用户的证书。

（4）ASYMMETRIC KEY asym_key_name：指定要创建数据库用户的非对称密钥。

（5）WITH DEFAULT_SCHEMA＝schema_name：指定服务器为此数据库用户解析对象名时将搜索的第一个架构。

如果未定义 DEFAULT_SCHEMA，则数据库用户将使用 dbo 作为默认架构。可以将

DEFAULT_SCHEMA 设置为数据库中当前不存在的架构。DEFAULT_SCHEMA 可在创建它所指向的架构前进行设置。在创建映射到 Windows 组、证书或非对称密钥的用户时,不能指定 DEFAULT_SCHEMA。

如果用户是 sysadmin 固定服务器角色的成员,则忽略 DEFAULT_SCHEMA 的值。sysadmin 固定服务器角色的所有成员都有默认架构 dbo。

(6) WITHOUT LOGIN:指定不应将用户映射到现有登录名。

WITHOUT LOGIN 子句可创建不映射到 SQL Server 登录名的用户。它可以作为 guest 连接到其他数据库。

备注:

(1) 映射到 SQL Server 登录名、证书或非对称密钥的用户名不能包含反斜杠字符(\)。

(2) 不能使用 CREATE USER 创建 guest 用户,因为每个数据库中均已存在 guest 用户。可通过授予 guest 用户 CONNECT 权限来启用该用户:

```
GRANT CONNECT TO guest
```

(3) 可以在 sys.database_principals (T-SQL)目录视图中查看有关数据库用户的信息。

(4) 权限:需要对数据库具有 ALTER ANY USER 权限。

【例 10.5】　创建以下数据库用户。

(1) 首先创建名为 zhang 且具有密码的服务器登录名,然后在 JXDB 中创建对应的数据库用户 z1。

以'sa','8888'登录。

```
USE master
IF SUSER_ID('zhang') IS NOT NULL            —若登录账户 zhang 已存在
    DROP LOGIN zhang                        —则删除
CREATE LOGIN zhang WITH PASSWORD='123'      —创建服务器登录名
USE JXDB
IF DATABASE_PRINCIPAL_ID('z1') IS NOT NULL  —若用户 z1 已存在
    DROP USER z1                            —则删除用户
CREATE USER z1 FOR LOGIN zhang              —创建数据库用户
```

命令已成功完成。

以'zhang','123'登录成功。

以下程序为登录账户 zhang 再添加一个数据库用户 z2,运行失败! 说明一个登录账户 zhang 只能添加一个数据库用户。

```
USE JXDB
IF DATABASE_PRINCIPAL_ID('z2') IS NOT NULL  —若用户 z1 已存在
    DROP USER z2                            —则删除用户
CREATE USER z2 FOR LOGIN zhang              —创建数据库用户
```

运行结果:

消息 15063,级别 16,状态 1,第 5 行

该登录已用另一个用户名开立账户。

(2) 创建具有默认架构的数据库用户。

首先创建名为 zhang1 且具有密码的服务器登录名,然后创建具有默认架构 Marketing 的

对应数据库用户 z1。

以'sa'、'8888'登录。

```
USE master
CREATE LOGIN zhang1 WITH PASSWORD= '123'
USE JXDB
CREATE USER z1 FOR LOGIN zhang1 WITH DEFAULT_SCHEMA= Marketing
```

命令已成功完成。

以'zhang'、'123'登录成功。

2. 调用系统存储过程 sp_adduser 创建用户

存储过程 sp_adduser 格式：

```
sp_adduser[@loginame=]'login'
    [,[@name_in_db=]'user']
        [,[@grpname=]'role']
```

功能：向当前数据库中添加新的用户。返回代码值：0(成功)或 1(失败)。

参数说明：

(1) [@loginame=]'login'：SQL Server 登录或 Windows 登录的名称。login 的数据类型为 sysname，无默认值。login 必须是现有的 SQL Server 登录名或 Windows 登录名。

(2) [@name_in_db=]'user'：新数据库用户的名称。user 的数据类型为 sysname，默认值为 NULL。如果未指定 user，则新数据库用户的名称默认为 login 名称。指定 user 将为数据库中新用户赋予一个不同于服务器级别登录名的名称。

(3) [@grpname=]'role'：新用户成为其成员的数据库角色。role 的数据类型为 sysname，默认值为 NULL。role 必须是当前数据库中的有效数据库角色。

备注：

(1) sp_adduser 还将创建一个具有该用户名的架构。

(2) 在添加完用户之后，可以使用 GRANT、DENY 和 REVOKE 等语句来定义控制用户所执行的活动的权限。

(3) 使用 sys.server_principals 可显示有效登录名的列表。

(4) 使用 sp_helprole 可显示有效角色名的列表。当指定一个角色时，用户会自动地获得那些为该角色定义的权限。如果未指定角色，则用户获得的权限将是授予默认 public 角色的权限。若要将用户添加到角色，必须提供 user name 的值。(username 可与 login_id 相同。)

(5) 不能在用户定义事务内执行 sp_adduser。

(6) 不能添加 guest 用户，因为 guest 用户已经存在于每个数据库内。若要启用 guest 用户，请按如下方式授予 guest CONNECT 权限：

```
GRANT CONNECT TO guest;
```

权限：要求具有数据库的所有权。

注意：后续版本的 SQL Server 将删除该功能。使用 CREATE USER。

【例 10.6】 创建以下数据库用户：使用 SQL Server 登录名 zhang，将数据库用户 z1 添加到 JXDB 数据库中。

```
USE JXDB
```

```
     IF DATABASE_PRINCIPAL_ID('z1') IS NOT NULL   —若用户 z1 已存在
        DROP USER z1                              —则删除用户
     EXEC sp_adduser 'zhang','z1'
```
命令已成功完成。

10.2.2　重命名用户或更改它的默认架构 ALTER USER

修改用户语句格式：

```
ALTER USER userName
    WITH {NAME= newUserName
          |DEFAULT_SCHEMA= schemaName
          |LOGIN= loginName}[,…n]
```

功能：重命名数据库用户或更改它的默认架构。

参数说明：

（1）userName：指定在此数据库中用于识别该用户的名称。

（2）NAME＝newUserName：指定此用户的新名称。newUserName 不能已存在于当前数据库中。

（3）DEFAULT_SCHEMA＝schemaName：指定服务器在解析此用户的对象名时将搜索的第一个架构。

（4）LOGIN＝loginName：通过将用户的安全标识符（SID）更改为另一个登录名的 SID，使用户重新映射到该登录名。

备注：

（1）如果 DEFAULT_SCHEMA 保持未定义状态，则用户将以 dbo 作为其默认架构。可以将 DEFAULT_SCHEMA 设置为数据库中当前不存在的架构。因此，可以在创建架构之前将 DEFAULT_SCHEMA 分配给用户。不能为映射到 Windows 组、证书或非对称密钥的用户指定 DEFAULT_SCHEMA。

（2）如果用户是 sysadmin 固定服务器角色的成员，则忽略 DEFAULT_SCHEMA 的值。sysadmin 固定服务器角色的所有成员都有默认架构 dbo。

（3）仅当新用户名的 SID 与在数据库中记录的 SID 匹配时，才能更改映射到 Windows 登录名或组的用户的名称。此检查将帮助防止数据库中的 Windows 登录名欺骗。

（4）使用 WITH LOGIN 子句可以将用户重新映射到一个不同的登录名。不能使用此子句重新映射以下用户：不具有登录名的用户、映射到证书的用户或映射到非对称密钥的用户。只能重新映射 SQL 用户和 Windows 用户（或组）。不能使用 WITH LOGIN 子句更改用户类型，例如，将 Windows 账户更改为 SQL Server 登录名。

（5）如果满足以下条件，则用户的名称会自动重命名为登录名。

用户是一个 Windows 用户；名称是一个 Windows 名称（包含反斜杠）；未指定新名称；当前名称不同于登录名。

如果不满足上述条件，则不会重命名用户，除非调用方另外调用了 NAME 子句。

（6）拥有 ALTER ANY USER 权限的用户可以更改任何用户的默认架构。更改了架构的用户可能会在不知情的情况下从错误表中选择数据，或者从错误架构中执行代码。

（7）被映射到 SQL Server 登录名、证书或非对称密钥的用户名不能包含反斜杠字符（\）。

注意：从 SQL Server 2005 开始，架构的行为发生了更改。因此，假设架构与数据库用户等价的代码不再返回正确的结果。包含 sysobjects 的旧目录视图不应在曾经使用任何下列 DDL 语句的数据库中使用：CREATE SCHEMA、ALTER SCHEMA、DROP SCHEMA、CREATE USER、ALTER USER、DROP USER、CREATE ROLE、ALTER ROLE、DROP ROLE、CREATE APPROLE、ALTER APPROLE、DROP APPROLE、ALTER AUTHORIZATION。在这类数据库中，必须改用新目录视图。新的目录视图将采用在 SQL Server 2005 中引入的使主体和架构分离的方法。

（8）权限：若要更改用户名，则需要对数据库拥有 ALTER ANY USER 权限。若要更改默认架构，则需要对用户拥有 ALTER 权限。用户只能更改自己的默认架构。若要将用户重命名为某个登录名，则需要拥有数据库的 CONTROL 权限。

【例 10.7】　（1）将 JXDB 数据库用户 z1 的名称更改为 z2。

```
USE JXDB
IF DATABASE_PRINCIPAL_ID('z2') IS NOT NULL   ─若用户 z1 已存在
   DROP USER z2                              ─则删除用户
ALTER USER z1 WITH NAME= z2
```

命令已成功完成。

（2）将用户 z2 的默认架构更改为 Purchasing。

```
USE JXDB
ALTER USER z2 WITH DEFAULT_SCHEMA= Purchasing
```

命令已成功完成。

10.2.3　删除用户 DROP USER

删除用户语句格式：

```
DROP USER user_name
```

功能：从当前数据库中删除用户。

user_name：指定在此数据库中用于识别该用户的名称。

使用说明：

（1）不能从数据库中删除拥有安全对象的用户。必须先删除或转移安全对象的所有权，才能删除拥有这些安全对象的数据库用户。

（2）不能删除 guest 用户，但可在除 master 或 tempdb 之外的任何数据库中执行 REVOKE CONNECT FROM GUEST 来撤销其 CONNECT 权限，从而禁用 guest 用户。

（3）权限：需要对数据库具有 ALTER ANY USER 权限。

10.3　权　　限

自主存取控制方法是指用户对于不同的数据库对象有不同的存取权限，不同的用户对同一对象也有不同的权限，而且用户还可将其拥有的存取权限转授给其他用户。因此自主存取控制非常灵活。SQL Server 2008 支持自主存取控制。

本节介绍授予权限、撤销权限和拒绝授予权限语句的格式和使用方法。

10.3.1　授予权限 GRANT

授予权限语句格式：

```
GRANT {ALL[PRIVILEGES]}
        | permission[(column[,…n])][,…n]
        [ON[class::]securable]TO principal[,…n]
        [WITH GRANT OPTION][AS principal]
```

功能：将安全对象的权限授予主体。

参数说明：

（1）ALL：不推荐使用此选项，保留此选项仅用于向后兼容。它不会授予所有可能的权限。授予 ALL 参数相当于授予以下权限。

如果安全对象为数据库，则"ALL"表示 BACKUP DATABASE、BACKUP LOG、CREATE DATABASE、CREATE DEFAULT、CREATE FUNCTION、CREATE PROCEDURE、CREATE RULE、CREATE TABLE 和 CREATE VIEW。

如果安全对象为标量函数，则"ALL"表示 EXECUTE 和 REFERENCES。

如果安全对象为表值函数、表或视图，则"ALL"表示 SELECT、INSERT、UPDATE、DELETE 和 REFERENCES。

如果安全对象是存储过程，则"ALL"表示 EXECUTE。

（2）PRIVILEGES：包含此参数是为了符合 ISO 标准。不要更改 ALL 的行为。

（3）permission：权限的名称。下面列出的子主题介绍了不同权限与安全对象之间的有效映射。

（4）column：指定表中将授予其权限的列的名称。需要使用括号"（）"。

（5）class：指定将授予其权限的安全对象的类。需要范围限定符"::"。

（6）securable：指定将授予其权限的安全对象。

（7）TO principal：主体的名称。可为其授予安全对象权限的主体随安全对象而异。

（8）WITH GRANT OPTION：指示被授权者在获得指定权限的同时还可以将指定权限授予其他主体。

（9）AS principal：指定一个主体，执行该查询的主体从该主体获得授予该权限的权利。

数据库级权限在指定的数据库范围内授予。如果用户需要另一个数据库中的对象的权限，请在该数据库中创建用户账户，或者授权用户账户访问该数据库以及当前数据库。

sp_helprotect 系统存储过程可报告对数据库级安全对象的权限。

权限：授权者（或用 AS 选项指定的主体）必须拥有带 GRANT OPTION 的相同权限，或拥有隐含所授予权限的更高权限。如果使用 AS 选项，则还应满足其他要求。

对象所有者可以授予对其所拥有的对象的权限。对某安全对象拥有 CONTROL 权限的主体可以授予对该安全对象的权限。

被授予 CONTROL SERVER 权限的用户（例如，sysadmin 固定服务器角色的成员）可以授予对相应服务器中任一个安全对象的任意权限。被授予某一数据库 CONTROL 权限的用户（如 db_owner 固定数据库角色的成员）可以对该数据库中的任意安全对象授予任何权限。被授权 CONTROL 权限的用户可以授予对相应架构中任一个对象的任意权限。

10.3.2　撤销权限 REVOKE

撤销权限语句格式：

```
REVOKE[GRANT OPTION FOR]
    {[ALL[PRIVILEGES]]|permission[(column[,…n])][,…n]}
        [ON[class∷]securable]　{TO|FROM}principal[,…n]
        [CASCADE][AS principal]
```

功能：取消以前授予或拒绝了的权限。

参数说明：

（1）GRANT OPTION FOR：指示将撤销授予指定权限的能力。在使用 CASCADE 参数时，需要具备该功能。

重要提示：如果主体具有不带 GRANT 选项的指定权限，则将撤销该权限本身。

（2）ALL：该选项并不撤销全部可能的权限。此处 ALL 所包含的权限与 GRANT 语句中的 ALL 相同。建议不使用 REVOKE ALL 语法。应为撤销特定权限。

（3）permission：权限的名称。本主题后面的特定于安全对象的语法部分所列出的主题介绍了权限和安全对象之间的有效映射。

（4）column：指定表中将撤销其权限的列的名称。需要使用括号。

（5）class：指定将撤销其权限的安全对象的类。需要范围限定符"∷"。

（6）securable：指定将撤销其权限的安全对象。

（7）TO|FROM principal：主体的名称。可撤销其对安全对象的权限的主体随安全对象而异。有关有效组合的详细信息，请参阅本主题后面的特定于安全对象的语法部分所列出的主题。

（8）CASCADE：指示当前正在撤销的权限也将从其他被该主体授权的主体中撤销。使用 CASCADE 参数时，还必须同时指定 GRANT OPTION FOR 参数。

对授予 WITH GRANT OPTION 权限的权限执行级联撤销，将同时撤销该权限 GRANT 和 DENY 权限。

（9）principal：指定一个主体，执行该查询的主体从该主体获得撤销该权限的权利。

注意：在撤销通过指定 GRANT OPTION 为其赋予权限的主体的权限时，如果未指定 CASCADE，则将无法成功执行 REVOKE 语句。

sp_helprotect 系统存储过程报告在数据库级安全对象上的权限。

权限：对安全对象具有 CONTROL 权限的主体可以撤销该安全对象的权限。对象所有者可以撤销他们所拥有的对象的权限。

具备 CONTROL SERVER 权限的被授权者（例如，sysadmin 固定服务器角色的成员）可以撤销对该服务器的任何安全对象所拥有的任何权限。对数据库具有 CONTROL 权限的被授权者（例如，db_owner 固定数据库角色的成员）可以撤销对该数据库的任何安全对象所拥有的任何权限。对架构具有 CONTROL 权限的被授权者可以撤销对该架构的任何对象所拥有的任何权限。

10.3.3　拒绝权限 DENY

拒绝权限语句格式：

```
DENY {ALL[PRIVILEGES]}
    | permission[(column[,…n])][,…n]
    [ON[class∷]securable]TO principal[,…n]
    [CASCADE][AS principal]
```

功能：拒绝授予主体权限。防止主体通过其组或角色成员身份继承权限。

参数说明：

（1）ALL：该选项不拒绝所有可能权限。此处 ALL 所包含的权限与 GRANT 语句中的 ALL 相同。建议不使用 DENY ALL 语法。应采用拒绝特定权限。

（2）permission：权限的名称。下面列出的子主题介绍了不同权限与安全对象之间的有效映射。

（3）column：指定拒绝将其权限授予他人的表中的列名。需要使用括号"（）"。

（4）class：指定拒绝将其权限授予他人的安全对象的类。需要范围限定符"∷"。

（5）securable：指定拒绝将其权限授予他人的安全对象。

（6）TO principal：主体的名称。可以对其拒绝安全对象权限的主体随安全对象而异。有关有效的组合，请参阅下面列出的特定于安全对象的主题。

（7）CASCADE：指示拒绝授予指定主体该权限，同时，对该主体授予了该权限的所有其他主体，也拒绝授予该权限。当主体具有带 GRANT OPTION 的权限时，为必选项。

备注：

（1）如果拒绝授予某一主体某种权限时未指定 CASCADE，而之前授予该主体此权限时指定了 GRANT OPTION，则 DENY 将失败。

（2）拒绝授予数据库 CONTROL 权限将隐式拒绝授予该数据库 CONNECT 权限。如果拒绝授予某一主体对某一数据库的 CONTROL 权限，该主体将无法连接到该数据库。

（3）拒绝授予 CONTROL SERVER 权限将隐式拒绝授予对服务器的 CONNECT SQL 权限。如果拒绝授予某一主体对某一服务器的 CONTROL SERVER 权限，该主体将无法连接到该服务器。

（4）权限：调用方（或使用 AS 选项指定的主体）必须对安全对象具有 CONTROL 权限，或对该安全对象具有隐含 CONTROL 权限的更高权限。如果使用 AS 选项，那么指定主体必须拥有其权限被拒绝授予的安全对象。

被授予 CONTROL SERVER 权限的用户（如 sysadmin 固定服务器角色的成员）可以拒绝对服务器中任何安全对象授予权限。被授予数据库 CONTROL 权限的用户（如 db_owner 固定数据库角色的成员）可以拒绝对数据库中任何安全对象授予权限。被授予架构 CONTROL 权限的用户可以拒绝对架构中任何对象授予权限。如果使用 AS 子句，那么指定主体必须拥有其权限被拒绝授予的安全对象。

10.3.4　数据库安全性举例

1. 创建登录账户

以'sa'、'8888'登录，创建登录账户、创建用户、给用户授予权限、撤销权限。

【例 10.8】　为数据库 JXDB 创建登录账户 login1 和 login2。

以登录名：sa，密码：8888，连接到服务器。

```
USE master
   IF SUSER_ID('login1 ') IS NOT NULL        ―若登录账户 login1 已存在
  DROP LOGIN login1                          ―则删除
CREATE LOGIN login1                          ―创建登录账户 login1
   WITH  PASSWORD= '123',DEFAULT_DATABASE=JXDB
IF SUSER_ID('login2 ') IS NOT NULL           ―若登录账户 login2 已存在
  DROP LOGIN login2                          ―则删除
CREATE LOGIN login2                          ―创建登录账户 login2
   WITH  PASSWORD= '123',DEFAULT_DATABASE=JXDB
```

命令已成功完成。

2. 为登录账户建立用户

【例 10.9】 为登录账户 login1 建立用户 u1；为登录账户 login2 建立用户 u2。

（1）以登录名：login1，密码：123，连接到服务器。

```
USE JXDB
IF USER_ID('u1') IS NOT NULL           ―若用户 u1 已存在
  DROP  USER u1                        ―则删除
  CREATE USER  u1  FOR LOGIN  login1   ―为登录账户 login1 创建用户 u1
```

连接失败，如图 10-3 所示。

图 10-3 连接到服务器界面

（2）以登录名：sa，密码：8888，连接到服务器。

```
USE JXDB
IF USER_ID('u1') IS NOT NULL              ―若用户 u1 已存在
  DROP  USER u1                           ―则删除
CREATE USER  u1  FOR LOGIN  login1        ―为登录账户 login1 创建用户 u1
IF USER_ID('u2') IS NOT NULL              ―若用户 login2 已存在
  DROP  USER u2                           ―则删除
CREATE USER u2  FOR LOGIN login2          ―为登录账户 login2 创建用户 u2
```

命令已成功完成。

以登录名：login1，密码：123，连接到服务器，连接成功！

【例 10.10】 为登录账户 login1 建立用户 u3。

以登录名：sa，密码：8888，连接到服务器。

```
USE JXDB
IF USER_ID('u3') IS NOT NULL              ―若用户 u3 已存在
```

```
    DROP   USER u3                          —则删除
    CREATE USER  u3  FOR LOGIN  login1      —为登录账户 login1创建用户 u3
```
运行结果：

　　消息 15063,级别 16,状态 1,第 4 行

　　该登录已用另一个用户名开立账户。

注意：一个登录账户只能开立一个数据库用户名。用户名可以与登录账户名相同。

3. 为用户授予权限

【例 10.11】　将对"学生"和"选修"表进行 SELECT、INSERT、UPDATE、DELETE 操作的权限授予用户 u1；u1 可将所得到的权限再授予其他用户。

　　分析：若以'login1','123'登录。程序运行结果：

　　无法对 sa、dbo、实体所有者、information_schema、sys 或您自己授予、拒绝或撤销权限。

—以'sa','8888'登录

```
USE JXDB
GRANT SELECT,INSERT,UPDATE,DELETE ON 学生 TO u1 WITH GRANT OPTION
GRANT SELECT,INSERT,UPDATE,DELETE ON 选修 TO u1 WITH GRANT OPTION
```
命令已成功完成。

4. 按权限操作

【例 10.12】　用户 u1 查询"学生"表中的数据；用户 u1 将"选修"表的 SELECT、INSERT,、DELETE 权限再授予用户 u2。

以'login1','123'登录,分别执行以下操作：

```
USE JXDB
SELECT * FROM 学生
GRANT SELECT,INSERT,DELETE ON 选修 TO u2
```
命令已成功完成。

以'login1','123'登录,执行以下操作：

```
SELECT *  FROM 选修
```

5. 撤销对象权限

【例 10.13】　撤销用户 u1 对"学生"表进行 UPDATE 操作的权限。

以'sa','8888'登录。

```
USE JXDB
REVOKE UPDATE ON 学生 FROM  u1 CASCADE      —撤销权限
```
命令已成功完成。

6. 拒绝权限

【例 10.14】　拒绝用户 u2 修改"选修"表中的成绩。

以'sa','8888'登录。

```
USE JXDB
DENY UPDATE(成绩) ON 选修 TO u2
```
命令已成功完成。

【例 10.15】　用户 u1 具有对"计算机科学与技术学院"学生的选课成绩进行查询与更新

的权力。

分析：首先建立"计算机科学与技术学院"学生的选课成绩视图，然后将对该视图进行查询与更新的权力授予用户 u1。以'sa','8888'登录。

```
USE JXDB
IF EXISTS(SELECT name FROM sysobjects WHERE name='V 计科院学生成绩')
    DROP  VIEW  V 计科院学生成绩
GO
CREATE  VIEW  V 计科院学生成绩
AS
SELECT 选修.*
FROM 选修 JOIN 学生 ON 选修.学号=学生.学号
        JOIN 班级 ON 学生.班号=班级.班号
        JOIN 专业 ON 专业.专业号=班级.专业号
        JOIN 部门 ON 部门.部门号=专业.院系
WHERE 部门名='计算机科学与技术学院'
WITH CHECK OPTION
GO                         —此 GO 不可省
GRANT SELECT,INSERT,UPDATE,DELETE ON V 计科院学生成绩 TO u1
```

命令已成功完成。

以'login1','123'登录，可对视图"V 计科院学生成绩"进行查询与更新操作。

统计数据库安全性是指允许用户查询聚集类型的信息（如合计、平均值等），但是不允许查询单个记录信息。

【例 10.16】 实现如下统计安全：用户 u1 只能查询"计算机科学与技术学院"学生的最高、最低和平均成绩。

分析：首先建立"计算机科学与技术学院"学生的最高、最低和平均成绩视图，然后将对该视图进行查询的权力授予用户 u1。以'sa','8888'登录。

```
USE JXDB
IF EXISTS(SELECT name FROM sysobjects WHERE name='V 计科院高低平均成绩')
    DROP  VIEW  V 计科院高低平均成绩
GO
CREATE  VIEW  V 计科院高低平均成绩
AS
SELECT max(成绩) 最高,min(成绩) 最低,avg(成绩) 平均
FROM  V 计科院学生成绩
GO                       —此 GO 不可省
GRANT SELECT ON V 计科院高低平均成绩 TO u1
```

命令已成功完成。

以'login1','123'登录，可对视图"V 计科院高低平均成绩"进行查询操作。

10.4　角　　色

角色是一组权限的集合。角色分为固定服务器角色、数据库固定角色和自定义角色。

具有 sysadmin 固定服务器角色的用户，以及数据库对象的拥有者（谁创建谁拥有），默认

的拥有对数据库对象进行所有操作的权限。

　　本节介绍固定服务器角色；数据库固定角色；创建、修改、删除自定义角色语句的格式及使用方法；为角色添加用户、删除角色中的安全账户存储过程的格式及使用方法，以及给角色授予权限举例。

10.4.1　服务器角色

　　固定服务器角色共有 8 个，如表 10-2 所示。

　　【例 10.17】　使用系统存储过程 sp_helpsrvrole 查看固定服务器角色表。

```
USE master
EXEC sp_helpsrvrole
```

表 10-2　固定服务器角色

	ServerRole	Description
1	sysadmin	System Administrators
2	securityadmin	Security Administrators
3	serveradmin	Server Administrators
4	setupadmin	Setup Administrators
5	processadmin	Process Administrators
6	diskadmin	Disk Administrators
7	dbcreator	Database Creators
8	bulkadmin	Bulk Insert Administrators

　　【例 10.18】　使用系统存储过程 sp_srvrolepermission 查看服务器角色 sysadmin 中的权限。

```
USE master
EXEC sp_srvrolepermission sysadmin
```

运行结果显示：固定服务器角色 sysadmin 共有 124 项权限。

以下语句未指定 role，则将显示所有固定服务器角色的权限（总共有 167 项）。

```
EXEC sp_srvrolepermission
```

10.4.2　数据库固定角色

　　数据库固定角色色共有 9 个，如表 10-3 所示。

　　【例 10.19】　使用系统存储过程 sp_helpdbfixedrole 查看数据库固定角色表。

```
USE master
EXEC sp_helpfixedrole
```

表 10-3　数据库固定角色

	DbFixedRole	Description
1	db_owner	DB Owners
2	db_accessadmin	DB Access Administrators
3	db_securityadmin	DB Security Administrators
4	db_ddladmin	DB DDL Administrators
5	db_backupoperator	DB Backup Operator
6	db_datareader	DB Data Reader
7	db_datawriter	DB Data Writer
8	db_denydatareader	DB Deny Data Reader
9	db_denydatawriter	DB Deny Data Writer

【例 10.20】 使用系统存储过程 sp_dbfixedrolepermission 查看数据库固定角色 db_owner 中的权限。

```
USE master
EXECsp_dbfixedrolepermission db_owner
```

运行结果显示数据库固定角色 db_owner 共有 59 项权限。

以下语句未指定 role,则将显示所有固定数据库角色的权限(总共有 97 项)。

```
EXECsp_dbfixedrolepermission
```

10.4.3　创建角色 CREATE ROLE

除数据库固定角色外,可创建自定义数据库角色。

1. 创建角色语句 CREATE ROLE

创建角色语句格式:

```
CREATE ROLE role_name[AUTHORIZATION owner_name]
```

功能:在当前数据库中创建新的数据库角色。

参数说明:

(1) role_name:待创建角色的名称。

(2) AUTHORIZATION owner_name:将拥有新角色的数据库用户或角色。如果未指定用户,则执行 CREATE ROLE 的用户将拥有该角色。

角色是数据库级别的安全对象。创建角色后,使用 GRANT、DENY 和 REVOKE 配置角色的数据库级别权限。可使用 sp_addrolemember 存储过程为数据库角色添加成员。

在 sys.database_role_members 和 sys.database_principals 目录视图中可以查看数据库角色。

权限:需要对数据库具有 CREATE ROLE 权限。使用 AUTHORIZATION 选项时,还需要具有下列权限:

若要将角色的所有权分配给另一个用户,则需要对该用户具有 IMPERSONATE 权限。

若要将角色的所有权分配给另一个角色,则需要具有被分配角色的成员身份或对该角色具有 ALTER 权限。

若要将角色的所有权分配给应用程序角色,则需要对该应用程序角色具有 ALTER 权限。

【例 10.21】 创建用户 u1 拥有的数据库角色 role1;创建 db_securityadmin 固定数据库角色拥有的数据库角色 r2。

```
USE JXDB
IF EXISTS(SELECT NAME FROM dbo.sysusers WHERE name='role1')
    DROP  ROLE  role1
CREATE ROLE role1 AUTHORIZATION u1
IF EXISTS(SELECT NAME FROM dbo.sysusers WHERE name='r2')
    DROP  ROLE  r2
CREATE ROLE r2 AUTHORIZATION db_securityadmin
```

命令已成功完成。

2. 使用系统存储过程 sp_addrole 创建角色

存储过程 sp_addrole 格式:

```
sp_addrole[@rolename=]'role'[,[@ownername=]'owner']
```

功能:在当前数据库中创建新的数据库角色。返回代码值:0(成功)或1(失败)。

参数说明:

(1) [@rolename＝]'role':新数据库角色的名称。role 的数据类型为 sysname,没有默认值。role 必须是有效标识符 (ID),并且不能已经存在于当前数据库中。

(2) [@ownername＝]'owner':新数据库角色的所有者。owner 的数据类型为 sysname,默认值为当前正在执行的用户。owner 必须是当前数据库的数据库用户或数据库角色。

备注:

(1) SQL Server 数据库角色的名称可以包含 1 到 128 个字符,包括字母、符号和数字。数据库角色的名称不能包含反斜杠(\)、不能为 NULL 或空字符串(")。

(2) 添加数据库角色后,请使用 sp_addrolemember 向角色中添加主体。当使用 GRANT、DENY 或 REVOKE 语句将权限应用于数据库角色时,数据库角色的成员将继承这些权限,就好像将权限直接应用于其账户一样。

注意:不能创建新服务器角色。只能在数据库级别上创建角色。不能在用户定义的事务内使用 sp_addrole。

权限:需要对数据库具有 CREATE ROLE 权限。如果创建架构,则需要对数据库具有 CREATE SCHEMA 权限。如果将 owner 指定为用户或组,则需要对此用户或组具有 IMPERSONATE 权限。如果将 owner 指定为角色,则需要对此角色或此角色成员具有 ALTER 权限。如果将所有者指定为应用程序角色,则需要对此应用程序角色具有 ALTER 权限。

重要提示:在将来的版本中可能不再支持此存储过程。请尽量使用 CREATE ROLE。

以下语句向当前数据库中添加名为 role1 的新角色。

```
EXEC sp_addrole 'role3'
```

命令已成功完成。

10.4.4　更改角色名 ALTER ROLE

更改角色名语句格式:

```
ALTER ROLE role_name WITH NAME=new_name
```

功能:更改数据库角色的名称。

参数说明:

(1) role_name:要更改的角色的名称。

(2) WITH NAME＝new_name:指定角色的新名称。数据库中不得已存在此名称。

注意:更改数据库角色的名称不会更改角色的 ID 号、所有者或权限。

权限:需要对数据库具有 ALTER ANY ROLE 权限。

以下语句将角色 role1 的名称更改为 role0。

```
USE JXDB
ALTER ROLE role1 WITH NAME=role0
```

命令已成功完成。

10.4.5　删除角色 DROP ROLE

删除角色语句格式：

```
DROP ROLE role_name
```

功能：从数据库中删除角色。

参数说明：

role_name：指定要从数据库删除的角色。

备注：

（1）无法从数据库删除拥有安全对象的角色。若要删除拥有安全对象的数据库角色，则必须首先转移这些安全对象的所有权，或从数据库删除它们。

（2）不能使用 DROP ROLE 删除固定数据库角色。

（3）权限：要求对角色具有 CONTROL 权限，或者对数据库具有 ALTER ANY ROLE 权限。

在 sys.database_role_members 目录视图中可以查看有关角色成员身份的信息。

```
SELECT * FROM sys.database_role_members
```

10.4.6　为角色添加用户 sp_addrolemember

1. 将成员添加到固定数据库角色或用户定义的角色

为角色添加用户存储过程格式：

```
sp_addrolemember [@rolename=]'role',
    [@membername=]'security_account'
```

功能：为当前数据库中的数据库角色添加数据库用户、数据库角色、Windows 登录名或 Windows 组。返回代码值：0（成功）或 1（失败）

参数说明：

（1）[@rolename＝]'role'：当前数据库中的数据库角色的名称。role 数据类型为 sysname，无默认值。

（2）[@membername＝]'security_account'：是添加到该角色的安全账户。security_account 数据类型为 sysname，无默认值。security_account 可以是数据库用户、数据库角色、Windows 登录或 Windows 组。

备注：

（1）使用 sp_addrolemember 添加到角色中的成员会继承该角色的权限。如果新成员是没有对应数据库用户的 Windows 级主体，则将创建数据库用户，但数据库用户可能不会完全映射到登录名。始终应检查登录名是否存在以及是否能访问数据库。

（2）角色不能将自身包含为成员。即使这种成员关系仅由一个或多个中间成员身份间接地体现，这种“循环”定义也无效。

（3）sp_addrolemember 不能向角色中添加固定数据库角色、固定服务器角色或 dbo。不能在用户定义的事务中执行 sp_addrolemember。

（4）只能使用 sp_addrolemember 将向数据库角色添加成员。若要向服务器角色添加成员，则应使用 sp_addsrvrolemember。

（5）权限：向灵活的数据库角色添加成员需满足以下条件之一：

① 具有 db_owner 固定数据库角色的成员身份。

② 具有 db_securityadmin 固定数据库角色的成员身份。

③ 具有拥有该角色的角色的成员身份。

④ 对该角色拥有 ALTER 权限。

⑤ 向固定数据库角色添加成员要求具有 db_owner 固定数据库角色的成员身份。

以下语句将数据库用户 u1 添加到当前数据库的 role0 数据库角色中。

```
EXEC sp_addrolemember 'role0','u1'
```

命令已成功完成。

2. 将成员添加到固定服务器角色

将成员添加到固定服务器角色存储过程格式：

```
sp_addsrvrolemember[@loginame=]'login',[@rolename=]'role'
```

功能：添加登录，使其成为固定服务器角色的成员。在将登录添加到固定服务器角色时，该登录将得到与此角色相关的权限。

返回代码值：0（成功）或 1（失败）。

参数说明：

（1）[@loginame=]'login'：添加到固定服务器角色中的登录名。login 的数据类型为 sysname，无默认值。login 可以是 SQL Server 登录或 Windows 登录。如果未向 Windows 登录授予对 SQL Server 的访问权限，则将自动授予该访问权限。

（2）[@rolename=]'role'：要添加登录的固定服务器角色的名称。role 的数据类型为 sysname，默认值为 NULL。

备注：

（1）不能更改 sa 登录和 public 的角色成员身份。

（2）不能在用户定义的事务内执行 sp_addsrvrolemember。

（3）权限：需要具有要添加新成员的角色中的成员身份。

以下语句将登录名 login1 添加到 sysadmin 固定服务器角色中。

```
EXEC sp_addsrvrolemember 'login1','sysadmin'
```

命令已成功完成。

10.4.7　删除角色中的安全账户 sp_droprolemember

删除角色中的安全账户存储过程格式：

```
sp_droprolemember[@rolename=]'role',
    [@membername=]'security_account'
```

功能：从当前数据库的 SQL Server 角色中删除安全账户。返回代码值 0（成功）或 1（失败）。

参数说明：

（1）[@rolename=]'role'：将从中删除成员的角色的名称。role 的数据类型为 sysname，没有默认值。role 必须存在于当前数据库中。

（2）[@membername=]'security_account'：从角色中删除的安全账户名称。security_

account 的数据类型为 sysname,无默认值。security_account 可以是数据库用户、其他数据库角色、Windows 登录名或 Windows 组。security_account 必须存在于当前数据库中。

备注:

(1) sp_droprolemember 通过从 sysmembers 表中删除行来删除数据库角色的成员。删除某一角色的成员后,该成员将失去作为该角色的成员身份所拥有的任何权限。

(2) 若要删除固定服务器角色的用户,则请使用 sp_dropsrvrolemember。不能删除 public 角色的用户,也不能从任何角色中删除 dbo。

(3) 可以使用 sp_helpuser 查看 SQL Server 角色的成员,还可以使用 sp_addrolemember 为角色添加成员。

(4) 在用户定义事务内不能执行 sp_droprolemember。

(5) 权限:需要对角色具有 ALTER 权限。

下例将删除角色 role0 中的用户 u1。

```
EXEC sp_droprolemember 'role0','u1'
```

10.4.8　给角色授予权限

【例 10.22】　自定义角色 role1,并给角色 role1 赋予权限。

(1) 建立角色 role1;

(2) 对象权限:对"学生"表进行 SELECT、INSERT、UPDATE、DELETE 操作的权限授予角色 role1;

(3) 对表"选修"进行 SELECT、INSERT、UPDATE、DELETE 操作的权限授予角色 role1;

(4) 将角色 role1 的权限赋予用户 u1 与 u2。

解:以'sa','8888'登录

```
USE JXDB
IF EXISTS(SELECT NAME FROM dbo.sysusers
          WHERE name='role1')           —若角色 role1 已存在
  BEGIN
   EXEC sp_droprolemember role1,u1      —删除角色 role1 中的数据库用户 u1
   EXEC sp_droprolemember role1,u2      —删除角色 role1 中的数据库用户 u2
   DROP  ROLE  role1                    —删除角色 role1
   END
GO
CREATE ROLE  role1                      —建立角色 role1
USE JXDB
GRANT SELECT,INSERT,UPDATE,DELETE ON 学生 TO  role1 ——给角色 role1 授权
GRANT SELECT,INSERT,UPDATE,DELETE ON 选修 TO  role1 ——给角色 role1 授权
EXEC sp_addrolemember role1,u1          —为角色 role1 添加数据库用户 u1
EXEC sp_addrolemember role1,u2          —为角色 role1 添加数据库用户 u2
```
命令已成功完成。

数据库用户 u1、u2 具有角色 role1 中的所有权限。

10.5　架　　构

架构(又称为模式)是在数据库中创建的一个命名空间,是数据库对象的容器。在这个空间中可以进一步创建该架构包含的对象,如基本表、视图、索引和存储过程等。架构所有者可以是数据库用户、数据库角色,也可以是应用程序角色。

本节介绍创建、修改、删除架构的语句格式和使用方法。

10.5.1　用户架构分离

在 SQL Server 2008 中,架构不再等效于数据库用户,每个架构都是独立于创建它的数据库用户存在的不同命名空间。也就是说,架构只是对象的容器。任何用户都可以拥有架构,并且架构所有权可以转移。

1. 所有权与架构分离的意义

所有权与架构的分离具有如下重要意义。

(1) 架构的所有权和架构范围内的安全对象可以转移。可使用 ALTER AUTHORIZATION 语句。

(2) 对象可以在架构之间移动。可使用 ALTER SCHEMA 语句。

(3) 单个架构可以包含由多个数据库用户拥有的对象。

(4) 多个数据库用户可以共享单个默认架构。

(5) 与早期版本相比,对架构及架构中包含的安全对象的权限的管理更加精细。

(6) 架构可以由任何数据库主体拥有。这包括角色和应用程序角色。

(7) 可以删除数据库用户而不删除相应架构中的对象。

2. 新目录视图

从 SQL Server 2005 开始,架构是在元数据中反映的显式实体;因此,架构只能有一个所有者,但一个用户可以不拥有架构,也可以拥有多个架构。这种复杂关系并未在 SQL Server 2000 系统表中反映,因此 SQL Server 2005 引入了新的目录视图,以准确反映新的元数据。

表 10-4 显示了 SQL Server 2000 系统表与其 SQL Server 2005 等效项和更高版本的目录视图之间的映射。

表 10-4　映射

SQL Server 2000 系统表	SQL Server 2005 及更高版本的目录视图
sysusers	sys. database_principals sys. schemas
syslogins	sys. server_principals

SQL Server 2008 引入了超过 250 个新目录视图。极力建议使用新的目录视图访问元数据。

3. 默认架构

为了解析不完全限定的安全对象名称,SQL Server 2000 使用名称解析来检查执行调用的数据库用户所拥有的架构和 dbo 所拥有的架构。

从 SQL Server 2005 开始,每个用户都拥有一个默认架构。可以使用 CREATE USER 或 ALTER USER 的 DEFAULT _ SCHEMA 选项设置和更改默认架构。如果未定义 DEFAULT_SCHEMA,则数据库用户将使用 dbo 作为默认架构。

10.5.2　创建架构 CREATE SCHEMA

创建架构语句格式:

```
CREATE SCHEMA{schema_name  | AUTHORIZATION owner_name
              |schema_name AUTHORIZATION owner_name}
  [{table_definition|view_definition|grant_statement revoke_statement|deny_
  statement}
  […n]]
```

功能:在当前数据库中创建架构。CREATE SCHEMA 事务还可以在新架构内创建表和视图,并可对这些对象设置 GRANT、DENY 或 REVOKE 权限。

参数说明:

(1) schema_name:在数据库内标识架构的名称。

(2) AUTHORIZATION owner_name:指定将拥有架构的数据库级主体的名称。此主体还可以拥有其他架构,并且可以不使用当前架构作为其默认架构。

(3) table_definition:指定在架构内创建表的 CREATE TABLE 语句。执行此语句的主体必须对当前数据库具有 CREATE TABLE 权限。

(4) view_definition:指定在架构内创建视图的 CREATE VIEW 语句。执行此语句的主体必须对当前数据库具有 CREATE VIEW 权限。

(5) grant_statement:指定可对除新架构外的任何安全对象授予权限的 GRANT 语句。

(6) revoke_statement:指定可对除新架构外的任何安全对象撤销权限的 REVOKE 语句。

(7) deny_statement:指定可对除新架构外的任何安全对象拒绝授予权限的 DENY 语句。

备注:

(1) CREATE SCHEMA 可以在单条语句中创建架构以及该架构所包含的表和视图,并授予对任何安全对象的 GRANT、REVOKE 或 DENY 权限。此语句必须作为一个单独的批处理执行。CREATE SCHEMA 语句所创建的对象将在要创建的架构内创建。

(2) 执行 CREATE SCHEMA 的主体可以将另一个数据库主体指定为要创建的架构的所有者。

(3) 新架构由以下数据库级别主体之一拥有:数据库用户、数据库角色或应用程序角色。在架构内创建的对象由架构所有者拥有,这些对象在 sys. objects 中的 principal_id 为 Null。架构所包含对象的所有权可转让给任何数据库级别主体,但架构所有者始终保留对此架构内对象的 CONTROL 权限。

(4) 权限:需要对数据库具有 CREATE SCHEMA 权限。

若要创建在 CREATE SCHEMA 语句中指定的对象,则用户必须拥有相应的 CREATE 权限。

若要指定其他用户作为所创建架构的所有者,则调用方必须具有对此用户的 IMPERSONATE 权限。如果指定一个数据库角色作为所有者,则调用方必须拥有该角色的成员身份或对该角色拥有 ALTER 权限。

【例 10.23】 创建包含表 tab 的 sch1 架构,并向 u1 授予 SELECT 权限,而对 u2 拒绝授予 SELECT 权限。

```
USE JXDB
GO
CREATE SCHEMA sch1
    CREATE TABLE tab (col1 int,col2 int,col3 int)
    GRANT SELECT TO u1
    DENY SELECT TO u2;
```

命令已成功完成。

以下语句没有指定架构名,架构名隐含为用户名 u1。

```
USE JXDB
GO
CREATE SCHEMA AUTHORIZATION u1
```

10.5.3　修改架构 ALTER SCHEMA

修改架构语句格式:

```
ALTER SCHEMA schema_name TRANSFER securable_name
```

功能:在架构之间传输安全对象。

参数说明:

(1) schema_name:当前数据库中的架构名称,安全对象将移入其中。

(2) securable_name:要移入架构中的架构包含安全对象的一部分或两部分名称。

备注:

(1) ALTER SCHEMA 仅可用于在同一数据库中的架构之间移动安全对象。若要更改或删除架构中的安全对象,则请使用特定于该安全对象的 ALTER 或 DROP 语句。

(2) 如果对 securable_name 使用了由一部分组成的名称,则将使用当前生效的名称解析规则查找该安全对象。

(3) 将安全对象移入新架构时,将删除与该安全对象关联的全部权限。如果已显式设置安全对象的所有者,则该所有者保持不变。如果安全对象的所有者已设置为 SCHEMA OWNER,则该所有者将保持为 SCHEMA OWNER;但移动之后,SCHEMA OWNER 将解析为新架构的所有者。新所有者的 principal_id 将为 NULL。

(4) 权限:若要从另一个架构中传输安全对象,则当前用户必须拥有对该安全对象(非架构)的 CONTROL 权限,并拥有对目标架构的 ALTER 权限。

如果已为安全对象指定 EXECUTE AS OWNER,且所有者已设置为 SCHEMA OWNER,则用户还必须拥有对目标架构所有者的 IMPERSONATION 权限。

在移动安全对象后,将删除与所传输的安全对象相关联的所有权限。

【例 10.24】 将表 tab 从架构 sch1 传输到架构 sch2。

```
USE JXDB
```

```
GO
CREATE SCHEMA sch2
GO
ALTER SCHEMA sch2 TRANSFER sch1.tab
```
命令已成功完成。

10.5.4　删除架构 DROP SCHEMA

删除架构语句格式：
```
DROP SCHEMA schema_name
```
功能：从数据库中删除指定的架构。

备注：

（1）要删除的架构不能包含任何对象。如果架构包含对象，则 DROP 语句将失败。

（2）可以在 sys.schemas 目录视图中查看有关架构的信息。

（3）权限：要求对架构具有 CONTROL 权限，或者对数据库具有 ALTER ANY SCHEMA 权限。

【例 10.25】　删除架构 sch2。必须首先删除架构所包含的表。
```
USE JXDB
IF EXISTS(SELECT name FROM sys.schemas  WHERE  name='sch2')
BEGIN
  DROP TABLE sch2.tab
  DROP SCHEMA sch2
END
```
命令已成功完成。

10.6　教学数据库安全性设计与实现

对一个具体的数据库应用系统，应根据用户的需求对数据库安全性认真进行规划设计，然后一一实现。本节对 JXDB 数据库的安全性进行初步的规划设计，并编程实现。

10.6.1　教学数据库安全性设计

教学数据库 JXDB 安全性规划设计如下：

（1）教务处设有一个 DBA 岗，其账户和用户名均为"JXDBdba"，以'sa'、'8888'登录，将对 JXDB 的所有操作权限授予用户"JXDBdba"。

以"JXDBdba"、"123"登录，创建以下用户并授权。

（2）教务处设有 2 个管理员 dba1 和 dba2，他们的权限如下。

① dba1 具有创建表结构的权限，以及对"部门"、"专业"和"教工"表数据的插入、修改、删除、查询权限。

② dba2 具有创建表结构的权限，以及对"学生"、"班级"、"课程"、"选修"、"教课"表数据的插入、修改、删除和查询的权限。

（3）为每一个部门创建一个登录账户，登录账户名为该部门的部门名，密码为 123；为每一个登录账户创建一个用户,其用户名为登录账户名。

（4）为每一个学生创建一个登录账户,登录账户名为学号,密码为 123；为每一个登录账户创建一个用户,其用户名为学生的学号。每个学生对自己的选课记录具有查询的权限。

（5）各院教学秘书具有对本院教师的教学情况进行插入、修改、删除、查询的权限。

（6）各院教学秘书具有对本院选课记录进行插入、修改、删除、查询的权限。

（7）每个教工对自己所教课程的选课记录具有在规定时间内进行插入、修改、删除和查询的权限。

（8）每个教工对自己的基本情况具有查询的权限。

10.6.2　教学数据库安全性实现

以下编程实现教学数据库 JXDB 安全性规划设计中的部分问题。

【例 10.26】 教务处设有一个 DBA 岗,其账户和用户名均为"JXDBdba",将对 JXDB 的所有操作权限授予用户"JXDBdba"。

以'sa'、'8888'.

```
USE master
IF SUSER_ID('JXDBdba') IS NOT NULL          —若登录账户 JXDBdba 已存在
  DROP LOGIN JXDBdba                          —则删除
CREATE LOGIN  JXDBdba                         —创建登录账户 JXDBdba
   WITH  PASSWORD='123',DEFAULT_DATABASE=JXDB
USE JXDB
IF DATABASE_PRINCIPAL_ID('JXDBdba') IS NOT NULL  —若用户 JXDBdba 已存在
  DROP USER  JXDBdba                          —则删除用户
CREATE USER JXDBdba FOR LOGIN JXDBdba         —创建数据库用户
USE master
EXEC sp_addsrvrolemember JXDBdba,sysadmin     —为登录 JXDBdba 添加服务器角色
```
命令已成功完成。

【例 10.27】 教务处设有 2 个管理员 dba1 和 dba2,他们的权限如下：

（1）dba1 具有创建表结构的权限,以及对"部门"、"专业"和"教工"表数据的插入、修改、删除、查询权限；

（2）dba2 具有创建表结构的权限,以及对"学生"、"班级"、"课程"、"选修"、"教课"表数据的插入、修改、删除和查询的权限。

（1）以'JXDBdba'、'123'登录。

```
USE master
IF SUSER_ID('dba1') IS NOT NULL             —若登录账户 dba1 已存在
  DROP LOGIN dba1                            —则删除
CREATE LOGIN  dba1                           —创建登录账户 dba1
   WITH  PASSWORD='123',DEFAULT_DATABASE=JXDB
USE JXDB
IF DATABASE_PRINCIPAL_ID('dba1') IS NOT NULL  —若用户 dba1 已存在
  DROP USER  dba1                            —则删除用户
CREATE USER dba1 FOR LOGIN dba1              —创建数据库用户
```

```
GRANT CREATE TABLE TO dba1
GRANT SELECT,INSERT,UPDATE,DELETE   ON 部门 TO dba1
GRANT SELECT,INSERT,UPDATE,DELETE   ON 专业 TO dba1
GRANT SELECT,INSERT,UPDATE,DELETE   ON 教工 TO dba1
```
命令已成功完成。

【例 10.28】　为每一个部门创建一个登录账户,登录账户名为该部门的部门名,密码为123;为每一个登录账户创建一个用户,其用户名为登录账户名。

分析:创建一个存储过程实现所需功能。

```
USE JXDB
IF OBJECT_ID('P 为各部门建立账户用户','P') IS NOT NULL
     DROP PROCEDUREP 为各部门建立账户用户
GO
CREATE PROCEDUREP 为各部门建立账户用户              —无参存储过程
AS
BEGIN
DECLARE @login varchar(20),@password varchar(20),@dbuser varchar(20)
                                               —账户、密码、数据库用户
DECLARE @i int,@n int,@dn char(20)             —@dn 为部门名
DECLARE @deptTableVar TABLE                    —临时表变量
             (no int identity(1,1) not null,
              dept varchar(20))
INSERT @deptTableVar(Dept)                     —给临时表插入数据
     SELECT DISTINCT 部门名 FROM 部门
SELECT @n=COUNT(*) FROM @deptTableVar           —统计全校部门总数
SET @i=1
WHILE @i<=@n
  BEGIN
  SELECT@login=rtrim(dept) FROM @deptTableVar WHERE no=@i
                                               —账户名为部门名
SET @password='123'
   EXECUTE sp_addlogin @login,@password,'JXDB'  —为 JXDB 各部门创建登录账户
SELECT @dbuser=@dn
EXECUTE sp_adduser   @login,@dbuser            —为各账户添加用户
   SET @i=@i+1
  END
END
```
命令已成功完成。

EXEC P 为各部门建立账户用户

【例 10.29】　(1)为 JXDB 数据库中每一个学生创建一个登录账户,为每一个登录账户创建一个用户。(2)每个学生对自己的选课记录具有查询的权限。

(1)分析:创建一个存储过程实现所需功能。每一个学生的学号为登录账户名,密码为123,每一个登录账户创建一个用户,其用户名为学生的学号。

```
USE JXDB
IF OBJECT_ID('P 为每个学生建立账户用户','P') IS NOT NULL
    DROP PROCEDURE P 为每个学生建立账户用户
GO
CREATE PROCEDURE P 为每个学生建立账户用户      —无参存储过程
AS
BEGIN
DECLARE @login varchar(20),@password varchar(20),@dbuser varchar(20)
                                              —账户、密码、数据库用户
DECLARE @i int,@n int,@sno char(20)           —@sno 为学号
DECLARE @deptTableVar TABLE                    —临时表变量
            (no int identity(1,1) not null,
             sno varchar(20))
INSERT @deptTableVar(sno)                      —给临时表插入数据
    SELECT DISTINCT 学号 FROM 学生
SELECT @n=COUNT(* ) FROM @deptTableVar         —统计全校部门总数
SET @i=1
WHILE @i< = @n
BEGIN
  SELECT@login=rtrim(sno) FROM @deptTableVar WHERE no=@i
                                              —账户名为部门名
  SET @password='123'
  EXECUTE sp_addlogin @login,@password,'JXDB' —为 JXDB 各部门创建登录账户
  SET@dbuser=@sno
EXECUTE sp_adduser  @login,@dbuser             —为各账户添加用户
  SET @i=@i+ 1
  END
END
```

命令已成功完成。

EXEC P 为每个学生建立账户用户

（2）分析：为每个学生的选课记录建立一个视图，将对该视图的查询权限授予该学生用户。（由读者自己完成。）

10.7　使用界面方法实现数据库安全性

实现数据库安全性有两种方法，使用 T_SQL 语言和界面方法。本节介绍使用界面方法实现创建、修改、删除各种安全对象的操作方法。

10.7.1　设置安全认证模式

【例 10.30】　设置安全认证模式。

（1）启动 SQL Server Management Studio，展开"服务器"组，右击需要设置的 SQL Server

服务器(本例为 PC-201209201433),在弹出的快捷菜单中选择"属性"命令,单击"安全性"标签,显示如图 10-4 所示的"服务器属性"窗口。

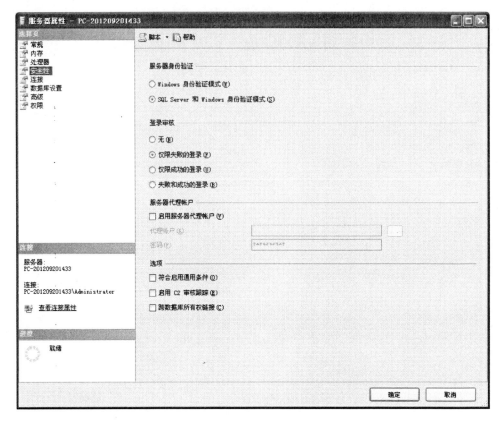

图 10-4 "服务器属性"窗口

(2) 根据应用环境的需要,选择相应的安全论证模式。

(3) 服务器属性设置完毕,单击"确定"按钮结束。

10.7.2 创建、修改与删除登录账户

1. 创建登录账户

【例 10.31】 创建登录账户。名称:login1,密码:123,默认数据库:JXDB。用户映射服务器角色:"publis"和"sysadmin"。

(1) 启动 SQL Server Management Studio,展开"服务器"组,右击需要创建登录账户的 SQL Server 服务器(本例为 PC-一201209201433),单击"安全性"节点,右击"登录名"节点,在弹出的快捷菜单中选择"新建登录名"命令,显示如图 10-5 所示的"登录名-新建"窗口第 1 个界面。

(2) 单击"常规"标签,单击"SQL Server 身份验证"单选项;在密码文本框中输入密码(此处输入:123);在密码验证文本框中输入密码:123;取消"强制实施密码策略";选择默认数据库,此处输入:JXDB。

(3) 单击"服务器角色"标签,显示如图 10-6 所示的"登录名-新建" 窗口第 2 个界面。

图 10-5　"登录名-新建"窗口第 1 个界面

（4）选择该登录名所属的服务器角色，此处选择"publis"、"sysadmin"复选框。

（5）单击"用户映射"标签，显示如图 10-7 所示的"登录名-新建"窗口第 3 个界面。选择映射到此登录名的用户，此处选择数据库 JXDB 所在行的"映射"复选框。选择数据库角色成员身份，选择"public"复选框。

（6）分别对"安全对象"及"状态"标签进行设置，此处使用默认值。

（7）单击"确定"按钮。登录账户 login1 创建完成。

以登录名为：login1，密码为：123，连接到服务器，成功！"系统数据库"及"JXDB"数据库均可被访问。

2. 修改登录账户

【例 10.32】　修改登录账户 login1。

（1）启动 SQL Server Management Studio，展开需要删除登录账户 login1 的 SQL Server 服务器（本例为 PC-201209201433），展开"安全性"，单击"登录名"，右击"login1"，在弹出的快捷菜单中选择"属性"命令，显示如图 10-8 所示的"登录属性-login1"窗口。

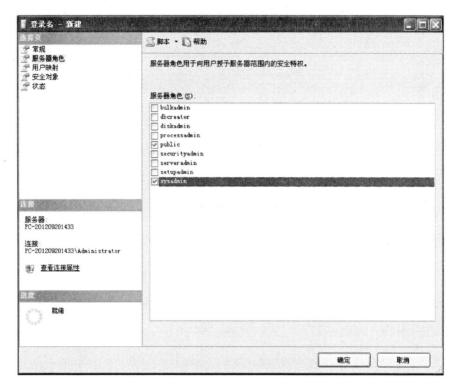

图 10-6 "登录名-新建"窗口第 2 个界面

图 10-7 "登录名-新建"窗口第 3 个对话框

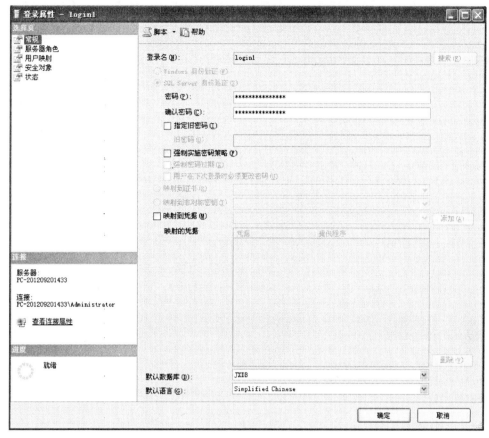

图 10-8　"登录属性-login1"窗口

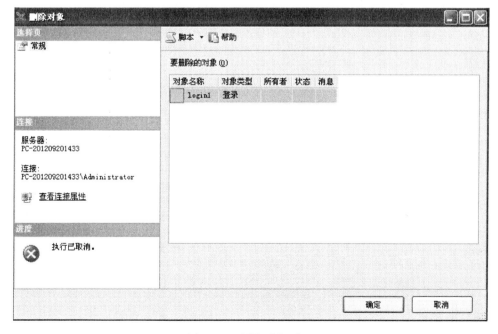

图 10-9　"删除对象"窗口

（2）修改登录账户 login1 属性,修改完毕,单击"确定"按钮,修改完成。

3. 删除登录账户

【例 10.33】 删除登录账户 login1。

（1）启动 SQL Server Management Studio,展开需要删除登录账户 login1 的 SQL Server 服务器(本例为 PC-201209201433),展开"安全性",展开"登录名",右击"login1",在弹出的快捷菜单中选择"删除"命令,显示如图 10-9 所示的"删除对象"窗口。

（2）单击"确定"按钮。再单击"确定"按钮,删除登录账户 login1 完成。

10.7.3 创建与删除数据库用户

【例 10.34】 为数据库 JXDB 创建用户 u1。

（1）以登录名为:login1,密码为:123,连接到服务器,展开"数据库",展开"JXDB"数据库,展开"安全性",右击"用户",在弹出的快捷菜单中选择"新建用户"命令,显示如图 10-10 所示的"数据库用户-新建"窗口。单击"登录名"右侧按钮,打开"选择登录名"窗口,单击"对象类型"按钮。打开"对象类型"窗口。

图 10-10 "数据库用户-新建"窗口

（2）单击"确定"按钮。返回到"选择登录名"窗口,单击"浏览"按钮,显示如图 10-11 所示的"查找对象"窗口。

（3）选择"[login1]"复选框,单击"确定"按钮。返回到如图 10-12 所示的 "选择登录名"

图 10-11　"查找对象"窗口

窗口。

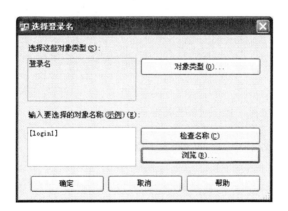

图 10-12　"选择登录名"窗口

（4）单击"确定"按钮，退回到如图 10-10 所示的"数据库用户-新建"窗口。

（5）单击"确定"按钮，即完成数据库用户的创建。

【例 10.35】　删除 JXDB 数据库用户 u1。

启动 SQL Server Management Studio，展开"数据库"，展开"JXDB"数据库，展开"安全性"，展开"用户"，右击"u1"，在弹出的快捷菜单中选择"删除"命令，打开"删除对象"窗口。单击"确定"按钮，即完成数据库用户的删除。

10.7.4　创建与删除数据库角色

【例 10.36】　数据库 JXDB 创建角色 r1。

（1）启动 SQL Server Management Studio，展开"数据库"，展开"JXDB"数据库，展开"安

全性"，右击"角色"，在弹出的快捷菜单中选择：新建"命令，在弹出的快捷菜单中选择"新建数据库-角色"命令，显示如图 10-13 所示的"数据库角色-新建"窗口。

图 10-13   "数据库角色-新建"窗口

（2）单击"所有者"右侧按钮，打开"选择数据库用户或角色"窗口，单击"对象类型"按钮。打开"选择对象类型"窗口。

（3）单击"确定"按钮，返回到"选择数据库用户或角色"窗口，单击"浏览"按钮，打开"查找对象"窗口。选择"[u1]"复选框，单击"确定"按钮。返回到"数据库角色-新建"窗口。

（4）单击"确定"按钮，即完成数据库角色的创建。

【例 10.37】 删除数据库角色 r1。

启动 SQL Server Management Studio，展开"数据库"，展开"JXDB"数据库，展开"安全性"，展开"角色"，展开"数据库角色"，右击"r1"，在弹出的快捷菜单中选择"删除"命令，打开"删除对象"窗口。单击"确定"按钮，即完成数据库角色的删除。

10.7.5 管理语句和对象权限

1. 管理语句权限

为数据库用户或角色设置语句权限。

【例 10.38】 为 JXDB 数据库用户 u1 设置语句权限。

（1）启动 SQL Server Management Studio，展开"数据库"，右击"JXDB"，在弹出的快捷菜

单中选择"属性"命令,显示如图 10-14 所示的"数据库属性-JXDB"窗口。

图 10-14　"数据库属性-JXDB"窗口

(2) 在此窗口可以设置数据库用户或角色的语句权限。设置完毕后,单击"确定"按钮即可。

2. 管理对象权限

【例 10.39】　为 JXDB 数据库用户 u1 设置对象权限。

(1) 启动 SQL Server Management Studio,展开"数据库",展开"JXDB"数据库,展开"安全性",展开"用户",右击"u1",在弹出的快捷菜单中选择"属性"命令,显示如图 10-15 所示的"数据库用户-u1"窗口。

(2) 单击"安全对象"标签,单击"搜索"按钮,打开"添加对象"窗口,选择"特定对象"单选项,单击"确定"按钮,打开"选择对象"窗口,单击"对象类型"按钮,打开"选择对象类型"窗口,选择若干对象类型复选框,单击"确定"按钮,返回"选择对象"窗口,

(3) 单击"浏览"按钮,打开"查找对象"窗口,选择若干对象复选框,单击"确定"按钮,返回"选择对象"窗口。

(4) 单击"确定"按钮,返回"数据库用户-u1"窗口。

(5) 设置对象权限。单击"确定"按钮完成设置。

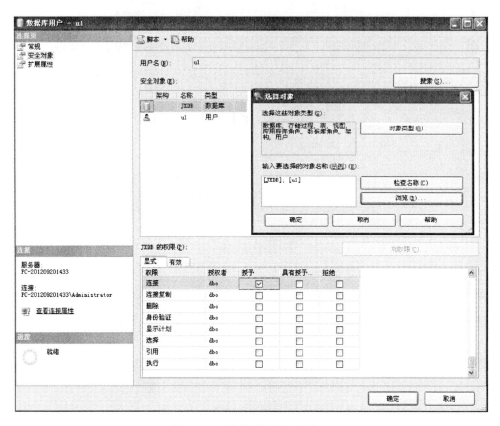

图 10-15 "数据库用户-u1"窗口

第 11 章 游标与事务

关系数据库中的操作会对整个行集起作用。由 SELECT 语句返回的行集包括满足该语句的 WHERE 子句中条件的所有行。这种由语句返回的完整行集称为结果集。应用程序,特别是交互式联机应用程序,并不总能将整个结果集作为一个单元来有效地处理。游标就是为应用程序提供对结果集每次处理一行或一部分行的一种机制。事务是恢复和并发控制的基本单位。

本章介绍游标概念、游标操作语句及应用,事务概念、与事务相关的语句及应用等内容。

11.1 游标操作语句

DECLARE CURSOR 定义 T-SQL 服务器游标的属性,例如,游标的滚动行为和用于生成游标所操作的结果集的查询。OPEN 语句填充结果集,FETCH 从结果集返回行。CLOSE 语句释放与游标关联的当前结果集。DEALLOCATE 语句释放游标所使用的资源。

本节介绍游标概述及以上 5 个游标操作语句的语法、语义与语用。

11.1.1 游标概述

1. SQL Server 支持游标的方法

SQL Server 支持以下两种请求游标的方法:

(1) T-SQL 语言支持在 ISO 游标语法之后制定的用于使用游标的语法;

(2) 数据库应用程序编程接口(API)游标函数。

SQL Server 支持以下数据库 API 的游标功能:ADO(Microsoft ActiveX 数据对象),OLE DB,ODBC 开放式数据库连接。

应用程序不能混合使用这两种请求游标的方法。已经使用 API 指定游标行为的应用程序不能再执行 T-SQL DECLARE CURSOR 语句请求一个 T-SQL 游标。应用程序只有在将所有的 API 游标特性设置回默认值后,才可以执行 DECLARE CURSOR。

如果既未请求 T-SQL 游标也未请求 API 游标,则默认情况下 SQL Server 将向应用程序返回一个完整的结果集,这个结果集称为默认结果集。

2. 游标进程

T-SQL 游标和 API 游标有不同的语法,但下列一般进程适用于所有 SQL Server 游标:

(1) 将游标与 T-SQL 语句的结果集相关联,并且定义该游标的特性,例如,是否能够更新游标中的行。

(2) 执行 T-SQL 语句以填充游标。

(3) 从游标中检索想要查看的行。从游标中检索一行或一部分行的操作称为提取。执行一系列提取操作以便向前或向后检索行的操作称为滚动。

（4）根据需要，对游标中当前位置的行执行修改操作（更新或删除）。

（5）关闭游标。

3. 游标类型

ODBC 和 ADO 定义了 Microsoft SQL Server 支持的四种游标类型。已经扩展了 DECLARE CURSOR 语句，这样就可以为 T-SQL 游标指定四种游标类型。这些游标检测结果集变化的能力和消耗资源（如在 tempdb 中所占的内存和空间）的情况各不相同。游标仅当尝试再次提取行时才会检测到行的更改。数据源没有办法通知游标当前提取行的更改。游标检测这些变化的能力也受事务隔离级别的影响。

SQL Server 支持的四种 API 服务器游标类型是：静态游标，动态游标，只进游标，由键集驱动的游标。

静态游标在滚动期间很少或根本检测不到变化，但消耗的资源相对很少。动态游标在滚动期间能检测到所有变化，但消耗的资源却较多。由键集驱动的游标介于二者之间，能检测到大部分变化，但比动态游标消耗更少的资源。

尽管数据库 API 游标模式将只进游标看成一种独立的游标类型，但 SQL Server 却不这样。SQL Server 将只进和滚动都作为能应用到静态游标、由键集驱动的游标和动态游标的选项。

4. 选择游标类型的规则

选择游标类型时遵循的一些简单规则包括：

（1）尽可能使用默认结果集。如果需要滚动操作，则将小结果集缓存在客户端，并在缓存中滚动而不是要求服务器实现游标，其效率可能更高。

（2）将整个结果集提取到客户端（如产生报表）时，使用默认设置。默认结果集是将数据传送到客户端的最快方式。

（3）如果应用程序正在使用定位更新，则不能使用默认结果集。

（4）默认结果集必须用于将生成多个结果集的 T-SQL 语句或 T-SQL 语句批。

（5）动态游标的打开速度比静态游标或由键集驱动的游标的打开速度快。当打开静态游标和由键集驱动的游标时，必须生成内部临时工作表，而动态游标则不需要。

（6）在连接中，由键集驱动的游标和静态游标的速度可能比动态游标的速度快。

（7）如果要进行绝对提取，则必须使用由键集驱动的游标或静态游标。

（8）静态游标和由键集驱动的游标增加了 tempdb 的使用率。静态服务器游标在 tempdb 中创建整个游标，由键集驱动的游标则在 tempdb 中创建键集。

（9）如果游标在整个回滚操作期间必须保持打开状态，则请使用同步静态游标，并将 CURSOR_CLOSE_ON_COMMIT 设为 OFF。

（10）使用服务器游标时，对 API 提取函数或方法的每次调用都会产生一个到服务器的往返过程。应用程序应使用块状游标尽量减少这些往返过程，同时每次提取时返回适当数目的行。

11.1.2 声明游标 DECLARE CURSOR

DECLARE CURSOR 既接受基于 ISO 标准的语法，也接受使用一组 T-SQL 扩展的语法。

1. ISO Syntax

```
DECLARE cursor_name[INSENSITIVE][SCROLL]CURSOR
    FOR select_statement
    [FOR{READ ONLY|UPDATE[OF column_name[,…n]]}][;]
```

功能：定义 SQL 服务器游标的属性，例如，游标的滚动行为和用于生成游标所操作的结果集的查询。

参数说明：

（1）cursor_name：是所定义的 T-SQL 服务器游标的名称。

（2）INSENSITIVE：定义一个游标，以创建将由该游标使用的数据的临时复本。对游标的所有请求都从 tempdb 中的这一临时表中得到应答；因此，在对该游标进行提取操作时返回的数据中不反映对基表所做的修改，并且该游标不允许修改。使用 ISO 语法时，如果省略 INSENSITIVE，则已提交的（任何用户）对基础表的删除和更新则会反映在后面的提取操作中。

（3）SCROLL：指定所有的提取选项（FIRST、LAST、PRIOR、NEXT、RELATIVE、ABSOLUTE）均可用。如果未在 ISO DECLARE CURSOR 中指定 SCROLL，则 NEXT 是唯一支持的提取选项。如果也指定了 FAST_FORWARD，则不能指定 SCROLL。

（4）select_statement：是定义游标结果集的标准 SELECT 语句。在游标声明的 select_statement 中不允许使用关键字 COMPUTE、COMPUTE BY、FOR BROWSE 和 INTO。

（5）READ ONLY：禁止通过该游标进行更新。在 UPDATE 或 DELETE 语句的 WHERE CURRENT OF 子句中不能引用该游标。该选项优于要更新的游标的默认功能。

（6）UPDATE[OF column_name[,…n]]：定义游标中可更新的列。如果指定了 OF column_name[,…n]，则只允许修改所列出的列。如果指定了 UPDATE，但未指定列的列表，则可以更新所有列。

2. T-SQL Extended Syntax

```
DECLARE cursor_name CURSOR[LOCAL|GLOBAL]
    [FORWARD_ONLY|SCROLL]
    [STATIC|KEYSET|DYNAMIC|FAST_FORWARD]
    [READ_ONLY|SCROLL_LOCKS|OPTIMISTIC]
    [TYPE_WARNING]
    FOR select_statement
    [FOR UPDATE[OF column_name[,…n]]][;]
```

功能：定义 T-SQL 服务器游标的属性，例如，游标的滚动行为和用于生成游标所操作的结果集的查询。

参数说明：

（1）cursor_name：是所定义的 T-SQL 服务器游标的名称。

（2）LOCAL：指定对于在其中创建的批处理、存储过程或触发器，该游标的作用域是局部的。该游标名称仅在这个作用域内有效。在批处理、存储过程、触发器或存储过程 OUTPUT 参数中，该游标可由局部游标变量引用。

（3）GLOBAL：指定该游标的作用域对连接是全局的。在由连接执行的任何存储过程或批处理中，都可以引用该游标名称。该游标仅在断开连接时隐式释放。

注意：如果 GLOBAL 和 LOCAL 参数都未指定，则默认值由 default to local cursor 数据库选项的设置控制。

（4）FORWARD_ONLY：指定游标只能从第一行滚动到最后一行。FETCH NEXT 是唯一支持的提取选项。

（5）STATIC：定义一个游标，以创建将由该游标使用的数据的临时复本。对游标的所有请求都从 tempdb 中的这一临时表中得到应答；因此，在对该游标进行提取操作时返回的数据中不反映对基表所做的修改，并且该游标不允许修改。

（6）KEYSET：指定当游标打开时，游标中行的成员身份和顺序已经固定。对行进行唯一标识的键集内置在 tempdb 内一个称为 keyset 的表中。

（7）DYNAMIC：定义一个游标，以反映在滚动游标时对结果集内的各行所做的所有数据更改。行的数据值、顺序和成员身份在每次提取时都会更改。动态游标不支持 ABSOLUTE 提取选项。

（8）FAST_FORWARD：指定启用了性能优化的 FORWARD_ONLY、READ_ONLY 游标。如果指定了 SCROLL 或 FOR_UPDATE，则不能也指定 FAST_FORWARD。

（9）READ_ONLY：禁止通过该游标进行更新。在 UPDATE 或 DELETE 语句的 WHERE CURRENT OF 子句中不能引用该游标。该选项优于要更新的游标的默认功能。

（10）SCROLL_LOCKS：指定通过游标进行的定位更新或删除一定会成功。将行读入游标时 SQL Server 将锁定这些行，以确保随后可对它们进行修改。如果还指定了 FAST_FORWARD 或 STATIC，则不能指定 SCROLL_LOCKS。

（11）OPTIMISTIC：指定如果行自读入游标以来已得到更新，则通过游标进行的定位更新或定位删除不成功。当将行读入游标时，SQL Server 不锁定行。它改用 timestamp 列值的比较结果来确定行读入游标后是否发生了修改，如果表不含 timestamp 列，则改用校验和值进行确定。如果已修改该行，则尝试进行的定位更新或删除将失败。如果还指定了 FAST_FORWARD，则不能指定 OPTIMISTIC。

（12）TYPE_WARNING：指定将游标从所请求的类型隐式转换为另一种类型时向客户端发送警告消息。

（13）select_statement：是定义游标结果集的标准 SELECT 语句。在游标声明的 select_statement 中不允许使用关键字 COMPUTE、COMPUTE BY、FOR BROWSE 和 INTO。

（14）FOR UPDATE[OF column_name[，… n]]：定义游标中可更新的列。如果提供了 OF column_name[，… n]，则只允许修改所列出的列。如果指定了 UPDATE，但未指定列的列表，则除非指定了 READ_ONLY 并发选项，否则可以更新所有的列。

备注：

（1）不能混淆这两种格式。如果在 CURSOR 关键字前指定 SCROLL 或 INSENSITIVE 关键字，则不能在 CURSOR 和 FOR select_statement 关键字之间使用任何关键字。如果在 CURSOR 和 FOR select_statement 关键字之间指定任何关键字，则不能在 CURSOR 关键字前指定 SCROLL 或 INSENSITIVE。

（2）如果使用 T-SQL 语法的 DECLARE CURSOR 不指定 READ_ONLY、OPTIMISTIC 或 SCROLL_LOCKS，则默认值如下：

STATIC 和 FAST_FORWARD 游标默认为 READ_ONLY。

DYNAMIC 和 KEYSET 游标默认为 OPTIMISTIC。

（3）声明游标之后，只能通过 T-SQL FETCH 语句提取这些行。

（4）在声明游标后，可使用表 11-1 所示系统存储过程确定游标的特性。

表 11-1　系统存储过程

系统存储过程	说明
sp_cursor_list	返回当前在连接上可视的游标列表及其特性
sp_describe_cursor	说明游标属性，例如，是只前推的游标还是滚动游标
sp_describe_cursor_columns	说明游标结果集中的列的属性
sp_describe_cursor_tables	说明游标所访问的基表

（5）在声明游标的 select_statement 中可以使用变量。游标变量值在声明游标后不发生更改。

（6）权限：默认情况下，将 DECLARE CURSOR 权限授予对游标中所使用的视图、表和列具有 SELECT 权限的任何用户。

11.1.3　打开游标 OPEN

打开游标语法格式：

```
OPEN{{[GLOBAL]cursor_name}|cursor_variable_name}
```

功能：打开游标，在内存中给游标分配存储空间。然后通过执行在 DECLARE CURSOR 或 SET cursor_variable 语句中指定的 T-SQL 语句填充游标。

参数说明：

（1）GLOBAL：指定 cursor_name 是指全局游标。

（2）cursor_name：已声明的游标名。如果指定了 GLOBAL，则 cursor_name 指的是全局游标；否则 cursor_name 指的是局部游标。

（3）cursor_variable_name：游标变量的名称，该变量引用一个游标。

如果使用 INSENSITIVE 或 STATIC 选项声明了游标，那么 OPEN 将创建一个临时表以保留结果集。如果结果集中任意行的大小超过 SQL Server 表的最大行大小，OPEN 将失败。如果使用 KEYSET 选项声明了游标，那么 OPEN 将创建一个临时表以保留键集。临时表存储在 tempdb 中。

打开游标后，可以使用@@CURSOR_ROWS 函数在上次打开的游标中接收合格行的数目。

11.1.4　提取并推进游标 FETCH

提取并推进游标语句格式：

```
FETCH  [[NEXT|PRIOR|FIRST|LAST|ABSOLUTE{n|@nvar}
|RELATIVE{n|@nvar}]FROM]
{{[GLOBAL]cursor_name}|@cursor_variable_name}
[INTO @variable_name[,…n]]
```

功能：通过服务器游标检索特定行。

参数说明：

（1）NEXT：紧跟当前行返回结果行，并且当前行递增为返回行。如果 FETCH NEXT 为对游标的第一次提取操作，则返回结果集中的第一行。NEXT 为默认的游标提取选项。

（2）PRIOR：返回紧邻当前行前面的结果行，并且当前行递减为返回行。如果 FETCH PRIOR 为对游标的第一次提取操作，则没有行返回并且游标置于第一行之前。

（3）FIRST：返回游标中的第一行并将其作为当前行。

（4）LAST：返回游标中的最后一行并将其作为当前行。

（5）ABSOLUTE{n|@nvar}：如果 n 或@nvar 为正，则返回从游标头开始向后的第 n 行，并将返回行变成新的当前行。如果 n 或@nvar 为负，则返回从游标末尾开始向前的第 n 行，并将返回行变成新的当前行。如果 n 或@nvar 为 0，则不返回行。n 必须是整数常量，并且@nvar 的数据类型必须为 smallint、tinyint 或 int。

（6）RELATIVE{n|@nvar}：如果 n 或@nvar 为正，则返回从当前行开始向后的第 n 行，并将返回行变成新的当前行。如果 n 或@nvar 为负，则返回从当前行开始向前的第 n 行，并将返回行变成新的当前行。如果 n 或@nvar 为 0，则返回当前行。在对游标进行第一次提取时，如果在将 n 或@nvar 设置为负数或 0 的情况下指定 FETCH RELATIVE，则不返回行。n 必须是整数常量，@nvar 的数据类型必须为 smallint、tinyint 或 int。

（7）GLOBAL：指定 cursor_name 是指全局游标。

（8）cursor_name：要从中进行提取的打开的游标的名称。如果全局游标和局部游标都使用 cursor_name 作为它们的名称，那么指定 GLOBAL 时，cursor_name 指的是全局游标；未指定 GLOBAL 时，cursor_name 指的是局部游标。

（9）@cursor_variable_name：游标变量名，引用要从中进行提取操作的打开的游标。

（10）INTO @variable_name[,…n]：允许将提取操作的列数据放到局部变量中。列表中的各个变量从左到右与游标结果集中的相应列相关联。各变量的数据类型必须与相应的结果集列的数据类型匹配，或是结果集列数据类型所支持的隐式转换。变量的数目必须与游标选择列表中的列数一致。

备注：

（1）如果 SCROLL 选项未在 ISO 样式的 DECLARE CURSOR 语句中指定，则 NEXT 是唯一支持的 FETCH 选项。如果在 ISO 样式的 DECLARE CURSOR 语句中指定了 SCROLL 选项，则支持所有 FETCH 选项。

（2）如果使用 T-SQL DECLARE 游标扩展插件，则应用下列规则：

如果指定了 FORWARD_ONLY 或 FAST_FORWARD，则 NEXT 是唯一受支持的 FETCH 选项；

如果未指定 DYNAMIC、FORWARD_ONLY 或 FAST_FORWARD 选项，并且指定了 KEYSET、STATIC 或 SCROLL 中的某一个，则支持所有 FETCH 选项；

DYNAMIC SCROLL 游标支持除 ABSOLUTE 以外的所有 FETCH 选项。

（3）@@FETCH_STATUS 函数报告上一个 FETCH 语句的状态。相同的信息记录在由 sp_describe_cursor 返回的游标中的 fetch_status 列中。这些状态信息应该用于在对由 FETCH 语句返回的数据进行任何操作之前，以确定这些数据的有效性。

（4）权限：FETCH 权限默认授予任何有效的用户。

11.1.5　关闭游标 CLOSE

关闭游标语句格式：

```
CLOSE{{[GLOBAL]cursor_name}|cursor_variable_name}
```

功能：释放当前结果集，然后解除定位游标的行上的游标锁定，从而关闭一个开放的游标。CLOSE 将保留数据结构以便重新打开，但在重新打开游标之前，不允许提取和定位更新。必须对打开的游标发布 CLOSE；不允许对仅声明或已关闭的游标执行 CLOSE。

参数说明：

（1）GLOBAL：指定 cursor_name 是指全局游标。

（2）cursor_name：打开的游标的名称。当指定 GLOBAL 时，cursor_name 指的是全局游标；其他情况下，cursor_name 指的是局部游标。

（3）cursor_variable_name：与打开的游标关联的游标变量的名称。

11.1.6　删除游标 DEALLOCATE

删除游标语句格式：

```
DEALLOCATE{{[GLOBAL]cursor_name}|@cursor_variable_name}
```

功能：删除游标引用。当释放最后的游标引用时，组成该游标的数据结构由 SQL Server 释放。

参数说明：

（1）cursor_name：已声明的游标名。指定 GLOBAL，则 cursor_name 指全局游标，否则指局部游标。

（2）@cursor_variable_name：cursor 变量的名称。@cursor_variable_name 必须为 cursor 类型。

游标名或游标变量与游标的关联：

（1）DECLARE CURSOR 语句分配游标并将其与游标名称关联。

```
DECLARE abc SCROLL CURSOR FOR        —游标名 abc 与游标关联
SELECT * FROM 学生
```

（2）游标变量使用下列两种方法之一与游标关联：

① 通过名称，使用 SET 语句将游标设置为游标变量。

```
DECLARE @MyCrsrRef CURSOR            —定义游标变量
SET @MyCrsrRef=abc                   —游标变量与游标名 abc 关联
```

（2）也可以不定义游标名称而创建游标并将其与变量关联。

```
DECLARE @MyCursor CURSOR             —定义游标变量
SET @MyCursor=CURSOR LOCAL SCROLL FOR —游标变量直接与游标关联
SELECT * FROM 学生
```

（3）DEALLOCATE @cursor_variable_name 语句只删除对游标名称变量的引用。直到批处理、存储过程或触发器结束时变量离开作用域，才释放变量。在 DEALLOCATE @cursor_variable_name 语句之后，可以使用 SET 语句将变量与另一个游标关联。

```
USE JXDB
DECLARE @MyCursor CURSOR             —定义游标变量
SET @MyCursor=CURSOR LOCAL SCROLL FOR —游标变量直接与游标关联
    SELECT * FROM 学生
```

```
DEALLOCATE @MyCursor                        —释放游标变量
SET @MyCursor=CURSOR LOCAL SCROLL FOR       —游标变量直接与游标关联
    SELECT * FROM 课程
```
不必显式释放游标变量。变量在离开作用域时被隐式释放。

权限:默认情况下,将 DEALLOCATE 权限授予任何有效用户。

11.2　游标应用举例

本节将通过实例介绍滚动游标、利用游标修改数据及嵌套游标在实际中的应用。

11.2.1　滚动游标

【例 11.1】　声明一个查询学生的 SCROLL 游标,使其通过 LAST、PRIOR、RELATIVE 和 ABSOLUTE 选项支持全部滚动功能。提取首行、末行、倒数第 2 行、顺数第 3 行、自当前行 起的倒数第 2 行、当前行的下 1 行等。

```
USE JXDB
declare s_cur1 scroll cursor              —声明滚动游标 s_cur1
    for select * from 学生
open s_cur1                               —打开游标 s_cur1
select @@FETCH_STATUS
fetch next from s_cur1                    —提取首行
fetch last from s_cur1                    —提取游标 s_cur1 中的最后一行
fetch prior from s_cur1                   —提取当前行的上一行
fetch absolute 3 from s_cur1              —提取第 3 行
fetch relative -2 from s_cur1             —提取当前行的前 2 行
fetchnext from s_cur1                     —提取当前行的下 1 行
close s_cur1                              —关闭游标
deallocate  s_cur1                        —释放游标
```
在上面声明的游标 s_cur1 中若去掉滚动短语"SCROLL",则为只进游标,即在提取与推 进游标 FETCH 语句中,NEXT 是唯一可用的提取选项。

【例 11.2】　以下脚本显示游标如何持续到最后的名称或持续到引用它们的变量已释放。

```
USE JXDB
DECLARE abc CURSOR GLOBAL SCROLL FOR      —声明滚动游标 abc
    SELECT * FROM 学生
OPEN abc                                  —打开游标 abc
DECLARE @MyCrsrRef1 CURSOR                —声明游标变量@MyCrsrRef1
    SET @MyCrsrRef1=abc                   —游标变量@MyCrsrRef1 与游标名 abc 关联
FETCH NEXT FROM @MyCrsrRef1               —提取游标@MyCrsrRef1 中的首行
DEALLOCATE @MyCrsrRef1                    —释放游标@MyCrsrRef1
FETCH NEXT FROM abc                       —提取游标 abc 中的下一行
DECLARE @MyCrsrRef2 CURSOR               —声明游标变量@MyCrsrRef2
    SET @MyCrsrRef2=abc                   —游标变量@MyCrsrRef2 与游标名 abc 关联
```

```
DEALLOCATE abc                          —释放游标 abc
FETCH NEXT FROM @MyCrsrRef2              —提取游标@MyCrsrRef2中当前行的下 1 行
```

【例 11.3】　为学生表声明一个动态游标。

```
use jxdb
declare @x1 cursor
set @x1=cursor scroll dynamic
    for select *  from 学生
open @x1
    fetch next from @x1
while @@fetch_status=0                   —循环读取游标中的数据
  fetch next from @x1
close @x1
deallocate @x1
```

含有短语 DYNAMIC 的游标称为动态游标。动态游标所有用户做的全部 Update、Insert 和 Delete 语句均通过游标反映出来。

11.2.2　利用游标修改数据

【例 11.4】　按以下要求给教工增加工资,"教授"增加 20％,"副教授"增加 15％,"讲师" 增加 10％,其余增加 5％;临时工(工资＜1000)不加工资。

分析:建立一个存储过程"P_教工加工资"实现题目所规定的功能。在该存储过程中定义 一个对"教工"表中的"工资"字段可进行更改的游标,FETCH 语句的输出存储于局部变量而 不是直接返回到客户端。

```
USE JXDB
IF OBJECT_ID('P_教工加工资','P')  IS  NOT  NULL
        DROP PROCEDURE P_教工加工资
GO
CREATE PROCEDURE P_教工加工资                    —建立存储过程
AS
DECLARE t_cursor CURSOR FOR                      —声明游标
    SELECT 职称,工资 FROM 教工 FOR UPDATE OF 工资
DECLARE @职称 CHAR(10),@工资 SMALLMONEY
OPEN t_cursor                                    —打开游标
FETCH NEXT FROM t_cursor INTO @职称,@工资         —提取与推进游标
WHILE @@FETCH_STATUS=0
  BEGIN
    IF @工资<1000
        DELETE FROM 教工 WHERE CURRENT OF t_cursor —删除游标中的临时工
    SET @工资=CASE @职称
            WHEN '教授'    THEN 1.2* @工资
            WHEN '副教授' THEN 1.15* @工资
            WHEN '讲师'    THEN 1.1* @工资
            ELSE 1.05* @工资
            END
```

```
        UPDATE 教工 SET 工资=@工资
          WHERE CURRENT OF t_cursor                ——按游标中的当前行修改教工工资
        FETCH NEXT FROM t_cursor INTO @职称,@工资
      END
    CLOSE t_cursor                                 ——关闭游标
    DEALLOCATE t_cursor                            ——释放游标
```
命令已成功完成。

调用存储过程：
```
    EXECUTE P_教工加工资
```
查阅教工表数据：
```
    SELECT * FROM 教工
```

11.2.3 嵌套游标

【例 11.5】 使用嵌套游标生成复杂报表。按以下格式输出每个学生的成绩报表。

130001 王小艳成绩表
....

```
    课号    成绩
     1      92.0
     2      55.0
     3      78.0
     4      48.0
     8      69.0
```
130002 李明成绩表
....

```
    课号    成绩
     2      36.0
     3      80.0
     7      93.0
```
130003 司马奋进成绩表
....

```
    课号    成绩
     <<None>>
```
… …

　　分析：为学生表定义一个外层游标，为每个学生的选课成绩定义一个内层嵌套游标。FETCH 语句的输出存储于局部变量而不是直接返回到客户端。PRINT 语句将变量组合成单一字符串并将其返回到客户端。

```
    SET NOCOUNT ON
    USE JXDB
    DECLARE @no char(6),@name char(8),@x int,
            @sno char(6),@cno char(2),@grade decimal(5,1)
    DECLARE s_cursor CURSOR FOR
    SELECT 学号,姓名 FROM 学生
    OPEN s_cursor
```

```
FETCH NEXT FROM s_cursor  INTO @no,@name
WHILE @@FETCH_STATUS=0         —外层循环
BEGIN
SET @x=len(rtrim(@name))+9
PRINT  @no+ rtrim(@name)+'成绩表'
PRINT  '……'+replicate('-',@x)
PRINT  '课号    成绩'
DECLARE sc_cursor CURSOR FOR   —内嵌游标
SELECT 选修.*
FROM 选修 JOIN 学生 ON 选修.学号=学生.学号
WHERE 选修.学号=@no   —Variable value from the outer cursor
OPEN sc_cursor
FETCH NEXT FROM sc_cursor INTO  @sno,@cno,@grade
IF @@FETCH_STATUS<>0
  PRINT '     <<None>>'
WHILE @@FETCH_STATUS=0         —内层循环
  BEGIN
    PRINT '      '++@cno+'   '+str(@grade,5,1)
    FETCH NEXT FROM sc_cursor INTO @sno,@cno,@grade
  END
 CLOSE sc_cursor
 DEALLOCATE sc_cursor
 FETCH NEXT FROM s_cursor INTO  @no,@name
 END
CLOSE s_cursor
DEALLOCATE s_cursor
```

11.3　事务及其语句

　　事务(Transaction)是用户定义的一个数据库操作序列,这些操作要么全做,要么全不做,是一个不可分割的工作单位。

　　事务和程序是两个概念。在关系数据库中,一个事务可以是一条 SQL 语句,一组 SQL 语句或整个程序。一个应用程序通常包含多个事务。

　　事务是恢复和并发控制的基本单位。本节介绍事务的基本概念和特性,SQL Server 中与事务相关语句的语法、语义与语用。

11.3.1　事务概述

1. 事务的特性

事务必须具有 ACID 四个特性。

1) 原子性(Atomicity)

事务是数据库的逻辑工作单位,事务中包括的诸操作要么都做,要么都不做。

2）一致性（Consistency）

事务执行的结果必须是使数据库从一个一致性状态变到另一个一致性状态。

一致性状态：数据库中只包含成功事务提交的结果。

不一致状态：数据库中包含失败事务的结果。

一致性与原子性是密切相关的。

3）隔离性（Isolation）

对并发执行而言，一个事务的执行不能被其他事务干扰。

（1）一个事务内部的操作及使用的数据对其他并发事务是隔离的。

（2）并发执行的各个事务之间不能互相干扰。

4）持续性（Durability）

持续性也称永久性（Permanence）。一个事务一旦提交，它对数据库中数据的改变就应该是永久性的，接下来的其他操作或故障不应该对其执行结果有任何影响。

保证事务 ACID 特性是事务处理的任务。

破坏事务 ACID 特性的因素：

（1）多个事务并行运行时，不同事务的操作交叉执行。

（2）事务在运行过程中被强行停止。

2. 事务类型

事务是单个的工作单元。如果某一事务成功，则在该事务中进行的所有数据修改均会提交，成为数据库中的永久组成部分。如果事务遇到错误且必须取消或回滚，则所有数据修改均会清除。

SQL Server 以下列事务模式运行。

自动提交事务：每条单独的语句都是一个事务。

显式事务：每个事务均以 BEGIN TRANSACTION 语句显式开始，以 COMMIT 或 ROLLBACK 语句显式结束。

隐式事务：在前一个事务完成时新事务隐式启动，但每个事务仍以 COMMIT 或 ROLLBACK 语句显式完成。

隐式事务可以通过使用 SET IMPLICIT_TRANSACTIONS[ON|OFF]语句来打开或关闭。当参数为 ON 时将设置为隐式事务模式，为 OFF 时，则返回自动提交事务模式。

批处理级事务：只能应用于多个活动结果集（MARS），在 MARS 会话中启动的 T-SQL 显式或隐式事务变为批处理级事务。当批处理完成时没有提交或回滚的批处理级事务自动由 SQL Server 进行回滚。

3. 事务定义的方式

1）显式定义方式：

```
BEGIN TRANSACTION              BEGIN TRANSACTION
    SQL 语句 1                     SQL 语句 1
    SQL 语句 2                     SQL 语句 2
    … …                           … …
COMMIT                         ROLLBACK
```

隐式方式：当用户没有显式地定义事务时，DBMS 按缺省规定自动划分事务。

2）事务结束

COMMIT:事务正常结束。提交事务的所有操作(读＋更新),事务中所有对数据库的更新永久生效。

ROLLBACK:事务异常终止。事务运行的过程中发生了故障,不能继续执行,回滚事务的所有更新操作,事务滚回到开始时的状态。

3) 指定和强制事务

SQL 程序员要负责启动和结束事务,同时强制保持数据的逻辑一致性。程序员必须定义数据修改的顺序,使数据相对于其组织的业务规则保持一致。程序员将这些修改语句包括到一个事务中,使 SQL Server 数据库引擎能够强制该事务的物理完整性。

企业数据库系统(如数据库引擎实例)有责任提供一种机制,保证每个事务的物理完整性。数据库引擎提供:

(1) 锁定设备,使事务保持隔离。

(2) 记录设备,保证事务的持久性。即使服务器硬件、操作系统或数据库引擎实例自身出现故障,该实例也可以在重新启动时使用事务日志,将所有未完成的事务自动地回滚到系统出现故障的点。

(3) 事务管理特性,强制保持事务的原子性和一致性。事务启动之后,就必须成功完成,否则数据库引擎实例将撤销该事务启动之后对数据所做的所有修改。

11.3.2　事务起始语句 BEGIN TRANSACTION

1. 显式事务起始语句 BEGIN TRANSACTION

显式事务起始语句格式:

```
BEGIN{TRAN|TRANSACTION}
    [{transaction_name|@tran_name_variable}[WITH MARK['description']]][;]
```

功能:标记一个显式本地事务的起始点。该语句使@@TRANCOUNT 加 1。

参数说明:

(1) transaction_name:分配给事务的名称。事务名为字符数不大于 32 的标识符。仅在最外面的 BEGIN…COMMIT 或 BEGIN…ROLLBACK 嵌套语句对中使用事务名。

(2) @tran_name_variable:用户定义的、含有有效事务名称的变量的名称。必须用 char、varchar、nchar 或 nvarchar 数据类型声明变量。如果传递给该变量的字符多于 32 个,则仅使用前面的 32 个字符;其余的字符将截断。

(3) WITH MARK['description']:指定在日志中标记事务。description 是描述该标记的字符串。如果 description 是 Unicode 字符串,那么在将长于 255 个字符的值存储到 msdb. dbo. logmarkhistory 表之前,先将其截断为 255 个字符。如果 description 为非 Unicode 字符串,则长于 510 个字符的值将被截断为 510 个字符。

如果使用了 WITH MARK,则必须指定事务名。WITH MARK 允许将事务日志还原到命名标记。

使用说明:

(1) BEGIN TRANSACTION 代表一点,由连接引用的数据在该点逻辑和物理上都一致的。如果遇上错误,在 BEGIN TRANSACTION 之后的所有数据改动都能进行回滚,以将数据返回到已知的一致状态。每个事务继续执行直到它无误地完成并且用 COMMIT

TRANSACTION 对数据库作永久的改动，或者遇上错误并且用 ROLLBACK TRANSACTION 语句擦除所有改动。

（2）BEGIN TRANSACTION 为发出本语句的连接启动一个本地事务。根据当前事务隔离级别的设置，为支持该连接所发出的 T-SQL 语句而获取的许多资源被该事务锁定，直到使用 COMMIT TRANSACTION 或 ROLLBACK TRANSACTION 语句完成该事务。长时间处于未完成状态的事务会阻止其他用户访问这些锁定的资源，也会阻止日志截断。

（3）虽然 BEGIN TRANSACTION 启动一个本地事务，但是在应用程序接下来执行一个必须记录的操作（如执行 INSERT、UPDATE 或 DELETE 语句）之前，它并不记录在事务日志中。应用程序能执行一些操作，例如，为了保护 SELECT 语句的事务隔离级别而获取锁，但是直到应用程序执行一个修改操作后，日志中才有记录。

（4）在一系列嵌套的事务中用一个事务名给多个事务命名对该事务没有什么影响。系统仅登记第一个（最外部的）事务名。回滚到其他任何名称（有效的保存点名除外）都会产生错误。事实上，回滚之前执行的任何语句都不会在错误发生时回滚。这些语句仅当外层的事务回滚时才会回滚。

（5）要将一组相关数据库恢复到逻辑上一致的状态，必须使用事务日志标记。标记可由分布式事务置于相关数据库的事务日志中。将这组相关数据库恢复到这些标记将产生一组在事务上一致的数据库。在相关数据库中放置标记需要特殊的过程。

只有当数据库由标记事务更新时，才在事务日志中放置标记。不修改数据的事务不被标记。

（6）权限：要求具有 public 角色的成员身份。

嵌套事务示例如下。

示例 1：在已存在的未标记事务中可以嵌套 BEGIN TRAN new_name WITH MARK。嵌套后，new_name 便成为事务的标记名，不论是否已为事务提供了名称。在示例 2 中，M2 是标记名。

```
BEGIN TRAN T1;
UPDATE table1 … ;
BEGIN TRAN M2 WITH MARK;
UPDATE table2 … ;
SELECT * from table1;
COMMIT TRAN M2;
UPDATE table3 … ;
COMMIT TRAN T1;
```

示例 2：嵌套事务时，尝试标记一个已标记的事务将产生警告（非错误）消息：

```
BEGIN TRAN T1 WITH MARK … ;
UPDATE table1 … ;
BEGIN TRAN M2 WITH MARK … ;
```

"服务器：消息 3920，级别 16，状态 1，第 3 行"

```
"WITH MARK option only applies to the first BEGIN TRAN WITH MARK."
"The option is ignored."
```

【例 11.6】 定义并运行一个显式命名事务 MyTransaction。

```
DECLARE @TranName VARCHAR(20)
```

```
SELECT @TranName='MyTransaction'
BEGIN TRANSACTION @TranName
USE JXDB
DELETE FROM 选修  WHERE 学号='130002' AND 课号='8'
COMMIT TRANSACTION @TranName
```

【例 11.7】 定义并运行一个显式标记事务 TeacherDelete。

```
BEGIN TRANSACTION TeacherDelete WITH MARK N'Deleting a teacher.'
USE JXDB
DELETE FROM 教工  WHERE 职工号='95003'
COMMIT TRANSACTION TeacherDelete
```

2. 分布事务起始语句 BEGIN DISTRIBUTED TRANSACTION

分布事务起始语句格式：

```
BEGIN DISTRIBUTED{TRAN|TRANSACTION}
    [transaction_name|@ tran_name_variable][;]
```

功能：指定一个由 Microsoft 分布式事务处理协调器（MS DTC）管理的 T-SQL 分布式事务的起始。

参数说明：

（1）transaction_name：用户定义的事务名，用于跟踪 MS DTC 实用工具中的分布式事务。transaction_name 必须符合标识符规则，字符数必须＜＝32。

（2）@tran_name_variable：用户定义的一个变量名，它含有一个事务名，该事务名用于跟踪 MS DTC 实用工具中的分布式事务。必须用 char、varchar、nchar 或 nvarchar 数据类型声明变量。

11.3.3　事务提交语句 COMMIT TRANSACTION

1. 事务提交语句 COMMIT TRANSACTION

事务提交语句格式：

```
COMMIT{TRAN|TRANSACTION}[transaction_name|@tran_name_variable]][;]
```

功能：标志一个成功的隐性事务或显式事务的结束。如果@@TRANCOUNT 为 1，COMMIT TRANSACTION 使得自从事务开始以来所执行的所有数据修改成为数据库的永久部分，释放事务所占用的资源，如果 @@TRANCOUNT 大于 1，则 COMMIT TRANSACTION 使@@TRANCOUNT 按 1 递减并且事务将保持活动状态。

参数说明：

（1）transaction_name：指定由前面的 BEGIN TRANSACTION 分配的事务名称。SQL Server 数据库引擎忽略此参数。transaction_name 通过向程序员指明 COMMIT TRANSACTION 与哪些 BEGIN TRANSACTION 相关联，可作为帮助阅读的一种方法。

（2）@tran_name_variable：用户定义的、含有有效事务名称的变量的名称。必须用 char、varchar、nchar 或 nvarchar 数据类型声明变量。如果传递给该变量的字符数超过 32，则只使用 32 个字符，其余的字符将被截断。

使用说明：

（1）仅当事务被引用所有数据的逻辑都正确时，T-SQL 程序员才应发出 COMMIT TRANSACTION 命令。

（2）当在嵌套事务中使用时，内部事务的提交并不释放资源或使其修改成为永久修改。只有在提交了外部事务时，数据修改才具有永久性，而且资源才会释放。当 @@ TRANCOUNT 大于 1 时，每发出一个 COMMIT TRANSACTION 命令只会使 @@ TRANCOUNT 按 1 递减。当@@TRANCOUNT 最终递减为 0 时，将提交整个外部事务。因为 transaction_name 被数据库引擎忽略，所以当存在显著内部事务时，发出一个引用外部事务名称的 COMMIT TRANSACTION 只会使@@TRANCOUNT 按 1 递减。

（3）当@@TRANCOUNT 为 0 时发出 COMMIT TRANSACTION 将会导致出现错误；因为没有相应的 BEGIN TRANSACTION。

（4）不能在发出一个 COMMIT TRANSACTION 语句之后回滚事务，因为数据修改已经成为数据库的一个永久部分。

（5）建议不要在触发器中使用 COMMIT TRANSACTION 或 COMMIT WORK 语句。

（6）权限：要求具有 public 角色的成员身份。

【例 11.8】 提交嵌套事务示例。

创建一个表，生成三个级别的嵌套事务，然后提交该嵌套事务。尽管每个 COMMIT TRANSACTION 语句都有一个 transaction_name 参数，但是 COMMIT TRANSACTION 和 BEGIN TRANSACTION 语句之间没有任何关系。transaction_name 参数仅是帮助阅读的方法，可帮助程序员确保提交的正确号码被编码以便将@@TRANCOUNT 减少到 0，从而提交外部事务。

```
USE JXDB
IF OBJECT_ID(N'TestTran',N'U') IS NOT NULL
    DROP TABLE TestTran;
CREATE TABLE TestTran (Cola INT PRIMARY KEY,Colb CHAR(3));
BEGIN TRANSACTION OuterTran     —This statement sets @@TRANCOUNT to 1.
PRINT N'Transaction count after BEGIN OuterTran='
    +CAST(@@TRANCOUNT AS NVARCHAR(10));
INSERT INTO TestTran VALUES (1,'aaa');
BEGIN TRANSACTION Inner1        —This statement sets @@TRANCOUNT to 2.
PRINT N'Transaction count after BEGIN Inner1='
    +CAST(@@TRANCOUNT AS NVARCHAR(10));
INSERT INTO TestTran VALUES (2,'bbb');
BEGIN TRANSACTION Inner2        —This statement sets @@TRANCOUNT to 3.
PRINT N'Transaction count after BEGIN Inner2='
    +CAST(@@TRANCOUNT AS NVARCHAR(10));
INSERT INTO TestTran VALUES (3,'ccc');
—Nothing is committed. This statement decrements @@TRANCOUNT to 2.
COMMIT TRANSACTION Inner2;
PRINT N'Transaction count after COMMIT Inner2='
    +CAST(@@TRANCOUNT AS NVARCHAR(10));
—Nothing is committed. This statement decrements @@TRANCOUNT to 1.
```

```
COMMIT TRANSACTION Inner1;
PRINT N'Transaction count after COMMIT Inner1='
    +CAST(@@TRANCOUNT AS NVARCHAR(10));
—This statement decrements @@TRANCOUNT to 0 and
—commits outer transaction OuterTran.
COMMIT TRANSACTION OuterTran;
PRINT N'Transaction count after COMMIT OuterTran='
    +CAST(@@TRANCOUNT AS NVARCHAR(10));
```

运行结果：

```
Transaction count after BEGIN OuterTran=1
(1 行受影响)
Transaction count after BEGIN Inner1=2
(1 行受影响)
Transaction count after BEGIN Inner2=3
(1 行受影响)
Transaction count after COMMIT Inner2=2
Transaction count after COMMIT Inner1=1
Transaction count after COMMIT OuterTran=0
```

2. 标志事务结束语句 COMMIT WORK

标志事务结束语句格式：

```
COMMIT[WORK][;]
```

此语句的功能与 COMMIT TRANSACTION 相同，但 COMMIT TRANSACTION 接受用户定义的事务名称。

11.3.4　事务回滚语句 ROLLBACK TRANSACTION

1. 事务回滚语句 ROLLBACK TRANSACTION

事务回滚语句格式：

```
ROLLBACK{TRAN|TRANSACTION}
    [transaction_name|@tran_name_variable|savepoint_name|@savepoint_variable][;]
```

功能：将显式事务或隐性事务回滚到事务的起点或事务内的某个保存点。

参数说明：

（1）transaction_name：是为 BEGIN TRANSACTION 上的事务分配的名称。嵌套事务时，transaction_name 必须是最外面的 BEGIN TRANSACTION 语句中的名称。

（2）@tran_name_variable：用户定义的、含有有效事务名称的变量的名称。必须用 char、varchar、nchar 或 nvarchar 数据类型声明变量。

（3）savepoint_name：是 SAVE TRANSACTION 语句中的 savepoint_name。savepoint_name 必须符合标识符规则。当条件回滚应只影响事务的一部分时，可使用 savepoint_name。

（4）@savepoint_variable：是用户定义的、包含有效保存点名称的变量的名称。必须用 char、varchar、nchar 或 nvarchar 数据类型声明变量。

使用说明：

（1）ROLLBACK TRANSACTION 清除自事务的起点或到某个保存点所做的所有数据修改。它还释放由事务控制的资源。

（2）不带 savepoint_name 和 transaction_name 的 ROLLBACK TRANSACTION 回滚到事务的起点。嵌套事务时，该语句将所有内层事务回滚到最外面的 BEGIN TRANSACTION 语句。无论在哪种情况下，ROLLBACK TRANSACTION 都将@@TRANCOUNT 系统函数减小为 0。ROLLBACK TRANSACTION savepoint_name 不减小@@TRANCOUNT。

（3）指定了 savepoint_name 的 ROLLBACK TRANSACTION 语句释放在保存点之后获得的任何锁，但升级和转换除外。这些锁不会释放，而且不会转换回先前的锁模式。

（4）在由 BEGIN DISTRIBUTED TRANSACTION 显式启动或从本地事务升级而来的分布式事务中，ROLLBACK TRANSACTION 不能引用 savepoint_name。

（5）在执行 COMMIT TRANSACTION 语句后不能回滚事务。

（6）在事务内允许有重复的保存点名称，但 ROLLBACK TRANSACTION 如果使用重复的保存点名称，则只回滚到最近的使用该保存点名称的 SAVE TRANSACTION。

（7）在存储过程中，不带 savepoint_name 和 transaction_name 的 ROLLBACK TRANSACTION 语句将所有语句回滚到最外面的 BEGIN TRANSACTION。

（8）如果在触发器中发出 ROLLBACK TRANSACTION：将回滚对当前事务中的那一点所做的所有数据修改，包括触发器所做的修改。

触发器继续执行 ROLLBACK 语句之后的所有其余语句。如果这些语句中的任意语句修改数据，则不回滚这些修改。执行其余的语句不会激发嵌套触发器。

在批处理中，不执行所有位于激发触发器的语句之后的语句。

（9）ROLLBACK TRANSACTION 语句不生成显示给用户的消息。如果在存储过程或触发器中需要警告，则请使用 RAISERROR 或 PRINT 语句。RAISERROR 是用于指出错误的首选语句。

（10）权限：要求具有 public 角色成员身份。

【例 11.9】 回滚命名事务示例。

```
USE TempDB;
CREATE TABLE Table1 (COL int)
DECLARE @Tran varchar(20)='Transaction1';
BEGIN TRAN @Tran
      INSERT INTO Table1 VALUES(1)
      INSERT INTO Table1 VALUES(2)
ROLLBACK TRAN @Tran
INSERT INTO Table1 VALUES(3)
INSERT INTO Table1 VALUES(4)
SELECT * FROM Table1
DROP TABLE Table1
```

2. 事务回滚语句 ROLLBACK WORK

事务回滚语句格式:

```
ROLLBACK[WORK][;]
```

功能:将用户定义的事务回滚到事务的起点。

此语句的功能与 ROLLBACK TRANSACTION 相同,但 ROLLBACK TRANSACTION 接受用户定义的事务名称。无论是否指定可选的 WORK 关键字,此 ROLLBACK 语法都兼容 ISO 标准。嵌套事务时,ROLLBACK WORK 始终回滚到最远的 BEGIN TRANSACTION 语句,并将@@TRANCOUNT 系统函数减为 0。

权限:默认情况下,所有有效用户都有权执行 ROLLBACK WORK。

11.3.5　保存点设置语句 SAVE TRANSACTION

保存点设置语句格式:

```
SAVE{TRAN|TRANSACTION}{savepoint_name|@ savepoint_variable}[;]
```

功能:在事务内设置保存点。

参数说明:

(1) savepoint_name:分配给保存点的名称。保存点名称必须符合标识符的规则,但长度不能超过 32 个字符。

(2) @savepoint_variable:包含有效保存点名称的用户定义变量的名称。必须用 char、varchar、nchar 或 nvarchar 数据类型声明变量。当长度超过 32 个字符时,也可以传递到变量,但只使用前 32 个字符。

使用说明:

(1) 用户可以在事务内设置保存点或标记。保存点可以定义在按条件取消某个事务的一部分后,该事务可以返回的一个位置。如果将事务回滚到保存点,则根据需要必须完成其他剩余的 T-SQL 语句和 COMMIT TRANSACTION 语句,或者必须通过将事务回滚到起始点完全取消事务。若要取消整个事务,则请使用 ROLLBACK TRANSACTION transaction_name 语句。这将撤销事务的所有语句和过程。

(2) 事务中允许有重复的保存点名称,但指定保存点名称的 ROLLBACK TRANSACTION 语句只将事务回滚到使用该名称的最近的 SAVE TRANSACTION。

(3) 使用 BEGIN DISTRIBUTED TRANSACTION 显式启动或从本地事务升级的分布式事务中,不支持 SAVE TRANSACTION。

重要提示:

当事务开始后,事务处理期间使用的资源将一直保留,直到事务完成(也就是锁定)。当将事务的一部分回滚到保存点时,将继续保留资源直到事务完成(或者回滚整个事务)。

权限:要求具有 public 角色的成员身份。

【例 11. 10】　保存点的使用。

```
USE JXDB
select * from 部门
begin transaction t1
  insert into 部门 values('15','艺术学院','教一五楼','027-86685000');
```

```
save transaction before_insert_data2;
go
insert into 部门 values('16','经济管理学院','教二五楼','83385001');
go
rollback transaction before_insert_data2
select * from 部门
```

【例 11.11】 如果活动事务在存储过程执行之前启动,则如何使用事务保存点只回滚由存储过程所做的修改。

```
USE JXDB
IF EXISTS (SELECT name FROM sys.objects
        WHERE name=N'P 事务存储过程')
    DROP PROCEDURE P 事务存储过程
GO
CREATE PROCEDURE P 事务存储过程 @sno INT
AS
  DECLARE @TranCounter INT;
  SET @TranCounter=@@TRANCOUNT;
  IF @TranCounter>0
      SAVE TRANSACTION ProcedureSave;
  BEGIN TRANSACTION
  BEGIN TRY
      DELETE 学生 WHERE 学号=@sno
      IF @TranCounter=0
        COMMIT TRANSACTION;
  END TRY
  BEGIN CATCH
    IF @TranCounter=0
        ROLLBACK TRANSACTION;
    ELSE
      IF XACT_STATE() <>-1
        ROLLBACK TRANSACTION ProcedureSave;
    DECLARE @ErrorMessage NVARCHAR(4000),@ErrorSeverity INT,@ErrorState INT
    SELECT @ErrorMessage = ERROR_MESSAGE();
    SELECT @ErrorSeverity = ERROR_SEVERITY();
    SELECT @ErrorState = ERROR_STATE();
    RAISERROR (@ErrorMessage,@ErrorSeverity,@ErrorState)
  END CATCH
```

命令已成功完成。

调用存储过程:

```
P 事务存储过程 '130005'
(1 行受影响)
```

11.3.6　隐式事务设置语句 SET IMPLICIT_TRANSACTIONS

将连接设置为隐式事务模式。

隐式事务设置语句格式：

SET IMPLICIT_TRANSACTIONS{ON|OFF}

功能：设置为 ON 时，将连接设置为隐式事务模式。设置为 OFF 时，连接恢复为自动提交事务模式。默认为 OFF。

说明：

如果连接处于隐式事务模式，并且当前不在事务中，则执行表 11-2 中任一语句都可启动事务。

表 11-2　启动事务语句

ALTER TABLE	FETCH	REVOKE
CREATE	GRANT	SELECT
DELETE	INSERT	TRUNCATE TABLE
DROP	OPEN	UPDATE

如果连接已经在打开的事务中，则上述语句不会启动新事务。

对于因为此设置为 ON 而自动打开的事务，用户必须在该事务结束时将其显式提交或回滚。否则，当用户断开连接时，事务及其包含的所有数据更改将回滚。事务提交后，执行上述任一语句即可启动一个新事务。

隐式事务模式将始终生效，直到连接执行 SET IMPLICIT_TRANSACTIONS OFF 语句使连接恢复为自动提交模式。在自动提交模式下，所有单个语句在成功完成时将提交。

11.4　事务应用举例

本节将通过实例介绍自动提交事务、显式事务、隐式事务三者之间的区别及在实际中的应用。

11.4.1　自动提交事务

【例 11. 12】　若一个事务有编译错误，则自动回滚该事务所在批处理中的所有事务。

```
USE JXDB
SET NOCOUNT ON
IF OBJECT_ID('table1','U')  IS  NOT  NULL
    DROP TABLE table1
GO
CREATE TABLE table1(col1 INT  PRIMARY KEY,col2 CHAR(2))
INSERT INTO table1 VALUES(1,'xx')
GO
INSERT INTO table1 VALUES(2,'aa')
INSERT INTO table1 VALUSE(3,'bb')      —语法错
```

```
INSERT INTO table1 VALUES(4,'cc')
GO
```
运行结果：

消息 102，级别 15，状态 1，第 2 行

'VALUSE'附近有语法错误。

```
SELECT * FROM table1
```
查询结果：

```
col1    col2
............ ....
1       xx
```

【例 11.13】 若一个事务有运行错误，则只自动回滚该事务。

```
USE JXDB
SET NOCOUNT ON
IF OBJECT_ID('table1','U')  IS  NOT  NULL
    DROP TABLE table1
GO
CREATE TABLE table1(col1 INT  PRIMARY KEY,col2 CHAR(2))
INSERT INTO table1 VALUES(1,'xx')
GO
INSERT INTO table1 VALUES(2,'aa')
INSERT INTO table1 VALUES(1,'bb')   —运行错误，主键重复
INSERT INTO table1 VALUES(4,'cc')
GO
```
运行结果：

消息 2627，级别 14，状态 1，第 2 行

违反了 PRIMARY KEY 约束'PK__table1__3213663B375B2DB9'。不能在对象'dbo.table1' 中插入重复键。

语句已终止。

```
SELECT * FROM table1
```
查询结果：

```
col1    col2
............ ....
1       xx
2       aa
4       cc
```

11.4.2 显式事务

【例 11.14】 事务内设置保存点。

```
USE JXDB
IF OBJECT_ID('table1','U')  IS  NOT  NULL  DROP TABLE table1
CREATE TABLE table1(col1 INT  PRIMARY KEY,col2 CHAR(2))
BEGIN TRANSACTION t1            —显式事务 t1 开始
```

```
INSERT INTO table1 VALUES(1,'aa')
SAVE  TRANSACTION t1        —保存点 1
INSERT INTO table1 VALUES(2,'bb')
SAVE  TRANSACTION t1        —保存点 2
INSERT INTO table1 VALUES(3,'cc')
ROLLBACK TRANSACTION t1     —回滚到离该语句最近的保存点,事务 t1 结束
INSERT INTO table1 VALUES(4,'dd')
SELECT * FROM table1
```

运行结果：

```
col1    col2
----------- ----
1       aa
2       bb
4       dd
```

由以上结果可知,ROLLBACK TRANSACTION t1 语句只回滚到离该语句最近的保存点 2。若事务 t1 内未设置保存点,将回滚整个事务 t1。

【例 11.15】　若李平(12341288)有 20000 元以上,则李平向王中华(12342288)转账 20000 元。

```
USE JXDB
IF OBJECT_ID('存款','U')  IS  NOT  NULL
    DROP TABLE 存款
CREATE TABLE 存款
        (账号 CHAR(8) PRIMARY KEY,
         姓名 CHAR(8),
         余额 SMALLMONEY)
INSERT INTO 存款 VALUES('12341288','李平',30000)
INSERT INTO 存款 VALUES('12342288','王中华',20000)
SELECT * FROM 存款
BEGIN TRANSACTION t1
IF (SELECT 余额 FROM 存款
    WHERE 账号='12341288')>=20000
  BEGIN
   UPDATE 存款   SET 余额=余额-20000
       WHERE 账号='12341288'
   UPDATE 存款   SET 余额=余额+20000
       WHERE 账号='12342288'
  END
ELSE PRINT '李平(12345688)存款余额不足,转账失败!'
COMMIT TRANSACTION t1
SELECT * FROM 存款
GO
```

【例 11.16】　马鲜花与牛得草是一对夫妻教工,他们要求到同一个单位上班。

```
USE JXDB
BEGIN TRANSACTION
IF EXISTS(SELECT 姓名  FROM 教工
           WHERE 姓名 IN('马鲜花','牛得草'))
DELETE  FROM 教工 WHERE  姓名 IN('马鲜花','牛得草')
INSERT INTO 教工 VALUES('12001','马鲜花','女','1988-5-6','2012-7-1',
                      '硕士','教师',null,1800,null,'04');
INSERT INTO 教工 VALUES ('12002','牛得草','男','1988-2-9','2012-7-1',
                      '硕士','教师',null,1800,'12001','03');
UPDATE 教工 SET 配偶号='12002'  WHERE 职工号='12001'
COMMIT TRANSACTION
SELECT * FROM 教工
```

【例 11.17】 清除临时工（工资≤800）；并按以下要求给教工增加工资："教授"增加 20%，"副教授"增加 15%，"讲师"增加 10%，其余增加 5%以上。以上两件事要么都做，要么都不做。

```
USE JXDB
BEGIN TRANSACTION
  IF OBJECT_ID('teacher','U')  IS  NOT  NULL
     DROP TABLE teacher
SELECT 职工号,姓名,职称,工资 INTO teacher from 教工
DELETE FROM teacher WHERE 工资<=800
UPDATE teacher SET 工资=CASE 职称
                      WHEN '教授' THEN 1.2*工资
                      WHEN '副教授' THEN 1.15*工资
                      WHEN '讲师' THEN 1.1* 工资
                      ELSE 1.05*工资
                      END
COMMIT TRANSACTION
SELECT * FROM teacher
GO
```

11.4.3　隐式事务

【例 11.18】 隐式事务。

```
USE JXDB
SET NOCOUNT ON
IF OBJECT_ID('table1','U')  IS  NOT  NULL
     DROP TABLE table1
CREATE TABLE table1(col INT  PRIMARY KEY)
 INSERT INTO table1 VALUES(1)
 PRINT '1.有效事务个数:'+CAST(@@TRANCOUNT AS CHAR(2))
 PRINT '一.显式事务'
BEGIN TRANSACTION
 INSERT INTO table1 VALUES(2)
```

```
    INSERT INTO table1 VALUES(3)
    INSERT INTO table1 VALUES(4)
    PRINT '2.有效事务个数:'+CAST(@@TRANCOUNT AS CHAR(2))
    COMMIT TRANSACTION
    PRINT '3.有效事务个数:'+CAST(@@TRANCOUNT AS CHAR(2))
    GO
    PRINT '设置 SET IMPLICIT_TRANSACTIONS 为 ON'
    PRINT '二.隐式事务'
    GO
    SET IMPLICIT_TRANSACTIONS ON
    GO
    INSERT INTO table1 VALUES(5)
    INSERT INTO table1 VALUES(6)
    PRINT '4.有效事务个数:'+CAST(@@TRANCOUNT AS CHAR(2))
    COMMIT TRANSACTION
    PRINT '5.有效事务个数:'+CAST(@@TRANCOUNT AS CHAR(2))
    GO
    INSERT INTO table1 VALUES(7)
    INSERT INTO table1 VALUES(8)
    INSERT INTO table1 VALUES(1)       —运行错误
    PRINT '6.有效事务个数:'+CAST(@@TRANCOUNT AS CHAR(2))
    COMMIT TRANSACTION
    INSERT INTO table1 VALUES(9)
    COMMIT TRANSACTION
    PRINT '7.有效事务个数:'+CAST(@@TRANCOUNT AS CHAR(2))
    SELECT * FROM table1
    GO
```

运行结果：

```
    1.有效事务个数:0
    一.显式事务
    2.有效事务个数:1
    3.有效事务个数:0
    设置 SET IMPLICIT_ TRANSACTIONS 为 ON
    二.隐式事务
    4.有效事务个数:1
    5.有效事务个数:0
    消息 2627,级别 14,状态 1,第 4 行
    违反了 PRIMARY KEY 约束'PK__table1__D8360F7365570293'。不能在对象'dbo.table1' 中插
    入重复键。
    语句已终止。
    6.有效事务个数:1
    7.有效事务个数:0
```

附录1 SQL Server 2008 的安装启动与退出

附 1.1 SQL Server 2008 的安装

安装 SQL Server 2008 步骤如下。

(1) 将 SQL Server 2008 安装盘放入驱动器内,系统会自动运行安装程序。

若系统未自动运行,则打开"我的电脑"下的光盘驱动器,双击安装文件 setup.exe 即可。显示如附图 1-1 所示的"SQL Server 安装中心"界面 1。

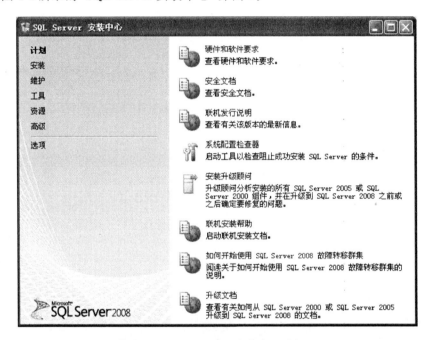

附图 1-1 "SQL Server 安装中心"界面 1

(2) 选择"安装",显示如附图 1-2 所示的"SQL Server 安装中心"界面 2。

(3) 单击"全新 SQL Server 独立安装或向现有安装添加功能"。显示如附图 1-3 所示的"安装程序支持规则"界面。

注意:在安装 SQL Server 2008 的第一步时(计划→系统配置检查器),在"安全程序支持规则"界面检测规则时(检查是否需要挂起计算机重新启动。挂起重新启动会导致安装程序失败),出现了这样的问题:

重新启动计算机:失败

采用以下操作可解决此问题:

① 单击"开始"→"运行",如附图 1-4 所示的"运行"界面。

② 在"打开"文本框中输入 regedit,单击 "确定"。显示如附图 1-5 所示的"注册表编辑器"界面。

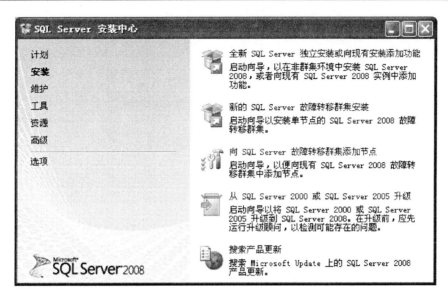

附图 1-2   "SQL Server 安装中心"界面 2

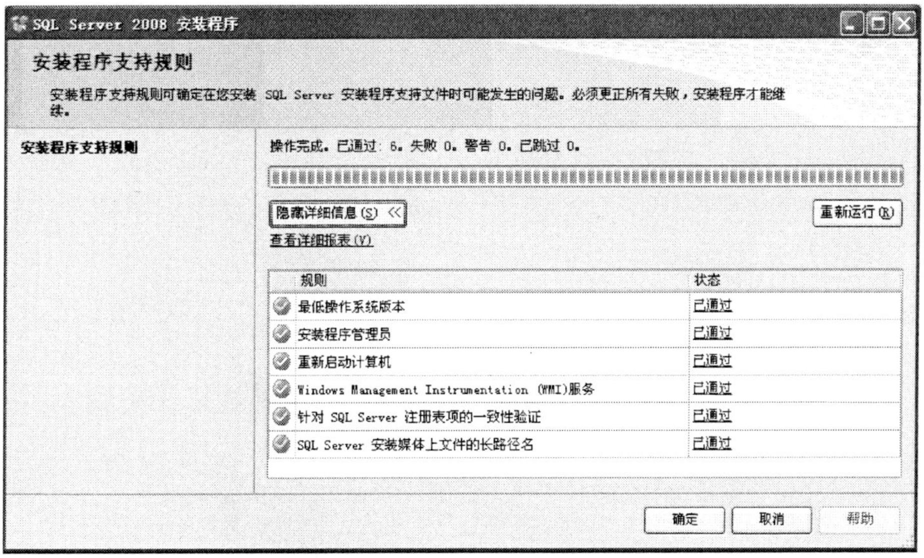

附图 1-3   "安装程序支持规则"界面

附图 1-4   "运行"界面

附图 1-5　"注册表编辑器"界面

③ 依次选择：HKEY_LOCAL_MACHINE\SYSTEM\CurrentControlSet\Control\Session Manager，在右边窗口右击"PendingFileRenameOperations"，选择"删除"。显示"确认数值删除"界面，单击"是"，关闭"注册表编辑器"。

④ 重启安装程序，问题解决。

如果还有同样问题，则请检查其他注册表中是否有该值存在，如有请删掉。

（4）单击"确定"，显示如附图 1-6 所示的"指定要安装的 SQL Server 2008 版本"界面。

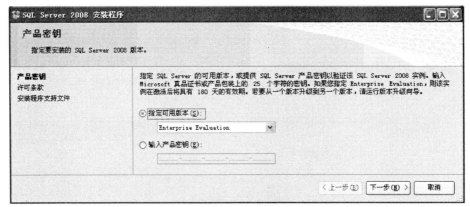

(a) 指定可用版本

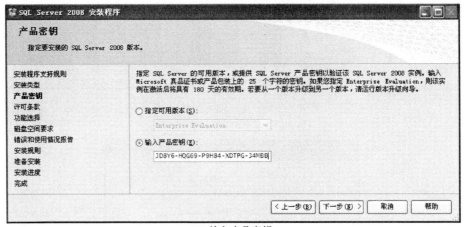

(b) 输入产品密钥

附图 1-6　"指定要安装的 SQL Server 2008 版本"界面

（5）这里指定要安装的版本为"Enterprise Evaluation"，单击"下一步"，显示如附图 1-7 所示的"许可条款"界面。

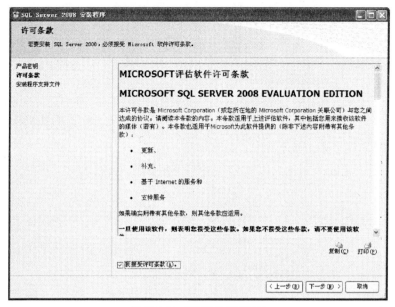

附图 1-7　"许可条款"界面

　　(6) 单击"我接受许可条款",显示如附图 1-8 所示的"安装程序支持文件"界面,单击"下一步"。

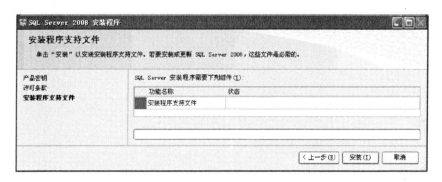

附图 1-8　"安装程序支持文件"界面

　　(7) 单击"安装",显示如附图 1-9 所示的"安装程序支持规则"界面。

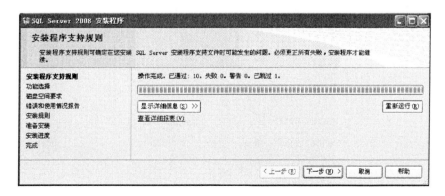

附图 1-9　"安装程序支持规则"界面

（8）单击"下一步"，显示如附图 1-10 所示的"功能选择"界面。

附图 1-10　"功能选择"界面

（9）单击"全选"，单击"下一步"。显示如附图 1-11 所示的"实例配置"界面。

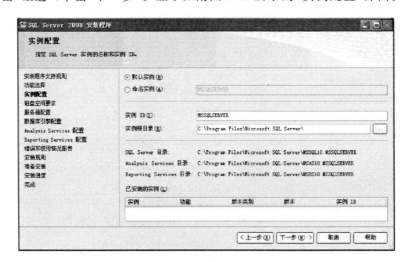

附图 1-11　"实例配置"界面

（10）单击"默认实例"单选项，单击"下一步"。显示如附图 1-12 所示的"磁盘空间要求"界面。

（11）单击"下一步"。显示如附图 1-13 所示的"服务器配置"界面。

（12）选择 6 个账户名，上面窗格 4 个，下窗格 2 个，如附图 1-13 所示。单击"下一步"。显示如附图 1-14 所示的"数据库引擎配置"界面。

（13）单击"混合模式"，输入密码:8888，验证密码:8888。

在"指定 SQL　Server 管理员"文本框中，单击"添加当前用户"，单击"下一步"。显示如

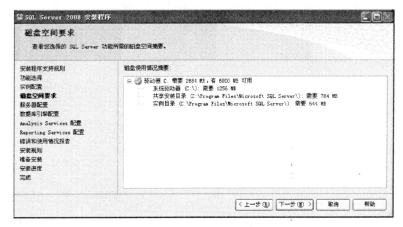

附图 1-12　"磁盘空间要求"界面

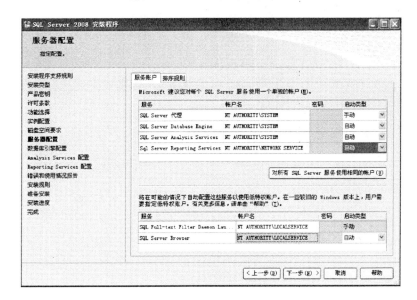

附图 1-13　"服务器配置"界面

附图 1-15 所示的"Analysis Services 配置"界面。

（14）单击"账户设置"选项卡，单击"添加当前用户"，单击"下一步"。显示如附图 1-16 所示的"Reporting　Services 配置"界面。

（15）单击"安装本机模式默认配置"单选项，单击"下一步"，显示如附图 1-17 所示的"错误和使用情况报告"界面。

（16）单击"下一步"。显示如附图 1-18 所示的"安装规则"界面。

（17）单击"下一步"，显示如附图 1-19 所示的"准备安装"界面。

（18）单击"安装"，显示如附图 1-20 所示的"安装进度"界面。

（19）单击"下一步"，显示如附图 1-21 所示的"安装完成"界面。

（20）单击"关闭"，再单击"关闭"，关闭"SQL Server 安装中心"。

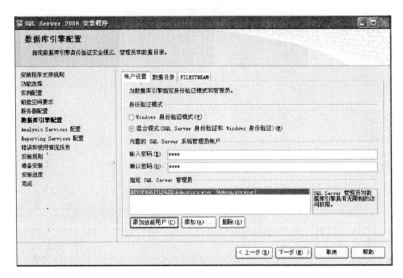

附图 1-14　"数据库引擎配置"界面

(a) "账户设置"选项卡

| 账户设置 | 数据目录 |

为 SQL Server Analysis Services 指定数据目录。

数据目录(D)：　C:\Program Files\Microsoft SQL Server\MSAS10.SQLSERVER\OLAP\Data

日志文件目录(L)：　C:\Program Files\Microsoft SQL Server\MSAS10.SQLSERVER\OLAP\Log

Temp 目录(T)：　C:\Program Files\Microsoft SQL Server\MSAS10.SQLSERVER\OLAP\Temp

备份目录(K)：　C:\Program Files\Microsoft SQL Server\MSAS10.SQLSERVER\OLAP\Backup

(b) "数据目录"选项卡

附图 1-15　"Analysis Services 配置"界面

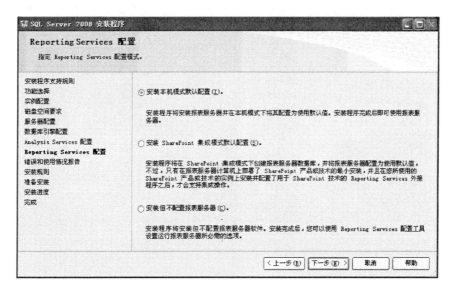

附图 1-16 "Reporting Services 配置"界面

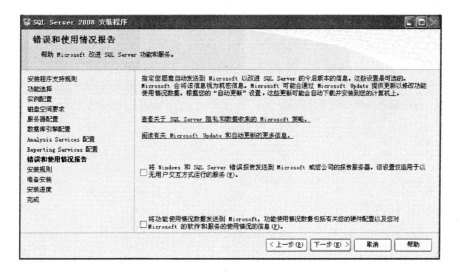

附图 1-17 "错误和使用情况报告"界面

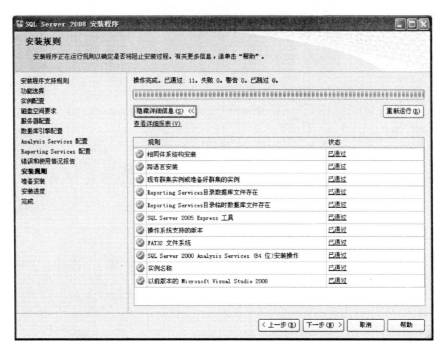

附图 1-18 "安装规则"界面

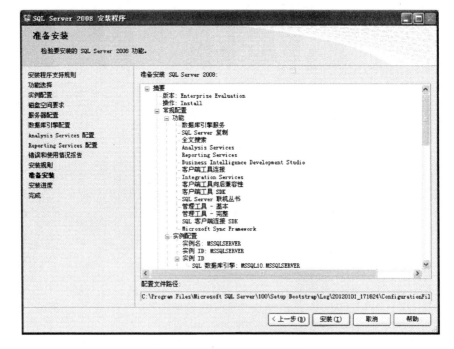

附图 1-19 "准备安装"界面

附图 1-20　"安装进度"界面

附图 1-21　"安装完成"界面

附 1.2　SQL Server 2008 的启动与退出

1. 启动 SQL Server Management Studio

启动 SQL Server Management Studio 操作步骤如下。

（1）依次单击："开始"→"所有程序"→"Microsoft SQL Server 2008"→"SQL Server Management Studio"。显示如附图 1-22 所示的"连接到服务器"界面。

附图 1-22　"连接到服务器"界面

（2）单击"连接"。显示如图 1-23 所示的"Microsoft SQL Server Management Studio"界面。

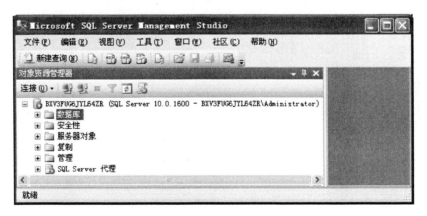

图 1-23　"Microsoft SQL Server Management Studio"界面

2. 退出 SQL Server Management Studio

附录 2 建立教学数据库 JXDB 源代码

1. 建立数据库 JXDB. sql

```
USE master
/* IF EXISTS (SELECT * FROM master..sys.databases WHERE name='JXDB')
sys.databases 是系统数据库中主数据库 master 中的一个系统视图,透过该视图可查看到系统中
建立的所有数据库的有关信息。检查系统中数据库 JXDB 是否已存在,可用以上的 IF 语句也可用以
下较简单的 IF 语句。*/
IF DB_ID(N'JXDB') IS NOT NULL
    DROP DATABASE JXDB          —若数据库 JXDB 已存在,则删除
GO
CREATE DATABASE JXDB           —建立数据库 JXDB
ON
PRIMARY                        —主文件组
  (NAME=JXDB_Data,             —主数据文件
   FILENAME='F:\SQL2008DB\JXDB_Data.mdf',
   SIZE=3MB,
   MAXSIZE=UNLIMITED,
   FILEGROWTH=10%),
  (NAME=JXDB_Data1,            —次数据文件
FILENAME='F:\SQL2008DB\JXDB_Data1.ndf',
   SIZE=2MB,
   MAXSIZE=30MB,
   FILEGROWTH=10%),
FILEGROUP JX_Group1            —自定义文件组
  (NAME=JXDB_Data2,            —次数据文件
FILENAME='F:\SQL2008DB\JXDB_Data2.ndf',
   SIZE=1MB,
   MAXSIZE=20MB,
   FILEGROWTH=1MB),
  (NAME=JXDB_Data3,            —次数据文件
FILENAME='F:\SQL2008DB\JXDB_Data3.ndf',
   SIZE=1MB,
   MAXSIZE=10MB,
   FILEGROWTH=1MB)
LOG ON
  (NAME=JXDB_log,              —日志文件
FILENAME='F:\SQL 日志文件\JXDB_log.ldf',
   SIZE=2MB,
```

```
    MAXSIZE=20MB,
    FILEGROWTH=10%)
GO
```

2. 在 JXDB 库中建立表

```
use JXDB
if exists (select name from sysobjects  where name='选修' and type='U')
        drop table 选修
if exists (select name from sysobjects  where name='教课' and type='U')
        drop table 教课
if exists (select name from sysobjects  where name='课程' and type='U')
        drop table 课程
if exists (select name from sysobjects  where name='学生' and type='U')
        drop table 学生
if exists (select name from sysobjects  where name='班级' and type='U')
        drop table 班级
if exists (select name from sysobjects  where name='专业' and type='U')
        drop table 专业
if exists (select name from sysobjects  where name='教工' and type='U')
        drop table 教工
if object_id('部门','U') is not null drop table 部门
```

3. 建立"部门"表结构

```
create table 部门
(部门号    char(2)    primary key,
 部门名    varchar(20) unique not null,
 办公地点 char(12),
 办公电话 char(12)
 )
```

4. 建立"专业"表结构

```
create table 专业
(专业号 char(3) primary key,
 专业名    varchar(16),
 学制    char(5),
 层次    char(4),
 院系    char(2) references 部门(部门号)   on update cascade on delete set null
 )
```

5. 建立"教工"表结构

1) 方法 1:建立由系统自动生成约束名的教工表结构

```
create table 教工
(职工号    char(5) primary key,
 姓名      char(8),
 性别      char(2) check(性别 in('男','女')) default '男',
```

```
生日        date,
工作日期     date,
学历        char(4),
职务        varchar(10),
职称        varchar(10),
工资        smallmoney,
配偶号      char(5) references 教工(职工号),
                    —on update cascade on delete set null
部门号      char(2) references 部门(部门号)
                    on update cascade on delete set null
)
on[primary]          —教工表存入主文件组 primary
```

2) 方法 2：建立自定义约束名的"教工"表结构

```
if exists (select name from sys.objects where name='教工' and type='U')
        drop table 教工
create table 教工
(职工号     char(5) constraint PK_教工_职工号 primary key,
姓名        char(8),
性别        char(2) constraint CK_教工_性别    check(性别 in('男','女'))
                constraint DF_教工_性别    default '男',
生日        date,
工作日期     date,
学历        char(4),
职务        varchar(10) constraint DF_教工_职务 default '教师',
职称        varchar(10),
工资        smallmoney,
配偶号      char(5) constraint FK_教工_配偶号 references 教工(职工号),
                    —on update cascade on delete set null
部门号      char(2) constraint FK_教工_部门号 references 部门(部门号)
                    on update cascade on delete set null,
constraint CK_教工_工作日期 check(year(工作日期)-year(生日)>=16),
constraint CK_教工_工资
        check(not((职称='教授' or 学历='博士' and 职称='副教授') and 工资<4000))
)
```

6. 建立"班级"表结构

```
create table 班级
(班号    char(6) primary key,
班名    char(10),
人数    tinyint default 0,
专业号  char(3) references 专业(专业号)   on update cascade on delete no action,
班主任  char(5) references 教工(职工号)      —on update cascade
)
```

7. 建立"学生"表结构

```
create table 学生
(学号    char(6) primary key,
 姓名    char(8) not null,
 性别    char(2)  check(性别 in('男','女')) default '男',
 生日    date,
 身高    decimal(5,1)  check(身高 between 100 and 250),
 班号    char(6)  references 班级(班号)  on delete cascade on update cascade,
 相片 image
)
on[primary]                 —学生表 student 存入主文件组 primary
textimage_on JX_Group1;  —其中数据类型为 image 的列存入自定义文件组 JX_Group1
```

8. 建立含计算列的"课程"表结构

```
create table 课程
(课号    char(3)  primary key,
 课名    varchar(16),
 课时    smallint,
 学分    as 课时/18,
 开课学期 tinyint,
 类别    char(4),
 学位课否 bit,
 选修课号 char(3) references 课程(课号)  —on update cascade on delete set null
);
```

9. 建立"选修"表结构

```
create table 选修
(学号 char(6) references 学生(学号) on delete cascade on update cascade,
 课号 char(3) references 课程(课号) on update cascade,—省略 on delete 为 no action
方式
 成绩 decimal(5,1)  check(成绩 between 0 and 100),
 primary key(学号,课号)
);
```

10. 建立"教课"表结构

```
create table 教课
(教工号  char(5)  references 教工(职工号)  on update cascade on delete cascade,
 课号    char(3)  references 课程(课号)    on update cascade on delete no action,
 学年度  char(9),
 学期    char(8),
 班号    char(6)  references 班级(班号)  on delete no action,  —on update cascade
 考核分  decimal(5,1)  check(考核分 between 0 and 100),
 primary key(教工号,课号,学年度,学期)
)
```

11. 向部门表插入数据

```
insert into 部门 values('01','计算机科学与技术学院','教三四楼','027-86680126');
insert into 部门 values('02','数学与统计学院','教二三楼','027-86686696');
insert into 部门 values('03','外国语学院','教二五楼','027-86680016');
insert into 部门 values('04','医学院','行政三楼','027-86680116');
insert into 部门 values('10','教务处','行政一楼','027-86680166');
insert into 部门 values('11','老干处','行政二楼','027-86680066');
```

12. 向专业表插入数据

```
insert into 专业 values('001','计算机科学与技术','4年','本科','01');
insert into 专业 values('002','网络工程','4年','本科','01');
insert into 专业 values('003','计算机应用','3年','专科','01');
insert into 专业 values('012','统计学','4年','本科','02');
insert into 专业 values('021','英语教育','4年','本科','03');
insert into 专业 values('031','临床医学','5年','本科','04');
```

13. 向教工表插入数据

```
insert into 教工 values('81001','王中华','男','1958-8-9','1981-7-1',
                '博士','院长','教授',6100,null,'01');
insert into 教工 values('81002','陈小兰','女','1959-4-8','1981-7-1',
                '博士','教师','副教授',5600,'81001','01');
insert into 教工 values('83001','李平','男','1960-5-6','1983-7-1',
                '专科','副处长',null,3200,null,'11');
insert into 教工 values('10001','孙小平','女','1985-5-6','2010-10-1',
                '硕士','教师','教员',1800,null,'01');
insert into 教工 values('08001','陈艳红','女','1986-5-6','2008-10-1',
                '本科','教师','助教',1900,null,'04');
insert into 教工 values('90001','欧阳文秀','男','1968-7-1','1990-9-1',
                '硕士','副院长','讲师',1900,null,'03');
update 教工 set 配偶号='81002' where 职工号='81001'
```

14. 向班级表插入数据

```
insert into 班级 values('130101','13计本1班',2,'001','81002');
insert into 班级 values('130102','13网工1班',3,'001','83001');
insert into 班级 values('130301','13英教1班',0,'021','90001');
insert into 班级 values('130201','13统计1班',0,'031',null);
insert into 班级 values('130402','13临床1班',0,'031','83001');
```

15. 向学生表插入数据

```
insert into 学生 values('130001','王小艳',  '女','1986-02-10',160,'130101',null);
insert into 学生 values('130002','李明',     '男','1985-02-01',168,'130102',null);
insert into 学生 values('130003','司马奋进','男','1987-10-06',180,'130102',null);
insert into 学生 values('130004','李明',    '女','1988-08-26',175,'130101',null);
insert into 学生 values('130005','成功',    '男','1980-07-01',173,'130102',null);
```

16. 向课程表插入数据

```
insert into 课程 values('1','离散数学',   72,1,'必修',1,null);
insert into 课程 values('2','计算机导论',36,1,'必修',0,null);
insert into 课程 values('3','c语言',       72,2,'必修',1,'2');
insert into 课程 values('4','数据结构',   99,3,'必修',1,'3');
insert into 课程 values('5','操作系统',   72,4,'必修',1,'4');
insert into 课程 values('6','数据库',     72,4,'必修',1,'4');
insert into 课程 values('7','中国近代史',18,4,'限选',0,null);
insert into 课程 values('8','生理卫生',   18,4,'任选',0,null);
```

17. 向选修表插入数据

```
insert into 选修 values('130001','1',92);
insert into 选修 values('130001','2',55);
insert into 选修 values('130002','2',36);
insert into 选修 values('130002','3',80);
insert into 选修 values('130001','3',78);
insert into 选修 values('130001','4',48);
insert into 选修 values('130001','8',69);
insert into 选修 values('130002','7',93);
```

18. 向教课表插入数据

```
insert into 教课 values('81001','1','2011-2012','秋季学期','130101',80)
insert into 教课 values('81001','2','2011-2012','秋季学期','130101',78)
insert into 教课 values('81002','1','2011-2012','秋季学期','130102',70)
insert into 教课 values('10001','6','2012-2013','春季学期','130101',95)
insert into 教课 values('08001','8','2012-2013','春季学期',null,88)
```